本书获国家自然科学基金面上项目"时距自动化与控制性加工
研究"（31671125）和湖南师范大学教育科学学院心理学学科经费资助。

时距知觉情绪效应

理论与实证

尹华站 ◎ 著

知识产权出版社
全国百佳图书出版单位
—北京—

图书在版编目（CIP）数据

时距知觉情绪效应：理论与实证/尹华站著.—北京：知识产权出版社，2024.7.—ISBN 978-7-5130-9417-7

Ⅰ.B842

中国国家版本馆 CIP 数据核字第 2024G421J9 号

责任编辑：栾晓航　　　　　　责任校对：谷　洋
封面设计：邵建文　马倬麟　　责任印制：孙婷婷

时距知觉情绪效应：理论与实证
尹华站　著

出版发行：知识产权出版社有限责任公司	网　　址：http://www.ipph.cn
社　　址：北京市海淀区气象路 50 号院	邮　　编：100081
责编电话：010-82000860 转 8382	责编邮箱：4876067@qq.com
发行电话：010-82000860 转 8101/8102	发行传真：010-82000893/82005070/82000270
印　　刷：北京中献拓方科技发展有限公司	经　　销：新华书店、各大网上书店及相关专业书店
开　　本：720mm×1000mm　1/16	印　　张：20
版　　次：2024 年 7 月第 1 版	印　　次：2024 年 7 月第 1 次印刷
字　　数：350 千字	定　　价：109.00 元
ISBN 978-7-5130-9417-7	

出版权专有　侵权必究

如有印装质量问题，本社负责调换。

作 者 序

  长夜漫漫苦盼望，终于见到曙光芒。2001 年，在西南师大读研一的时候，上一届的师姐告知我做时间认知研究富有挑战性。我还是决定跟随黄希庭先生开始时间认知的研究，迄今已逾二十年，却成果惨淡。这次，将《时距知觉情绪效应：理论与实证》这本著作送到您的面前已属不易。本书的写作初衷是为选修"情绪心理学"课程的学生们提供一本有体系的教辅参考资料。最早系统阐述"时间知觉"思想的见于 James（1890）出版的《心理学原理》。时距知觉是时间知觉的重要组成部分，指代个体在"知觉到现在"范畴内对事件持续性的知觉，不同于时距估计，不牵涉长时记忆，是对"当前"刺激的直接反应，是个体对介于两个相继事件之间间隔时间或某一事件持续时间的知觉。自 20 世纪 60 年代以来，研究者发现影响时距知觉的突出因素之一就是情绪。"快乐时稍纵即逝，痛苦时度日如年"这一生活现象很好地证实了情绪在时距知觉中的作用。这种因情绪影响而发生相对改变的现象被后续研究者称为时距知觉的情绪效应。

  平淡无奇毫无趣，苍白之笔不堪赞。全书共八章。第一章围绕"时间知觉"的主题，具体内容为"时间"简史、时间知觉和时距知觉、时间知觉的理论和任务范型以及时间知觉的分段性研究；第二章围绕"情绪"的主题，具体内容为情绪的基本概述、情绪的认知理论和情绪研究的方法；第三章围绕"时距知觉情绪效应"的主题，具体内容为时距知觉情绪效应的系统综述和基于维度观和分类观的元分析；第四章和第五章从离身观和具身观视角述评了时距知觉情绪效应的产生机制及相关因素；第六章和第七章分别阐述了抑郁、焦虑与时距知觉的关联；第八章总结时距知觉情绪效应的理论与研究的问题及展望。

时距知觉是一个古老的领域，情绪也是一个古老的话题。时距知觉和情绪的关联在生活中处处都能找到例证。近几年来，时距知觉情绪效应的研究成果如喷泉般涌现出来，蔚然壮观，亟须相关领域的研究者们携手合作，共同推动该领域研究的更大发展。

尹华站

2023 年 8 月 8 日（立秋）

序　言

　　时间知觉的探索最早可追溯到19世纪下半叶。1860年，贝尔提出"心理的瞬间"的概念。1865年，马赫在《感觉的分析》中专门章节论述"时间感"的概念。1890年，詹姆斯所著《心理学原理》一书系统阐述了"时间知觉"。"时间知觉"主要包含两层意思：其一，认为时间知觉的对象并不是"时间"，而是变化，知觉时间就是知觉变化；其二，时间知觉离不开对刺激其他维度的知觉，知觉其他维度衍生知觉时间。前者主要理由是人类不存在独立"时间感受器"，"时间"作为独立的维度是不被承认的。后者进一步认为，时间不是独立的知觉维度，而是"派生的实体"，其特殊性表现为虽然任何刺激都包含时间维度，但只有当刺激包含其他维度（比如强度、频率或者颜色）时，时间才可能被感知。根据"知觉是客观事物直接作用于感官而在头脑中产生的对事物整体的认识"的本义，那么，时间知觉对应的"整体"应该等价于知觉到的"现在"。这个"现在"的限度显然和我们通常所说工作记忆容量、注意或知觉的广度甚至意识等概念紧密联系，但是"知觉到现在"主要强调时间限度，而工作记忆容量、注意或知觉的广度杂糅着空间限度。简而言之，时间知觉是如此重要，却又模糊难辨。研究时间和知觉的双重困难迫使研究者做出很多折中和变通。在分段综合框架下，时间知觉属于极短时距研究范畴，其加工机制不同于其他时距范围内的时间信息加工。因此，我们认为，作为"知觉到现在"的时间知觉，其概念内涵应当包括：①将时间上相继事件知觉为大体上同时或整体；②对事件的持续性、顺序性的知觉；③虽然牵涉时距，但不同于时距估计，不牵涉长时记忆，是对"当前"刺激的直接反应；④虽然牵涉时序，但有一定时限顺序，"知觉"依赖于同质刺激的自发组织，不同于对顺序的记忆重构。总之，在"知觉到现在"

的限度之内谈时间知觉，并不意味着它独立于任何先前经验，但它又不同于对事件的回忆和再现。时距知觉是时间知觉的重要组成部分，是指个体在"知觉到现在"范畴内对时间持续性的知觉，不同于时距估计，不牵涉长时记忆，是对当前刺激的直接反应，是个体对介于两个相继事件之间间隔时间或某一事件持续时间的知觉。

人类时距知觉带有较大主观性是不争的事实，而时距知觉极易受到情绪影响更是被普遍认同，例如：当个体经历痛苦事件时，往往会觉得时间过得很慢，仿佛停滞。早在1890年，詹姆斯写"我们对时距的觉察是随情绪的变化而改变的"，并就"为何发生这种变化"提出了疑问。然而，限于时间心理学领域的发展水平，早期直接用于考察情绪对时间信息加工影响的实证研究较少，研究的科学性也较低。近年来，认知心理学家结合神经科学的研究成果，采用标准化情绪材料，细致探讨了情绪与时距知觉的内在联系，并在传统的起搏器-累加器模型的基础上，较为系统地解释了情绪对内部计时机制诱发的两种效应。时距知觉因刺激诱发出的情绪而发生改变，这被称为时距知觉的情绪效应。目前，对该效应的发生特点、内部机制及调节因素仍是值得探讨的科学问题。尹华站这本著作《时距知觉情绪效应：理论与实证》就是对这些问题的探讨和阐释。

通读了尹华站即将付梓的书稿后，我觉得这本书从时距知觉情绪效应的理论和实证角度进行了比较详细的研究，集结了作者近些年的一些科学研究工作，是对当前时距知觉研究的一个重要补充，对于我们理解情绪场域下人们的时距知觉表现特点有着重要意义。总的来说，我觉得这本书具有下述两大特色：

其一，结构紧凑、内容丰富。

该著作着重探讨情绪对时距知觉的影响，主题结构先从分别介绍时间知觉和情绪的两个基本领域知识开始，然后综述和元分析了情绪影响时距知觉的基本文献，接着实证研究了情绪对时间知觉的影响趋势和内部认知机制，并例举典型情绪障碍个体的时距知觉表现。

其二，视角全面、逻辑性强。

围绕情绪和时距知觉两者的关系，从离身观和具身观视角阐释了情绪的产生和身体的关系，并指明离身化和具身化在这种影响过程中的调节作用。同时，对于情绪的基本构成从维度观和分类观也进行了诠释和说明。

时距知觉是一个古老的领域，情绪也是一个古老的话题。时距知觉和情绪的关联在生活现象中处处都是例证。近几年来，时距知觉情绪效应的研究成果如喷泉般涌现出来，蔚然壮观，亟须相关领域的研究者们携手合作，共同推动该领域研究的更大发展。

黄希庭谨识
2024 年 5 月
于西南大学心理学与社会发展研究中心

目 录

第一章 时间知觉 ………………………………………… 001
第一节 "时间"简史 / 001
第二节 时间知觉和时距知觉 / 006
第三节 时间知觉的理论与任务范型 / 010
第四节 时间知觉的分段性研究 / 018
参考文献 / 030

第二章 情 绪 …………………………………………… 041
第一节 情绪的基本概述 / 041
第二节 情绪的认知理论 / 047
第三节 情绪研究的方法 / 054
参考文献 / 066

第三章 时距知觉情绪效应的系统综述和元分析 ………… 077
第一节 时距知觉情绪效应的系统综述 / 077
第二节 情绪影响时距知觉的元分析：基于维度观 / 086
第三节 情绪影响时距知觉的元分析：基于分类观 / 101
第四节 时距知觉情绪效应及调节因素的元分析的思考 / 117
参考文献 / 125

第四章　时距知觉情绪效应理论与研究：离身观 ……………… 140
第一节　时距知觉情绪效应中的关联理论 / 140
第二节　维度观下的时距知觉情绪效应 / 146
第三节　分类观下的时距知觉情绪效应 / 161
参考文献 / 176

第五章　时距知觉情绪效应的理论与研究：具身观 ………… 186
第一节　时距知觉情绪效应中的关联理论 / 186
第二节　具身观下的时距知觉情绪效应研究 / 189
第三节　具身观下时距知觉情绪效应内在机制 / 202
参考文献 / 209

第六章　抑郁与时距知觉 ……………………………………… 216
第一节　抑郁的相关概念、理论及研究 / 217
第二节　抑郁对时距知觉影响的假说及实证研究 / 222
第三节　小结及展望 / 237
参考文献 / 238

第七章　焦虑与时距知觉 ……………………………………… 248
第一节　焦虑的相关概念、理论及研究 / 249
第二节　焦虑对时距知觉影响的假说及实证研究 / 253
第三节　小结及展望 / 264
参考文献 / 266

第八章　时距知觉情绪效应的未来思考 ……………………… 270
第一节　关于效应、产生机制及调节因素的思考 / 270
第二节　时距知觉情绪效应的研究证据的思考 / 276
第三节　时距知觉情绪效应中研究方法和工具的思考 / 281
参考文献 / 291

后　记 …………………………………………………………… 310

第一章 时间知觉

第一节 "时间"简史

时间是什么？这一问题，引发了哲人和自然科学家的思考和探索。解答此题，首先要把两个概念，即时间概念（Concept of Time）和时间观念（Notion of Time）区分开来。时间概念是指宏观物理时间（Macrophysical Time），定义一组具有共同特征且不同于其他事物的物体或经验；而时间观念指的是随着个人思维变化而形成的个人对时间的看法。时间观念来自个人对变化的体验，譬如事物连续性、事物周期性、连续和非连续的变化等都会诞生个体时间观念（Fraisse，1984）。从亚里士多德（Aristotle，公元前384—公元前322年）到奥古斯丁（Augustine，公元354—430年）再到康德（Kant，1724—1804年）和海德格尔（Heidegger，1889—1976年）都阐述了他们的时间观念。这些时间观念的提出是一个对时间本质认识逐渐深化的过程，也是一个从关注时间概念到时间观念的过程。

一、亚里士多德肇始的时间概念

西方早期的传统哲学家认为，时间有自然界的时间概念，也有精神生命的时间观念。前者最先发端于亚里士多德，而后者则肇始于奥古斯丁。亚里士多德从哲学和物理学角度指出时间是对物体运动速度的量化。即物理时间是空间化的时间，是一种关于物体运动、运动速度的量化时间。后来，近代西方经典力学的奠基人牛顿（Newton，1643—1727年）继承和发展了亚里士多德的时间观，将时间看作是与空间化的物体运动、运动速度和加速度联系起来的计量标准。然而，牛顿并不满足于仅仅确认物理世界具有形而下的相对时间，而是认为物理世界同时存在形而上的绝对时间。绝对时间是永远匀速的时间过程。绝对时间是所有物理时间的本源和本体，也是所有物理时间的绝对衡量标准。与牛顿大致同时代的自然科学家或物理学家，如伽利略（Galilei，1564—1642年）、开普勒（Kepler，1571—1630年）等也只关注物理时间，并持有与牛顿相同或相似的时间观。牛顿等的时间观认为物理时间没有固定方向，是可逆性的。

后来，研究者认为时间存在方向性，具有不可逆性。如克劳修斯（Grotius，1583—1645年）提出"热力学第二定律"，主张在一个封闭的系统中，热运动总是趋向平衡和无序，"熵"逐渐增多，这一过程有时间之矢，是不可逆的。达尔文（Darwin，1809—1882年）、拉马克（Lamarck，1744—1829年）与华莱士（Wallace，1823—1913年）创立生物进化的学说。该理论明确主张生物进化过程具有"时间之矢"，这是不可逆的，具有不可重复性。魏格纳（Wegener，1880—1930年）创立"大陆漂移学说"，其被后人发展成"板块结构学说"。魏格纳认为，大陆不是静止不动，而是在地球表面漂移，漂移过程中蕴含时间流程，既有方向性，又有不可逆转、不可重复性。

爱因斯坦（Einstein，1879—1955年）创立了狭义相对论和广义相对论，放弃了牛顿形而上学的绝对时间，对物理学意义的"同时性"做出了不同于牛顿的新解释，即"同时性"不是绝对的，而是与光的运行、光的速度有关，与观察者的参照系或坐标系有关，具有相对意义。亚里士多德在《物理学》中把"时间是什么"这一问题看作是"时间是运动的什么"这一问题，最后把时间定义为"就先后而言的运动的数目"。泰勒斯（Thales，公元前624—公元前547年）说过一句晦涩的话："时间是最智慧的，因为它发现一切。"——在整个古希腊世界中，时间是一种物理时间，是一种引起万物展现与消失的特殊物理存在者，即一种自在物理之流。直到牛顿形而上的绝对时间提出，人们还是如此认知。不过，其中唯一例外的是奥古斯丁对时间的思考。奥古斯丁和所有正统基督教徒一样，认为世界不是从任何物质中产生的，而是从无中创造出来的。

柏拉图（Plato，公元前427—公元前347年）、亚里士多德、普罗提诺（Plotinus，公元205—270年）和奥古斯丁等一开始就把时间理解为一种本质性辨别框架，之后的认知过程可分三个阶段：第一阶段是柏拉图和亚里士多德的初始观点,第二阶段是普罗提诺的新解释,第三阶段是奥古斯丁的解决方案。首先,在《蒂迈欧篇》中,柏拉图将时间视为"永恒之运动的形象",认为时间的出现是伴随着"天"而出现的,即与宇宙一同终结。柏拉图之于奥古斯丁的意义在于将时间和创造的关系问题作为话题来进行讨论。例如,"天是按永恒模式构建的,因此在过去、现在和未来的所有时间里,被创造的天都将永恒不变地存在着。"两段引文暗含奥古斯丁时间观的两个向度:创造和伸展。

为了反对柏拉图的时间观,亚里士多德在《物理学》中将时间视为"不动的推动者和记数的奴斯",并将其规定为"就先后而言的运动的数目"。亚里士多德是在运动范畴内对时间的讨论。当然,时间概念的讨论中最具决定性意义的一步发生在从希腊到中世纪的转折关头。普罗提诺既不赞同柏拉图将时间规定为"永恒的运动形象"的说法,也拒绝了亚里士多德将时间视为"不动的推动者和记数的奴斯",而是将时间规定为"世界灵魂的运动"。他认为"时间不可能是运动,因为在时间中不可能有快或慢,而且被度量的不是时间而只是一个时期",不过时间也不可能产生于某种绝对静止的东西,而且时间不在世界灵魂之外。在普罗提诺看来,时间并不依赖于物质,也不依赖于它的运动。

普罗提诺还专门论述了时间和永恒问题,收录于《九章集》第3卷第7章。普罗提诺认为永恒是派生的概念。"永恒不再是什么基础的东西,而是似乎从基础的东西中流溢出来的",而时间也不是什么永恒摹本。他认为:"灵魂首先把自己时间化,并作为永恒替代物创造了时间,但接下来呢,它也让这样形成的宇宙陷入了时间的枷锁之中……既然宇宙是在灵魂中运动——因为它除了灵魂之外,再也没有别的运动场所,那么宇宙也必定在灵魂时间中运动。"因此时间是永恒借助灵魂的自我运动的产物。他接着说:"如果我们把时间描述为其运动中由一种生命形式向另一种生命形式过渡的灵魂生命,那不是很好的说法吗?如果永恒不断地以同一性方式不变和完全无限存在,而时间是永恒的摹本,与我们的宇宙跟来生的关系相契合,那么人们必须在生命处所那里开始另一种生活。生命具有灵魂的巨大力量……在灵魂之外不能确定时间,正如在存在者之外很少能确定永恒一样……时间就在灵魂中与灵魂共在正如永恒一样。"至此,古希腊关于时间的思索越来越接近奥古斯丁后来的视野(心灵的伸展)。在对时间本义的认识上,从柏拉图经亚里士多德到普罗提诺再到奥古斯丁遵循了自外而内、再向上发展理路。这一过程也是关注物理时间向心理时间转变的过程。自从奥古斯丁最先开创对主观时间（心理时间）的探索之后，又陆续涌现出康德、伯格森（Bergson，1859—1941年）和海德格尔等哲学家对时间本义的思索，以及马克思辩证唯物主义等的对时间观的超越。

二、奥古斯丁肇始的时间观念

在西方哲学发展史上，奥古斯丁的主观主义时间观具有一定的代表性。他认为上帝在创造世界之前是没有时间的，只有上帝创造了世界之后才有时间，而上帝是超时间性的，上帝是永恒的。上帝"千年如一日"，上帝无每一天，只有今天，因为上帝的今天，既不让给明天，也不继承昨天。上帝的今天即永恒。奥古斯丁认为将时间划分为过去、现在和将来都不合适，应该划分为"过去的现在、现在的现在和将来的现在"。在奥古斯丁看来，所谓过去的时间是当下心中的"记忆"；所谓现在的时间，即当下心中之"直接感觉"；所谓将来的时间，即是当下心中之"期望"。换而言之，过去的时间和将来的时间都是以现在的方式存在。比如，童年已逝，童年的形象就浮现在现在的"记忆"中；常常预先设想一个好的前景，而这种前景呈现在现在的"期望"中。简言之，奥古斯丁的时间观是主观主义的极端表现形式。

康德认为，时间有两个特征："形而上学阐明"和"先验阐明"。前一种是从本体论说明时间性质，后一种从认识论解释时间性质。时间的"形而上学阐明"包含四层意思：第一，时间不是从外部经验获得的经验性概念，如果要获得经验知识必须以时间为前提。第二，时间是一切直观和现象的基础，即时间是直观和现象的先天条件。第三，时间不是概念，而是先天直观。概念和直观是不同的：概念是间接和对象发生关系，是概括出的共同特征。直观是直接同对象建立单一的、个别的关联。第四，时间是无限的、唯一的整体。任何划分有确定量的时间，都是人为划分、限制所致。时间的"先验阐明"，是指数学中的算术的普遍必然知识的可能条件和基础，是时间的先天直观形式。数学知识离开先天直观寸步难行。如算术的计数，作为有次数的先后运动，规律性的计数1、2、3……无限地进行下去成为可能，必须依赖时间的先天形式，否则就无法进行下去。

为了与传统哲学相区别，柏格森建立了以时间为对象的形而上学。过去哲学把时空混淆，并以空间取代时间。柏格森认为时间即绵延（Duration）。绵延像一条河流，是无边无底的长河，向一个无法确定的方向流去。所以真正的时间具有不间断的流动性。绵延是由许多互相渗透的瞬间融为一体组成的。"如果把绵延看成许多瞬间，那么绵延不管怎么短，这些瞬间数目是无限的。"时间即绵延，永远处于变化之中，是活生生的，只有有生命、有意识的人才能领会，所以绵延时间是一种"意识流"。"意识流"只能通过内心体验的直觉加以把握。因此直觉成为时间观的主要组成部分。由此可见，柏格森把时间看作绵延、"意识流"，是从本体论视角来规定的，而不是从认识论去理解的。从这个意义上说，柏格森的时间观有一定合理性。柏格森强调直觉的作用，反对理智。他认为理智与直觉是两种认识方法。理智是一种诉诸于孤立、静止的分析方法，带有抽象概念化的特点，无法把握流变的时间，哲学只有扭转理智的思维习惯，依靠直觉才能建立新的形而上学。柏格森强调直觉把握时间的意义，有一定道理，但是把直觉与理智对立起来，贬低理智通过语言、概念和分析方法认识时间的意义，带有片面性和神秘色彩。

  从生存论出发，海德格尔认为此在（Dasein）最能表明存在真义。在海德格尔看来，此在离不开时间性，时间性是此在存在的本真意义。此在一般展开状态显现具体时间性建制，分别为领会（Verstehen）的时间性、现身（Befindlichkeit）的时间性和沉沦（Verfallen）的时间性。领会的时间性。"领会等于说，有所筹划地向此在向来为其故而生存的一种能在存在。"在一种生存状态可能性中有筹划地领会自己。它的基础是将来，将来在存在论上使这样一种存在者成为可能，所以领会奠基于将来。现身时间性。现身是此在状态上最熟悉东西，即情绪。情绪成为此在的现身，这是此在"被抛状态"。"被抛存在基于生存论视角等于说这样或那样现身。从而，现身奠基在被抛状态中。"所以现身奠基于曾在。沉沦时间性。沉沦在当前中有生存论意义。对沉沦时间性的探索可以从"好奇"问题来考察，因为好奇最容易看到沉沦所特有的时间性。此在借好奇而繁忙于一种看，它是"更广意义上知觉着眼于外观而让上手事物与在手事物就其本身'亲身'照面，这种'让照面'奠基于某种当前。"所以沉沦奠基于现在。总之，"领会首要地奠基于将来（先行与期备）。现身情态首要地在曾在状态（重演与遗忘）。沉沦在时间性上首要地植根于当前（当前化与眼下）。"而三者呈现在此在的整体性与统一性之中。海德格尔指出：人们日常生活中使用钟表明确地按照时间来调整自己的行为活动，并且以当前化的方式追随指针的位置，这种活动就是"计时"。"在这样一种当前化中到时的东西就是时间。"这是人的日常生活中所理解的时间，这也成为传统流俗时间的依据。亚里士多德在《物理学》中认为：运动虽然不是时间，但运动则是计时的一个标准。"时间即是计算在早先或晚后的境域中照面的运动时所得之数。"后来关于时间概念的一切讨论原则上都依附亚里士多德这种关于时间的定义，即时间是运动时所计之数，而所计之数都是指现在。"我们把以这种方式在钟表使用中'所视见的'世界时间称作现在时间。"无论我们怎样"不断地"把时间"分割下去"，现在总还是现在。同时流俗时间观认为时间是无终结的、无限的，从现在无论是往前推，还是往后推，都是持续不断，"从而时间'向两个方向'去都是无终端的。"

上述哲学家从不同角度对时间做出论述和规定，其共同点是具有主观性。具体而言，他们对时间的理解与人主体意识、心理体验等紧密联系。这些观点存在一定的合理性，因为离开人主体的认识、意识、心理体验等，对"时间是什么"就无法判断并做出规定，同时也为思考"时间是什么"问题提供了一种思考方法与途径。当然由于过分强调主体性，而忽略了时间的客观性，从而走向一个极端。马克思主义哲学是在马克思（Marx，1818—1883 年）为首一批哲学家思想学说的基础上归纳总结出来的。它从辩证唯物论出发，认为时间、空间是运动物质的存在形式。空间是指广延性（三维性），时间是指持续性（一维性，即从过去、现在到将来）。任何一种运动物质，大到宇宙天体，小至微观粒子，都必然包含位置移动，必然有持续过程。同时，空间、时间的存在不能离开运动的物质。牛顿把空间、时间看作脱离运动的物质而独立存在的"绝对空间"。爱因斯坦的狭义相对论驳斥牛顿的"绝对时空论"，认为时空是随着物质运动速度变化而变化，空间与时间也是相互依赖。当物质运动接近光速时，沿运动方向的长度会变短，运动过程会减慢。换言之，空间延伸性缩小，持续性加长。这些事实说明时空是随着物质运动变化而变化，同物质不能分离。无限宇宙的空间与时间是无数有限的空间、时间组成的。空间、时间是无限与有限的统一。马克思主义哲学对时间本质的论述，为人们深刻认识时间开辟了一条正确道路。

第二节 时间知觉和时距知觉

"时间知觉（Temporal Perception）"的探索最早可追溯到 19 世纪下半叶。1860 年，贝尔（Baer）提出"心理的瞬间"概念。马赫（Mach，1865）在《感觉的分析》中有专门的章节论述"时间感"这一概念。但"时间知觉"

的系统阐述最早见于詹姆斯（James，1890）所著的《心理学原理》一书。尽管研究者曾用"时间知觉"描述绵延的时间流，且这种体验在实践生活中被反复感知，然而是否存在类似空间知觉的"时间知觉"仍受质疑，更不用说对"时间知觉"的掌握。

一、时间知觉

迄今，围绕"时间知觉"主要存在两层意思：其一，时间知觉的对象并不是"时间"，而是变化，知觉时间就是知觉变化；其二，时间知觉离不开对刺激其他维度的知觉，知觉其他维度才衍生知觉时间。前者主要理由是人类并不存在独立"时间感受器"。虽然"物理时间"被热力学第二定律所证实，但"物理时间"激发有能量从而激发感官变化形成感觉的证据并不存在，"时间"作为一个独立的维度是不被承认的。按照弗雷斯（Fraisse，1963）的观点，时间意味着变化。时间（Temps）在法语中表示"天气"或大气层持续存在的状态；时间（Tempus）在拉丁语系中是指昼夜节律的基本经验，如太阳的升降，月亮的盈亏，斗转星移，季节的更替等。吉布森（Gibson，1975）认为"时间知觉"这一表述本身就值得商榷，"不能感知时间，只能感知事件和运动"。后者认为，时间不是独立的知觉维度，而是"派生的实体"，其特殊性表现为承认时间是独立的"特殊"维度，对时间感知似乎不能独立于其他维度。吉布森等（2003）认为"虽然任何刺激都包含了时间维度，但只有当刺激包含其他维度（比如强度、频率或者颜色）时，时间才可能被感知。"简而言之，时间感知即人类感知事件的变化或感知事件或事件之间的时间关系——这是时间知觉研究者普遍认同的观念。

根据弗雷斯（1963，1981）的观点，时间知觉是对不超过 5 s 的相继事件的变化的持续性体验。上述观点仅是指明时间知觉的上限，然而时间知觉是否存在下限？这个下限涉及对"时间点"或"瞬间"的感知——也就是最简单的、不可分的时间元素。里基特（Richet，1898）将这种最简单的、不可分元素认定为最简单心理操作所必需最小时长，即大脑皮层中枢的兴奋有一个频率限制，即"持续"阈限，而这个时间正好对应一个基本神经振荡（Nervous Oscillation），大约 100 ms。这个最简单的时间心理单元，既与刺激持续时间有关，又与刺激物理强度有关，这是由于单一刺激所造成的心理反应强度，取决于感受器所接受能量数的多少，即刺激的物理强度和持续时间的乘积。例如，1940 年，杜鲁普（Durup）和费萨德（Fessard）曾发现 1 微度光刺激的持续阈限为 0.124 s; 对 500 Hz 声音的刺激, 其波动范围为 0.01~0.05 s。这种差异被归结为瞬时知觉阈限依赖于整个兴奋过程的持续时间, 比听觉刺激的持续阈限更长的视觉刺激, 是由于视网膜感受器的光化学兴奋过程 (Fraisse, 1963, 1984) 比听觉感受器机械过程惯性更大 (Fraisse, 1963, 1984)。

皮埃隆 (Pieron, 1955) 首次从心理物理学的角度提出"时间点"(Time Point or Locus) 是时间的心理单元, 同时也引用了亚里士多德关于停止 (Standstill) 的定义, 表明一种短暂的刺激可能并不会被感知到是持续的, 而是被知觉为时间点。斯特劳德 (Stroud, 1956) 认为心理时间或心理活动的时间只能被分割为瞬间的有限数量, 而精神时间可以被分割为瞬间的无限数量。1977 年, 施维埃 (Servierre) 等基于心理物理测量法发现瞬时阈限大约为 60 ms (变化范围在 30~130 ms 之间), 且该阈限受到训练的影响, 未受训练的阈值更高。此外, 施维埃等 (1977) 还采用诱发电位 (Evoked Potential) 记录技术, 发现在超过 140 ms 时, 可以明确划分区域的起止成分; 但在 125 ms 以下, 两种成分的交互逐渐趋于重合, 并大致存在一个不确定域面 (Zone of Uncertainty), 其范围和采用心理物理法行为实验所测量的范围大致相当。行为实验和 ERP 实验结果证明瞬时知觉对应着诱发电位开始和结束成分不能分离的阶段。弗雷斯 (1984) 也认为"时点"意指刺激发动瞬间 (On Moment) 与结束瞬间 (Off Moment) 不能区分开来时所持续的最短时间长度。

当然, 也有研究者把瞬时看成是可以在重复刺激中没有融合的刚刚做出区分的时间间隔。但皮埃隆认为, 这种融合频率主要是由感受器因素决定的, 并不能用来准确测量中枢过程。当然, 另外, 布雷彻 (Brecher, 1937) 也曾发现, 从非连续性地感觉到闪烁的过程中, 大约有 0.05 s 的界限存在。这类研究的基本逻辑是希望证实个体对事件加工的生理单元的存在并揭示其本质, 然后就能确定何种条件下可以觉察到瞬时。然而, 生理单元的存在一定等价于心理单元的存在吗? "单元"有两层意思: 一是不可分割, 从这一点上说, 瞬时可称为一个时间单元; 二是构成整体性的基础性元素。这两层意思都适用于时间吗? 一方面, 尽管皮埃隆认为持续是由"多个即时统合"构成的, 但关于心理时间单元是否存在的问题, 心理物理学研究并没有给出答案。另一方面, 对持续知觉可能包含"空时距 (Empty Duration)"与"实时距 (Filled Duration)"的感知。弗雷斯 (1963) 认为时间知觉是处在"心理当下"的框架内, 是将相继事件理解为知觉上大致同时。持续知觉 (Persistent

Perception）是对某种序列组织时距的知觉。当序列组织不再明显时，持续就很难被感知，例如，知觉"声-光-声"序列分割相邻的两个时间间隔，比知觉"声-声-声"序列要难一些，因为后者形成了一个知觉单元，而前序列除非借助同化过程（例如，对应三个手部的运动或三个音素）才能形成组织（Fraisse，1952）。

二、时距知觉和时序知觉

按照"知觉"的本义，时间知觉等价为"知觉到现在"或"心理现在"（Fraisse，1984）。但这个定义成立的前提是，必须承认存在主观现在。根据詹姆斯（1890）的观点，感知到"现在的现在"有别于"瞬时的现在"，而是指"似是而非的现在"。瞬时的现在，不过是哲学上的抽象，没有持续时间；后者则可以持续数秒，超过这一时限，时间不再是知觉对象而需要符号构建。每个个体都存在于受多因素调节的"现在"中。2014 年，蒙特梅尔（Montemayor）和温曼恩（Wittmann）认为"主观的现在"有三个层次：首先是事件同时性，其次是经验的现在，再次是包含叙事自我的心理现在。蒙特梅尔等（2014）提出了"主观现在"的运作机制是：一旦把一组内容统一到单一的事件体验中，这种体验就会主观地表现一种独特的意识片段，与其他经历相互影响。国内学者凤四海、黄希庭（2004）等认为，"知觉到现在"包括：①将时间上相继事件知觉为大体上同时或整体；②对事件的持续性、顺序性的知觉；③虽然也牵涉时距，但不同于时距估计，不牵涉长时记忆，是对"当前"刺激的直接反应；④虽然也牵涉时序，但有一定时限顺序，"知觉"依赖于同质刺激的自发组织，不同于对顺序的记忆重构。总之，在知觉到现在的限度之内谈时间知觉，并不意味着它独立于任何先前经验，但它又不同于对事件的回忆和事件的再现。

时距知觉是时间知觉的重要组成部分，是指个体在"知觉到现在"范畴内对时间持续性的知觉，不同于时距估计，不牵涉长时记忆，是对当前刺激的直接反应，是个体对介于两个相继事件之间间隔时间或某一事件持续时间的知觉（Fraisse，1984）。时序知觉也是时间知觉的重要组成部分，它反映的是个体对短暂时间内出现的客观事件顺序性的知觉。时序知觉包括三种经验成分：同时性、非同时性、序列性。时距知觉和时序知觉两种不同的时间体验在同一个框架内实现了统一。

第三节 时间知觉的理论与任务范型

根据上述可知，就时间有别于其他事件的特性而言，人们并不是知觉时间这种事物，而是在知觉时间上的变化或事件以及事件之间的时间关系——这是时间知觉的心理学研究者普遍认同的基本观点。伯乐（Berle）和邦尼特（Bonnet）在1999年曾指出，时间不仅是人类信息加工的对象，而且也是影响非时间信息处理的因素。前者以探讨时间信息加工机制为主要目标，称为时间信息加工视角（Temporal Information Processing，简称TIP）；后者则将时间视为信息加工的一个影响因素，以关注信息加工的时间分辨率等计时特性为主要目标，称为信息加工时间特性视角（Temporal Processing of Information，简称TPI）。研究信息加工的计时特性，其意义不仅在于感觉刺激的时间结构本身是人类认知的重要组成部分，还因为越来越多的证据表明大脑活动的时间模式似乎同时对客体和事件的选择及其通达存在密切联系，这其中的一个基本问题就是每个认知过程都有一个时限。如前所述，时间知觉领域的结果是如此纷繁且充满争议，就像弗雷斯（1963）所描述的时间心理学家们，如同身处"通天塔"上的建筑师们，无法彼此沟通，但所幸的是，试图建立时间信息加工模型的努力并没有让这个庞大的计划夭折。遗憾的是，尽管这种尝试从未中断，但至今仍不能令人满意。

在构建时间信息加工框架的尝试中，最重要的工作当属弗雷斯（1963）的工作。他首先提出时间适应的三种模式，即周期性变化和有机体对时距的条件作用中表现出的生物学系统、负责短时距加工的知觉系统和时间控制的符号系统，其中后两者都属于认知系统。他认为人类是在一个从过去一直延伸到将来的时间地平线上建构时间，并根据知觉和记忆的变化的数量来估计时间。

一、时间知觉理论

时间知觉的意义不仅在于只有在3 s左右的时间范围内才能形成对自发组织刺激的持续性、顺序性等时间关系的感知，更重要的意义在于它的时间窗口规定了信息处理的时间限制，而且只有在这个时间限制内，一个接一个地激发，才能组织成一个统一的感知对象。

(一) 基于 TPI 视角的时间知觉理论

时序知觉是时间知觉的重要内容。知觉潜伏期模型（Perceptual Latency Model）是早期时序知觉的模型，模型假设知觉到的时序取决于刺激到达中枢的潜伏期差异。该模型虽然很快被后继研究所否定，但艾伦（Allan）提出的多重心理函数的分析框架却产生广泛影响。注意转换模型（Attention-Switching Model）则假设内部计时机制产生一系列独立于外部刺激的等间隔时间量子，只有在这些时间点上，注意才能发生转换。要知觉两刺激的先后，必须至少有一个这样的时间点出现在刺激间隔中，两刺激到达中枢并经过注意的转换依次被登录。该模型虽然比知觉潜伏期模型效度更好，但存在一些问题。如艾伦等的实验采用的都是跨通道联合判断任务，在单通道条件下，时序判断误差是否是因为注意转换的等待时间尚需进一步研究。乌利齐（Ulrich）在上述模型的基础上提出一般阈限模型（General Threshold Model）。模型的主要特点是在到达时间知觉潜伏期的基础上增加一个顺序判断阈限成分，要得到正确的顺序判断，两刺激的时间间隔必须超过阈限，而阈限又依赖于感觉信息的中枢到达顺序。上述神经振荡过程的普遍存在，证实了时间知觉中隐含的信息加工被分割成离散的片断。也许离散性和对变化的感知恰恰是时间知觉本质的两面——没有离散性连续时间流，似乎不可能知觉到变化，反之亦然。但另一个问题是，如果振荡过程中这样的内源计时装置产生了一个周期性的时间单元，那么信息加工如何在此基础上完成，在时间知觉的 3 s 时间范围内又如何产生统一的整体知觉呢？为了解释这一过程，波佩尔（Pöppel, 1997）提出了时间知觉层级周期模型。这个模型假定时间知觉是由大脑中两个独立的时间加工机制来控制。第一个系统是周期为 20~60 ms，平均为 30 ms 的高频系统。刺激引起的主观感知触发了周期性振荡过程使之与刺激的产生和消失同步，确认不同的刺激必须保证它们在不同的振荡周期中分别落下，每秒大约只有 30 个识别机会和识别点，因此刺激不是任何时候都可以响应的。这个平均周期为 30 ms 的"时间窗"，旨在构建一个独立的心理事件，是人类加工信息的初级整合单元。第二个系统处理几秒以内系列事件的低频系统，它将连续事件整合成知觉和动作的单元，这种分割基于某种自动化、前语义的整合过程，不受加工内容影响，该低频系统就是"知觉到的现在"的基础，周期平均为 2~3 s。在这个时限内，不仅可以获得"现在感"，也提供了意识活动的时间平台。虽然该模型阐述了时间整合过程的前语义和自动化特征,但并没有揭示其具体内涵,也没有揭示时间整合过程是如何产生"主观现在"的机制。总而言之,20~60 ms(平均30 ms)和2~3 s是知觉离散客观事件,并将多个事件整合为整体的不同层级的时间参数。

(二)基于TIP视角的时间知觉的理论

时至今日,时间知觉几乎等同于时间估计。时间知觉理论模型所探讨的也主要是物理时间与心理时间的系统差异的变异源问题。基于上述原因,目前主要包括单一机制理论和双重机制理论。单一机制理论主要涉及生物取向理论、认知取向理论和综合取向理论(凤四海、黄希庭,2004);但双重机制理论主要涉及自动化与控制性加工理论(Michon,1985;Lewis et al.,2003a)。

单一机制理论可归纳为生物取向、认知取向、综合取向三大类。

1. 生物取向

该取向理论中较有代表性的标量计时理论(Scalar Timing Theory, STT)最早萌芽于Gibbon(1977)的标量期望理论(Scalar Expectancy Theory, SET)和Treiman(1963)的内部时钟模型,主要被用来诠释动物时距知觉表现,后来被扩展至人类范畴(Allan and Gibbon,1991;Allan,1998)。该理论假定人类时距判断由内部时钟、记忆存贮和决策机制构成,其中内部时钟包括起搏器、开关和累加器。起搏器以大致恒定频率连续发放脉冲。当有机体接收到计时信号时,开关打开,脉冲进入累加器中并转换至工作记忆,进而形成相应记忆表征。工作记忆累加的脉冲是心理时间的线性函数(服从韦伯率)。该理论(SET)为人类计时行为提供了数量模型,特别是个体差异的解释,如年龄等。迄今为止,只有SET提供了对个体差异的数量化解释。

不过对SET的质疑也不少。Block(2003)对此加以概括:一是迄今无法确认脑内确实存在着恒定频率的起搏器。尽管研究者早已揭示出周期节律的某种神经基础,例如发现即便消除正常的视觉输入,上交叉核(Suprachiasmatic Nucleus)中的神经元可以充当内源性起搏器(Freedman et al.,1999)。但是关于起搏器在秒级和分级水平上的时距计时基础仍不清楚。二是模型的验证只使用了少量的范式,如顶峰程序(Peak Procedure)和时间两分(Time Bisection)任务,且主要来自动物实验。三是实验程序上动物实验的复杂和丰富程度远不能和人类实验相比。例如,这类实验往往只要求动物估计单一刺激或两个刺激的间隔时距,这种情况下,动物并没有外部信息需要加工。四是无法解释注意对心理时间的作用,通常只是将注意效应解释为对假想开关转换所致。研究证实注意在计时行为中扮演关键角色（Macar, Grondin, and Casini, 1994），但像根植于行为主义的心理物理学模型如何整合注意过程尚不得而知。另一个主要挑战是如何理解计时行为的生理机制。研究批评生理学基础上的起搏器—累加生物钟思想（Mattel and Meck, 2000），而振荡器模型（Oscillator-Based Model）（Church and Broadbent, 1990; Mattel and Meck, 2000）则被认为更有希望找到生理机制，不过后者拟合行为数据仍存在问题。五是模型所预测研究结果实属中规中矩，例如所谓梯度属性，即时间估计标准差随均值线性增加，这一规律在众多维度和属性都是如此。只有起搏器和累加器成分是独特的时间维度。六是对于模型关于时间估计是物理时距线性函数的基本假设也存在争论。

2. 认知取向

该取向主要强调时间信息加工的外源性成分即外部刺激因素、环境因素及其他认知活动过程对时距知觉的影响，认为时间是从刺激环境特别是刺激变化中加以抽象和建构而来的，是认知过程的间接结果，尤其是记忆和注意的结果。因此认知模型认为有机体时距知觉具有很大随机误差；刺激环境的系统变异会对时间判断产生系统而可预测的影响；大脑局部损伤不会消除时距知觉。研究者报告的主要外部影响因素，譬如刺激变化速度、数量、强度和标记属性，刺激属性、熟悉度、复杂度及日常生活步调和对危险情境的知觉。认知模型强调个体在不同情境下的认知加工过程及其特点是影响时距知觉的主要方面，特别是注意努力、任务要求和反应标准等。例如存储容量模型（Storage Size Model）（Ornstein, 1969）、背景变化模型（Context Change Model）（Block, 1990）和变化分割模型（Change Segment Model）（Poynter, 1989），这类记忆模型强调个体对持续时间的估计取决于记忆中存储的事件数量或编码的背景变化数量，强调"时距判断就是知觉到的事件数量感官的和机体的、事件的分离性以及事件的可记忆性（存储、提取、被组块的难易度）的函数"。

Staddon（2005）提出一个多重时间尺度（Multiple Time Scale, MTS）模型。该模型是一个建立在感觉记忆痕迹衰减基础上的时间信息加工模型。刺激记忆强度会以艾宾浩斯遗忘曲线形式进行衰减，即开始衰减快，随后衰减速度逐渐减慢。衰减曲线可以由多个串联渗漏整合器（Leaky Integrator）实现（Staddon and Higa, 1999）。三条重叠记忆痕迹为三个空时距。记忆强度以固定方式衰减，当记忆强度衰减到某一反应阈限时，便说明经历一定时间，故可以通过记忆痕迹强度的变化测量时间。反应阈限会伴随一定系统噪音，因此对时距的反应会呈现标量性质。

认知取向模型中最受关注的是注意机制相关的模型。注意效应表现在集中注意至"时间流"上会高估时间，而注意卷入另一个活动中则会压缩时间知觉。加工时间模型（Processing Time Model，PTM）认为信息加工系统中两个信息加工器（认知计时器和刺激加工器）的注意资源分配决定了计时活动特性，前者负责加工和编码时间信息，后者负责对刺激信息进行加工和编码。在有限注意资源条件下认知计时器分配注意资源越多，时距估计越长，反之越短（Thomas and Weaver，1975）。后来，Zakay（1989）将该模型与预期式和回溯式时距估计范式相联系提出注意的资源分配模型（Resource Allocation Model，RAM）。在实验前要求被试注意时间信息时，被试会将大部分注意资源分配于时间加工器，为预期式时距判断；在实验前没有要求被试注意时间信息，而在实验最后要求被试回忆实验所用时间，被试会将大部分注意资源分配于非时间加工器，为回溯式时距判断。Massaro 和 Idson（1978）提出干扰模型（Interruption Model，IM）。该模型认为时距估计依赖于信息加工时间：第一个刺激进入感觉登录并不断被提取时，若第二个刺激的登录干扰了第一个刺激的加工导致其被擦除，则知觉到的第一个刺激时距会缩短。随着测试刺激和掩蔽刺激的刺激之间间隔增加，被试更多地将测试刺激报告为更长，而掩蔽刺激的主观时距被整合到测试刺激的主观时距判断中。此外，还有模型强调比较和决策等作业效应。Eisler（1975）提出的实时标准模型（Real-Criterion Model，RCM）认为刺激时距经潜伏期在主观上开始后激活了一个内部计时间隔作为判断标准，时距判断是将呈现刺激和该标准进行比较的结果。该模型假设个体总是基于对两个内部时距（标准时距加比较时距的总时距心理值）与比较时距的心理值的同时调节或并行加工进行比较作业。标准时距的心理值被连续地计算并和比较时距进行比较产生外显反应。

3. 综合取向

上述时距加工模型大多不局限于 5 s 以内时间限度之内，但即便是在该时距范围内，仍然不能解释所有时距知觉数据。无论生物取向观还是认知取向观都承认时距知觉是内、外部因素的混合作用，因此将二者加以结合的综合模型可能更具有生态学效度。Zakay 和 Block（1997）随后将注意资源分配模型和标量计时模型整合起来提出的注意闸门模型（Attention-Gate Model，AGM）是迄今为止时距知觉领域较成熟的综合模型之一。在起搏器和开关之间加入一个注意闸门，注意闸门打开程度可以连续变化。在回溯式判断时，注意闸门完全关闭，没有脉冲进入累加器预期式判断时，注意闸门完全打开，脉冲进入累加器，形成时距表征闸门打开的程度反映了分配在时间加工器上的注意资源比例。该模型中除了包括起搏器、计时器、比较机制等传统生物模型中成分之外，还增加了计时器开关、注意开关（闸门）、工作记忆、反应机制等认知成分。模型还包括用于解释长时距时间估计的（参照记忆）长时记忆成分。Buhusi 和 Meck（2009）提出了一个扩展资源分配模型，认为时间信息加工和背景加工共享注意和工作记忆资源。该模型与注意阀门模型最大区别在于，注意阀门模型认为非时间信息与时间信息加工只共享注意资源，而扩展资源分配模型任务认为非时间信息与时间信息加工共享注意、工作记忆资源以及监控和分配资源的系统。

当然，黄希庭也曾经提出时间认知分段综合模型（Range-Synthetic Model of Temporal Cognition，RSMTC）。该模型虽然描述更宽范围内时间认知的趋势，但是也对时距知觉有所启发。该模型吸收以往时间认知研究的合理部分，并在一系列研究基础上提出研究时间的理论框架（黄希庭等，2003）。该模型强调人类对时间认知具有分段性，不同时距表征不同。模型还强调个体无论对哪一种时距的认知均受多种因素影响，主要包括刺激物理特征（如事件的数量与结构、通道特点等）、认知因素和人格特征。模型还认为时序、时距和时点是同一时间经历不可分割的三个属性，应该将三个属性统一起来进行多维度研究。时间认知分段综合模型是在中国综合哲学观和当代系统论背景下所提出来。该模型的优点在于采用系统论的分析方法，全面考虑各个因素来认知时间，因此具有极强的扩展性和兼容性，能够吸收最新的研究成果，不断提高模型的预测效度。

双重机制理论假说主要是指自动化和控制性理论假说。Münsterberg（1889）认为 1/3 s 以下能被直接感知，1/3 s 以上则需高级心理过程重构。随后在经历传统实验研究重视之后，时间心理研究在 20 世纪 20—60 年代陷入低谷，而后又伴随认知心理学诞生而重新兴起。Michon（1985）区分出 500 ms 以下属自动化计时，快速而平行，不易受认知控制调节；500 ms 以上属控制性计时，为认知控制所调节。Lewis 和 Miall（2003b）基于脑成像研究的元分析将时距加工区分为 1 s 以下自动加工系统和 1 s 以上认知控制系统。这一理论假说倾向一种时距加工方式的描述，没有对加工时距过程机制的阐释，即无法对加工时距最核心因变量——"长度"进行预测。这一点与黄希庭的时间认知综合模型的特点是基本一致的。不同在于黄希庭的模型涉及范围更为广泛，而自动和控制性计时理论假说更聚焦于短时间范畴内。

二、时间知觉的任务范型

（一）基于 TIP 视角的任务范型

Allan（1979）在系统总结文献基础上，提出四种传统时间知觉任务范型，包括时间估计法、时间产生法、时间复制法、时间比较法。时间估计法（Time Estimation Task）包括口头估计、数量估计、量表估计等（Thoenes and Oberfeld，2017）。在时间估计法中，通常给被试一个时间间隔，要求被试以某种时间单位（毫秒、秒、分钟）估计该间隔的长度。该间隔可以是两个先后呈现的刺激（闪光或短暂语音）之间的间隔，也可以是某个刺激（连续声音或视觉信号）从出现到消失之间的呈现时长。这种范式不仅应用在预期式计时中，在实验开始前，会告知试验需要计时；也是用来回溯计时的，不需要事先告知需要计时，待被试看完一段视频之后，要求其对之前经过的时间进行估算。时间辨别法（Time Discrimination Task）通常向被试连续呈现两个时距，要求被试判断哪个间隔更长或哪个间隔更短（Fernandes and Garcia-Marques，2020）。随后将收集的数据拟合为某一种心理曲线，计算时距差别阈限或主观相等点（翁纯纯，王宁，2020）。其也存在一些变式，主要特点是仅在测验阶段提供一个时距，要求被试将其与最初学习的标准时距进行对比。如时间二分任务（Temporal Bisection Task）、时间泛化任务（Temporal Generalization Task），都是在对比一系列探测时距与标准时距（刘昕鹤等，2020；翁纯纯，王宁，2020）。所不同的是，在时间二分法中，被试先学习两个标准时距，即一长一短，然后判断一系列的比较时距，是更接近短时距，还是更接近长时距。在时间泛化法中，被试仅学习一个标准时距，在测验阶段需要判断探测时距是否与标准时距相等（Huang et al.，2018）。时间复制法（Time Reproduction Task）一般会给被试一个目标时距，被试需要通过按键复制一个与目标时距相等的时间长度。其有多种变式：进行两次按键，一次代表计时开始，一次代表计时结束，两次按键之间的距离即为复制的时距；进行一次按键，当被试觉得呈现的刺激时长达到目标时距时，按下按键，代表计时结束，刺激在屏幕上呈现的时长代表复制的时距；进行一次按键，按下按键，代表计时开始，释放按键，代表计时结束，按压键盘和释放键盘之间的时距即为被试复制的时距（Coy and Hutton，2013）。时间产生法（Time Production Task）与时间复制法类似，均需进行运动反应，即需要通过按键来产生某个时距。在时间产生法中，首先以时间单元的形式给被试呈现一个间隔，例如1 s，被试需要在后续的任务中产生1 s的时距（Mioni et al.，2016）。以上范式都能用于测量时距知觉，但是不同范式涉及不同的反应差异和认知成分（Thoenes and Oberfeld，2017）。例如，时间产生法和复制法均需要运动反应，不仅涉及知觉判断，还涉及运动系统。

Zakay（1996年）根据判断过程区分绝对和相对时距判断法。绝对判断是要求被测者在完成某项任务后或呈现出一定的时距后，对自己所经历的时间做出判断；相对判断是指向被试呈现两个或两个以上的时距，要求被试在其记忆中对时距进行比较。区分两类方法仅仅是记忆的参与程度不同而已，时间估计法和时间产生法属于绝对判断法，时间比较法则是相对判断法，而时间复制法结合两种类型。实际上，复制过程本质上与产生过程是一致的，然而复制法的比较标准没有产生法清楚。任务范型的差异主要体现在参与认知过程的差异。时间估计法、时间产生法、时间复制法的决策在目标时距结束之后立即做出，仅涉及工作记忆过程。然而，目标时距表征在决策时是否仍然储存在工作记忆中是值得怀疑的，事实证实了这种怀疑。至于时间比较法，则要求目标时距和比较时距都非常短，理由是目标时距呈现于比较时距之前，可能涉及长时记忆，从而可以看出四种方法要求的估计条件都是严格的。另外，基于不同任务范型下的被试参与状态存在差异。在比较法和时间估计法里，被试通常在没有积极参与时间加工情况下已做出估计；在产生法和复制法中被试会积极参与时间加工，但可能会使用一定的策略，被试关注的是对时间段的监控而非积极生成时间，显然监控与积极操作是不同的，这减少了估计正确率。还有，时间段呈现顺序也影响时距估计。比较法的难题在于处理目标时距与比较时距的呈现顺序。因为不同呈现顺序都可能会导致错误。比如，两个相当时距，通常对第一个估计较长，况且在实际时距比较中，通常是在两个不同时距之间进行的。因此，时序影响程度是不清楚的。每种方法由于自身性质不同，倾向于某一特定知觉偏差。时间估计法可能会导致表征和可得性的认知偏差，即通常基于任务间的相似性而根据以往经验对当前任务进行处理。比较法也会导致知觉偏差，如果标准时距太短，判断失效；太长，判断停止，而且设置多长标准时距在任何文献中都没提到。总之，每种任务范型涉及认知过程不完全一致，且个体参与任务的状态也存在差异。

（二）基于TPI视角的任务范型

时间知觉是个体对直接作用于感觉器官的客观事件顺序性（时序）和持

续性（时距）的认知。时序知觉反映的是个体对短暂时间内出现的客观事件顺序性的知觉。人们通常会对两个或两个以上客观事件的出现会同时出现或非同时出现两种知觉判断，即时序知觉的"同时性"与"非同时性"的经验。序列性是人们在时序知觉中体会到的"先后顺序"的经验。它是以同时性和非同时性的经验为基础，确定不同事件发生的先后顺序。换言之，首先必须明确事件是否在同一时间发生，只有知觉到两个刺激不是同时出现的，才可能回答"哪个刺激在先，哪个刺激在后"。但是，感知到了两个刺激在时间上的分离，并不等于知道它们的时间方向。

研究时序知觉的经典范式是时序判断任务和同时性判断任务。时序判断任务（Temporal Order Judgment，TOJ）是尝试将两种刺激需求以不同的 SOA 快速呈现，以判断哪种刺激最先出现。同时性判断任务（Simultaneity Judgment，SJ）与 TOJ 不同的是，SJ 任务需要尝试判断是否同时或连续出现两种刺激，但并不需要指出刺激的先后顺序。

第四节　时间知觉的分段性研究

基于 TIP 和 TPI 视角，时间参数包括分界区域（也称分界点）和时间窗口等。所谓分界区域，主要是指区分不同时距加工机制的时间位置（陈有国，2010；尹华站等，2010），具体而言，就是随着加工时距长度的增加，在某一个区域（点），时距加工机制会发生变化，而这个转折位置就是分界区域；时间窗口主要指影响非时间信息进行整合性加工的时间限度（Pöppel，1997，2009；Pöppel et al.，2011；尹华站，2013；Pöppel and Bao，2014），具体而言，就是在一系列离散事件信息加工中，会存在某一个时间限度制约信息加工，而这个限度就是时间窗口。迄今，关于分界区域（点）和时间窗口均有一些理论观点。基于 TIP 视角，研究者倾向于通过某一个分界区域或者分界点区分不同加工机制，譬如，1/3 s，1/2 s、1 s 及平均 2~3 s 等分界区域（点）。而基于 TPI 视角，20~60 ms（平均 30 ms）和 2~3 s 是知觉离散客观事件，并将多个事件整合为整体的不同层级的时间参数，是非时间加工受到时间因素限制的时间窗口。

一、分界区域的证据介评

据以往观点可知，从数十毫秒至数秒之间存在两个分界区域。第一个分界区域（1/3~1 s）将时距加工区分为感觉自动计时和认知控制计时（Lewis and Miall，2003a；Michon，1985；Münsterberg，1889）。第二个分界区域（2~3 s）将时距加工区分为时距知觉和时距估计（Fraisse，1984）。

第一，1/3 ~ 1 s 分界区域证据。研究从 Münsterberg（1889）、Michon（1985）、Lewis 和 Miall（2003a）的观点出发，预测某分界区域以下和以上的加工具有不同机制，即感觉自动计时系统和认知控制计时系统。这些研究试图通过比较不同长度时距加工在行为学、神经药理学、脑电及脑成像研究中的表现来给予证明。Rammsayer 团队（1991，2011）及尹华站等（2017）分别采用单词学习任务、精细性复述任务及心算任务与时距加工相结合的双任务范式，考察了 50 ms（100 ms）与 1 s 加工在不同认知负荷条件下的表现，结果发现次要任务对短时距和长时距加工出现选择性影响，支持了感觉自动计时与认知控制计时的分离。后来，Rammsayer 团队（2015，2018）基于 Stauffer 等（2012）的逻辑，尝试通过 50 ms 和 1 s 加工中通道效应的选择性出现来验证两种计时系统假说，结果发现 50 ms 加工的视听通道效应显著大于 1 s 加工的视听通道效应，并且还发现在进一步控制通道变量之后，1 s 加工中的视听通道效应消失，结果支持了两种计时系统假说。此外，Rammsayer 和 Troche（2014）采用验证性因素分析方法探讨 50 ms 和 1 s 的加工机制，结果也支持了两种计时系统假说。唯一例外的是 Rammsayer 和 Ulrich（2005）采用双任务范式考察心算任务、记忆搜索任务及视空间记忆任务加工对 100 ms 和 1 s 加工的选择性影响，却发现不管何种任务，对 100 ms 和 1 s 加工的影响趋势一致。此外，神经科学研究也试图为两种计时系统假说提供证据。张志杰等（2007）采用脑电技术记录完成时距两分任务（400 ms 和 1600 ms）中脑电时程特征，结果支持 400 ms 与 1600 ms 具有不同加工机制。陈有国等（2007）采用脑电技术记录了双任务过程中注意共享效应，结果表明 300 ms 以上加工可能为认知控制计时机制，陈有国等（2008）在一篇神经科学研究综述中进一步论述了两种计时系统的观点。Rammsayer（2009）采用神经药理学研究，也发现了前额皮层的认知控制计时系统与皮层下结构的自动化计时的分离。Lewis 和 Miall（2003a）基于脑成像研究的元分析结果将时距加工区分为 1 s 以下自动加工系统和 1 s 以上认知控制系统。Nani 等（2019）也对脑成像研究结果进行元分析，结果发现 1 s 以下加工与皮层下结构激活相关，可能涉及自动化计时系统，而 1 s 以上加工与皮层区域激活相关，可能涉及认知控制计时系统。

第二，2~3 s 分界区域的证据。大量研究从 Fraisse（1984）的观点出发，预测 2~3 s 以下和以上时距加工具有不同机制，2~3 s 以下不受认知资源（注意和工作记忆）调节，具有跨通道非特异性，而 2~3 s 以上受认知资源调节，具有通道特异性。

目前研究证据主要集中在三条思路：其一，通过认知资源、视听通道和目标时距对时距加工影响的交互效应来推断分界区域。譬如，Szelag 等（2002）、Ulbrich 等（2007）及尹华站等（2016）分别以 6~14 岁儿童、21~84 岁和 19~35 岁成人为被试考察了认知能力（工作记忆能力）、视听通道及时距长度对时距加工的影响，结果发现 2~3 s 以下加工不受视听通道和认知能力的影响，而 2~3 s 以上时距加工随着认知能力增强，估计时距也越长，此时听觉时距长于视觉时距，这意味着 2~3 s 以下与以上加工机制不同。Droit-Volet 等（2019）在另一项研究中考察了年龄（5 岁、8 岁及成年人）和视听通道对时距两分任务加工（4.0~8.0 s）的影响，同时用神经心理学测验评定了儿童和成年人的一般认知能力，结果发现听觉刺激时距明显长于视觉刺激时距，对于年轻人更加明显，进一步回归分析发现个体工作记忆能力是预测时间歪曲程度的最大变异源。也有研究分别探讨视听通道与时距长度或者认知能力与时距长度对时距加工的交互影响。譬如，Noulhiane 等（2009）要求被试完成 1~5.5 s 和 1~10 s 视听时距复制，结果发现，对于视觉通道而言，两个系列时距的复制结果转折分界区域均在 3 s 左右；对于听觉通道而言，1~5.5 s 系列时距复制分界区域大约在 3 s，而 1~10 s 系列时距复制分界区域倾向在 5 s 左右，这意味着不管何种通道，3 s 以下与以上时距加工机制存在差异。Murai 等（2016）在另一项研究中采用时距复制任务考察了视听通道和时距长度（0.4~0.6 s 和 2~3 s）对时距知觉中心化趋势（高估短时距、低估长时距）的影响，结果表明对于 2~3 s 时距复制的中心化趋势是一种通道特异性机制，而通道特异性机制和跨通道非特异性机制均对 0.4~0.6 s 目标时距复制的中心趋势有贡献。Cester 等（2017）在一项研究中调查了算术困难能力与复制不同长度时距的能力的关系以探讨算术困难儿童加工较长时距是否存在削弱，结果支持存在两种计时机制假说。Keita 和 Makio（2018）考察了听觉反馈对秒以下（0.5 s）与数秒（3.2 s）时距复制和时距产生任务成绩的影响。结果表明，听觉反馈有助于 0.5 s 时距加工，但对 3.2 s 时距加工没有影响。上述研究为 2~3 s 分界区域观点提供了直接的因果性证据。

其二，通过某种特殊状态（施加某磁场、某种电刺激于某皮层区域和皮层下结构）或者筛选处于某种状态下的被试（脑损伤）和目标时距对时距加工的交互效应来推断分界区域。譬如，Mangles 等（1998）以前额叶和新小脑皮层损伤患者为被试进行试验，结果发现新小脑损伤患者对 400 ms 和 4 s 时间辨别均有损伤，而前额叶损伤患者的损伤主要表现在对 4 s 长时距估计中。Kagerer 等（2002）以脑损伤患者为被试，要求被试复制 1~5.5 s 目标时距，结果发现目标时距长度和患者组别交互作用，大脑半球前部至中央回区损伤患者 3 s 以上复制曲线平均斜率较低，较其他组被试有较大程度低估。Koch 等（2007）采用经颅磁刺激技术在对被试的左、右侧小脑及右背外侧前额皮层进行抑制的过程中，要求被试完成短系列时距（0.4~0.6 s）和长系列时距（1.6~2.4 s）复制任务，结果发现抑制小脑复制短时距受影响，而抑制右背外侧前额皮质复制长时距受影响。Yin 等（2019）采用经颅直流电刺激技术干预了被试右背外侧前额叶，要求被试完成短系列时距（0.4~0.6 s）和长系列时距（1.6~2.4 s）的时距两分任务，结果发现仅影响了长系列时距两分任务。上述研究证据均发现了 2~3 s 以下与以上加工的神经基础不同，为 2~3 s 为分界区域提供了间接的因果性证据。

其三，直接记录不同长度时距加工中脑电自发电位、诱发电位及脑区激活和功能连接等来推断分界区域。譬如，Elbert 等（1991）采用脑电技术记录了被试在复制 1 s、2 s、3 s、4 s、6 s 及 8 s 目标时距中诱发的脑电时程特征，结果支持 3~4 s 以下与以上加工的电生理学基础不同。Chen 等（2015）和 Yu 等（2017）相继采用脑电图技术对保持在工作记忆中的 1~4 s 视听时距的神经振荡特点进行了考察，结果发现，2~3 s 以下和以上时距工作记忆表征的神经振荡基础不同。Pfeuty 等（2019）进一步采用脑电图技术对 3 s、5 s 及 7 s 视时距复制阶段的运动辅助区域激活的时程特征以及其他皮层区域的功能连接进行了考察，结果发现在数秒时距的复制过程中均表现出相似的运动辅助区域与前额-脑岛网络的激活模式。Lewis 等（2003b）采用核磁共振技术探讨了 0.6 s 和 3 s 视时距辨别中激活脑区差异，结果发现大量脑区在两类时距加工中均出现激活，但激活模式仍然存在差异。Morillon 等（2009）的一项核磁共振研究发现运动系统与默认模式网络分别参与 2 s 以下和 2 s 以上的时距加工。上述研究均发现了 2~3 s 以下与以上加工的相关神经活动不同，为 2~3 s 是分界区域提供了间接的相关性证据。

综上所述，以往研究表现出两个特点：其一，为自动化计时系统和认知控制调节计时系统的分离提供新证据，但是对于两大计时系统的分界区域并没有着重关注，即对于 1/3～1 s 的过渡区间没有给出关键性证明。譬如，Rammsayer 团队（1991，2011，2015，2018）和尹华站等（2017）从双任务范式和视听通道差异的角度探讨了感觉自动计时系统与认知控制计时系统的分离，所用目标时距为 50 ms（100 ms）和 1 s。然而，Rammsayer 团队（2005）研究采用双任务范式，所用目标时距 100 ms 和 1 s，结果发现次要任务对短时距和长时距加工的影响一致，这意味着不支持两种计时系统假说。但是 Rammsayer 团队（2005）研究中采用的被试内设计带来迁移效应以及跨通道干扰有效性均有可能导致非时间任务对 100 ms 和 1 s 加工的影响效果存疑。此外，上述五项神经科学的研究也仅是表明不同长度时距加工的神经相关活动不同，无法为两种计时系统的存在提供直接证据。研究发现，250～500 ms 可能是感觉自动化机制向认知控制机制的过渡区间（Buonomano, Bramen and Khodadadifar, 2009），还有研究发现随着加工时距增加，时间加工是从自动化加工向控制性加工的渐变过程（Rammsayer, Borter, and Troche, 2015; Rammsayer and Pichelmann, 2018; Röhricht et al., 2018）。据此推测，之所以大量研究者并没有执着给予两种计时系统的分界区域关键性证明，可能是这些研究者认为两种计时系统不存在明显界限，而是会在某一过渡区内以此消彼长的方式对人类计时起作用。

其二，为时距知觉和时距估计的分离提供了各类新证据，但是这些不同类别证据基于的原理不同，佐证力度也会不同。最为直接的证据来自行为学研究。Szelag 等（2002）、Ulbrich 等（2007）、尹华站等（2016）及 Murai 等（2016）相继考察了时距长度、呈现通道及认知能力（工作记忆能力）对时距加工的影响，结果发现时距长度与通道、认知能力与时距长度均存在交互效应，进一步简单效应分析可知，2～3 s 以下加工无视听通道效应，而 2～3 s 以上加工，听觉时距长于视觉时距。2～3 s 以下加工无认知能力效应，而 2～3 s 以上加工，认知能力强的个体较认知能力弱的个体复制时距更长，这在 Droit-Volet 等（2019）研究结果也得到部分印证。当然，Cester 等（2017）发现算术困难个体在 0.5～1.5 s 系列和 4～14 s 系列加工中的不同表现以及 Keita 和 Makio（2018）发现听觉反馈有助于 0.5 s 的时距加工，但对 3.2 s 时距加工没有影响的研究结果也为 2～3 s 分界区域提供必要性证据。然而，值得关注的是神经科学研究仅能提供间接证据或者辅助性证据。一部分神经科学研究可以提供脑神经活动与时距加工的因果关系，譬如，Mangles 等

(1998）的脑损伤研究、Koch 等（2007）的经颅磁研究和 Yin 等（2019）的经颅直流电刺激研究。这类研究可以发现某些特定脑区活动模式对 2~3 s 以下和以上加工的选择性影响，为 2~3 s 分界区域从神经层面基础提供因果性证据。另一部分研究只能提供脑神经活动与时距加工的相关关系，譬如 Lewis 等（2003b）的脑成像研究、Elbert 等（1991）脑电研究。这类研究可以发现 2~3 s 以下和以上加工中不同的神经活动，仅能为 2~3 s 分界区域从神经层面提供相关性证据。

二、时间窗的证据介评

据以往观点可知，从数十毫秒至数秒之间的时间参数主要是指构建独立心理事件以及将这些事件整合为一个单元的时间限度，平均为 20~60 ms（Pöppel，1997，2009）和 2~3 s（Fraise，1984；Pöppel，1997，2009）。下文将首先介绍这些时间参数的证据，然后再对相应证据进行简评。以往研究证据主要集中在时序知觉阈限（Threshold of Temporal Order Perception）、感觉运动同步（Montessori Synchronization）、主观节奏（Subjective Rhythmic）、言语行为（Speech Actions）、知觉逆转（Reversals of Perception）、返回抑制（Inhibition of Return）及失匹配负波（Mismatch Negativity）等研究领域。

时序知觉阈限是指个体将两个相继刺激知觉为先后顺序刺激的最短时间（Pöppel，1994）。初级整合单元时间窗口的思想被提出以后，时序知觉阈限研究结果支持了这一时间窗口处于 20~60 ms 之间（Bao et al., 2011；Bao et al., 2013；Liang et al., 2015）。感觉运动同步是指首先给被试呈现一定规律的重复性刺激（如节拍），要求被试按照指导语打节拍，并与刺激保持同步（Pöppel，2009）。研究发现，被试能够对间隔（stimulus onset asynchronies, SOA）短于 3 s 的刺激序列进行相对准确的同步反应，但一旦刺激间隔长于 3 s，被试对刺激序列的反应则显得缺乏规律（Pöppel，2009）。Repp 和 Doggett（2007）发现随着 SOA 增加到 2500 ms，打节拍时点的变异性线性增加，之后出现了一个更陡峭的增长，暗示加工机制发生了质变。然而，证据表明，被试在完成节拍任务中所表现出的趋势可能是方法特异性的。Van der Wel 等（2009）要求被试在节拍器的作用下，在两个目标位置之间来回移动定位销，时间间隔范围为 370~1667 ms。被试打节拍往往提前约 20 ms 发生，但这种趋势在整个持续时间范围内大致保持不变。Matsuda 等（2015）研究发现，随着 SOA 增加，行为控制没有发生质变，在更长 SOA 下被试会从预期拍打切换到反应拍打的趋势表明在准确性和难度之间进行权衡,即当反应计时的时间误差不是显著大于预期计时的时间误差时,自动地切换到认知需求更低的反应性拍击。以往研究认定的 2~3 s 发生质变的证据主要是从预期反应(预期拍打)向被动反应(反应拍打)的转化,但是这种被动反应可以通过指导语得以消除,这极大破坏了 2~3 s 时间窗口的解释力(Broersen et al.,2016)。

主观节奏是指用节拍器呈现稳定的节拍,要求被试在心理上规律性地重读节拍,以创造主观节奏(Pöppel,2009)。Szelag 等(1996)在研究中以每秒 1~5 个的速率呈现节拍,然后要求被试通过心理上突出节拍将其整合到 2~3 个或更多单元中以创建主观节奏,并要求年老组和年轻组被试报告在不同呈现速率下可以将多少节拍整合到单个节奏单元中。结果发现,对于年轻组,平均整合区间是 1351 ms,对于年老组,平均整合区间是 1751 ms。然而,整合区间随节拍频率的增加而变短,当频率为每秒 1 个节拍时,整合区间约 2900 ms,当频率为每秒 5 个节拍时,整合区间约 1028 ms。Szelag 等(1997)以各种脑损伤患者和健康成年人为被试重复了该实验,并绘制了整合时距与节拍频率的关系图。结果发现,对于除布洛卡失语症患者以外的对照组和所有类别的患者,整合时距在节拍频率为 1 次每秒时达到峰值,约为 2.4 s,并在节拍频率为 5 次每秒时下降至约 1.1 s。这种趋势与 Szelag 等(1996)发现的趋势相似。其他研究也发现了类似的结果。Baath(2015)发现,在 1500 ms 或更长时间的 SOA 中,不到一半试次会出现主观节律化,但是存在较大个体间差异。虽然目前该领域研究数量不多,但仍然得出一些结论:主观节奏界限是大约 1500 ms 的 SOA,但具有较大个体差异且随节拍频率而变化,这比通常的 2~3 s 时间窗口要短(Elhorst et al.,2017;Pöppel,2009;Wittmann,2011)。

言语行为是指人类在日常交往中通过语言等媒介进行交流的过程(Pöppel,2009)。言语行为单元包括音素或音节、单词、短语、句子、段落等。Roll 等(2012)研究发现,被试在学习完单词列表之后,如果无法进行练习,在呈现后的 2~3 s 内会出现大量遗忘。Roll 等(2013)认为在阅读一个单词时,该单词就是一种提示,提示在短期记忆中搜索与其相符的语法规则。如果该目标词出现时间不超过 3 s,则可以找到目标词,但是如果在更长时间之前出现,找到目标词的可能性则比较小,读者必须在 2~3 s 窗口之外搜索其语义表征。这再次支持 2~3 s 时间窗口假设。还有研究发现,行为单元的持续时距的集中量数(平均数、中位数、众数)也为 2~3 s。譬如,Gerstner 和 Cianfarani（1998）秘密拍摄了人们饮食并分析了咀嚼的持续时间。结果发现平均持续时间为 2.91 s，但众数为 1~1.5 s，呈偏态分布，并且观察到最长的咀嚼持续时间长达 16.5 s。然而，迄今这一结果的有效性和普遍性仍被怀疑。Po 等（2011）进行了一项关于咀嚼持续时间的研究，发现平均持续时间为 13 s，95% 置信区间为 2.7 s 和 34.9 s，平均值显然超出了 3 s。这一结果与 Gerstner 和 Cianfarani（1998）获得的结果之间的差异可能是因为选择了不同的标准来界定咀嚼爆发的边界。Gerstner 和 Cianfarani（1998）将停顿时间定义为 1.5 s 或更长时间，但 Po 等将其定义为 2 s 或更长时间。据此标准，以 1.6 s 间隔分开的两个咀嚼事件在 Po 等研究中被界定为单次爆发，而在 Gerstner 和 Cianfarani（1998）的研究中，却会被界定为两次爆发。然而，行为持续时间取决于将行为划分为单元的标准，例如暂停长度。因此，对 2~3 s 时间窗口的证据仍需要保持谨慎的质疑。

知觉逆转是指人类在知觉客体时会出现从客体一个侧面的感知到另一个侧面感知的转移或者分别感知呈现给两只眼不能融合的两个客体，感知倾向于在一个客体和另一个客体之间来回移动（Pöppel，1997，2009）。这两种情况下时间整合所需大约 3 s（Wittmann，2011）。Kogo 等（2015）采用 Rubin（1921）的两可图形（既可以看作一个面孔，也可以看作一个花瓶），发现平均逆转间隔为 5.5 s。Kogo 等（2015）还采用了异常透明度图，发现平均反转间隔为 7.5 s。另外一些研究发现知觉逆转的潜在机制在某种程度上与刺激呈现通道有关，甚至与特定刺激类型有关。Wernery 等（2015）比较了 Necker 立方体的知觉逆转与听觉刺激的逆转，在研究中重复呈现听觉刺激"au"和"gen"，在德语中可以被听作"au gen"（eyes），也可以听作"gen au"（exact）。结果发现，被试在视觉和听觉刺激的逆转率之间没有显著相关。这支持视觉和听觉逆转是由不同的机制决定的。综合来看，Necker 立方体的平均知觉时距约为 5 s，这超出 3 s 的上限。最重要的是，2~3 s 时间窗假设并不能解释不同模糊图片之间和通道之间平均逆转时间的差异。一些研究结果表明，适应在知觉逆转中发挥作用：简单来说，一种编码神经元发生了适应，从而导致在某个时点上，比其他神经元激活水平更低（Gomezet et al.，1995）。因此，知觉逆转的时间窗口内的加工反映的不是时间整合过程，而是恰好发生在该时间窗上的视觉适应。

返回抑制是指对原先注意过的物体或位置进行反应时所表现出的滞后现象。采用突然变暗或变亮的方法，对空间某一位置进行线索化，会使对紧接着出现在该位置上的靶刺激的反应加快，即产生易化作用。如果线索和靶子呈现的时间间隔大于 300 ms，则易化作用会被抑制作用取代，对线索化位置上靶刺激的反应慢于非线索化位置，这种抑制作用被称为返回抑制（Samuel and Kat，2003）。Pöppel（2009）认为抑制期的持续时间约为 3 s。Samuel 和 Kat（2003）回顾了返回抑制的大量文献发现，当 SOA 短于 300 ms 时会出现易化作用，而在他们的另一项研究发现 SOA 超过 3 s 时不会出现抑制作用。Dodd 和 Pratt（2007）呈现了一系列刺激，在这一系列刺激的多个位置之后会出现靶刺激，要求被试尽快探测这一靶刺激，并按键反应。结果发现，返回抑制在 SOA 高达 6 s 时也会出现。Dodd 等（2009）针对以往研究仅在视觉搜索任务中发现了返回抑制，所以采用视觉搜索任务、回忆任务、愉悦度评定任务及不同条件下的自由观察任务等多种任务考察返回抑制的出现特点，结果发现返回抑制仅出现在视觉搜索任务中，而在其他任务均出现与返回抑制相反的效应。这也得到多项研究结果的印证（Michalczyk and Bielas，2019；Phillmore and Klein，2019；Souto et al.，2018；Wilson et al.，2016），因此，研究者推断返回抑制属于任务特定现象。

失匹配负波是由 Näätänen 等于 1978 年首先提出并证实的一种由随机出现在不断重复的"标准"刺激序列中的"偏差"刺激所诱发的听觉诱发电位成分，后来也被应用到系列时距加工中对缺失时距加工所诱发出来的脑电反应测量指标。Pöppel（2009）曾经对一项研究中发现的在 SOA 等于 3 s 时所诱发的失匹配负波平均波幅最大的结果作出推断，认为对于感觉通道、对于来自内外部环境的信息而言，3 s 可能是较其他时距更为敏感的时距，这被作为存在 3 s 整合时间窗口的有力证据。然而，这项研究虽然发现在 SOA 为 3 s 时诱发最大的失匹配负波波幅，但是同样也报告了 SOA 为 9 s 时发现了明显的失匹配负波。Sams 指出失匹配负波的最高波幅出现在 SOA 为 3 s 的条件取决于偏差刺激之间的时距。Wang 等（2015）采用 SOA 介入 1.5~6 s 之间的听觉刺激并记录了相关的 ERP 成分，通过对四个电极点的结果分析发现，其中一个电极在 1.5~3 s 以及 4.5~6 s 之间均发现显著差异，而其余三个电极或者随着 SOA 增加失匹配负波波幅显示出下降的趋势或者没有明显趋势。总体来看，这项研究的失匹配负波出现在 SOA 介入 9~12 s 之间，并不支持 3 s 为时间整合窗的假设。总之，目前对于失匹配负波的诱发是否真的反映了 3 s 的"主观现在"的时间整合过程仍不清楚（Wang, Bao et al.，2016；Wang, Lin et al.，2016）。

综上所述，2~3 s 以内的知觉过程不会被认为涉及整合加工。Fairhall 等（2014）如此论证：根据时间窗的逻辑，大脑应该可以在单一的时间整合窗内整合信息，即使信息的顺序被扰乱。但是当更长时间尺度的信息顺序被打乱时，整合变得困难。在这项研究中，研究者打乱了 800~12800 ms 范围内的电影片段（仅限视频）。被试评定了观看这些电影片段的难度等级，结果发现，与所有其他相邻窗口尺度之间的难度渐变相比，1600~3200 ms 之间评定难度急剧增加。后来，他们又在一项研究中，采用包括 1200 ms、2000 ms、2800 ms、3600 ms 及 4400 ms 在内的时间窗口。结果发现，在 2000~3600 ms 等时间窗口条件下评定的难度急剧增加，而其他时间窗口的难度评定基本无变化。这两项研究说明 2~3 s 时间窗内的信息加工并不是自动化的。因此，2~3 s 时间窗口内的信息加工并不一定就能构成"主观现在"，因为"主观现在"至少包括三个特征：2~3 s 时间窗口、时间整合及自动化加工。

三、进一步的思考

根据以往文献，虽然关于数十毫秒至数秒之间时间参数的研究已取得一些成果，但是三个问题仍需进一步思考：其一，关于 1/3~1 s 和 2~3 s 分界区域的思考；其二，关于 20~60 ms 和 2~3 s 时间窗口的思考；其三，关于分界区域与时间窗口联系与区别的思考。

（一）关于 1/3~1 s 和 2~3 s 分界区域的思考

基于 TIP 视角，Münsterberg（1889）、Michon（1985）及 Lewis 和 Mall（2003a）提出 1/3~1 s 是感觉自动化计时系统和认知控制计时系统的分界区域，而 Fraisse（1984）提出的 2~3 s 将时距加工区分为自动化的时距知觉和依赖于记忆重构的时距估计。表面来看，Fraisse（1984）的 2~3 s 观点与前述三人 1/3~1 s 观点出现了不一致，即 1 s 至 2~3 s 之间的时距加工究竟是自动化的，还是受认知控制调节？这种分歧的原因很可能是理论适用范围不同所致。Münsterberg（1889）、Michon（1985）及 Lewis 和 Miall（2003a）的理论观点主要是从信息加工论角度来阐述分界区域（1/3~1 s）以下加工不需要认知资源，而分界区域（1/3~1 s）以上加工才需要认知资源。而根据 Fraisse（1984）的观点可知，该模型主要用来解释时间因素对非时间信息整合加工的影响，这一过程包括两类加工：其一，具体事件内容的加工；其二，自动化整合加工。由此可见，对于 2~3 s 以下具体事件内容的加工还需要认知资源，只是整合过程是自动化的。那么对于 2~3 s 以下时距信息加工又如何用 Fraisse (1984) 观点解释呢？难道 2~3 s 以下时距加工除了对本身时距信息（包括早期的时间信号刺激的加工）加工之外，还存在一个自动整合时间信息的时间限度？即使存在两个过程的假说成立，那也只能说明 2~3 s 以下时距信息需要认知资源参与之外，还存在一个对 2~3 s 以内时间窗口的时距信息自动整合过程。根据以往对 2~3 s 分界区域证据来看，神经科学研究不足以提供直接证据，暂不做分析，而行为学证据主要集中在认知能力效应和通道效应在 2~3 s 以下和以上加工中的选择性出现。2~3 s 以下时距加工不随认知能力的变化而变化，可能归咎于一般个体的工作记忆容量足够提供 2~3 s 时距加工的认知资源，所以时距加工效应不受认知能力调节；至于 2~3 s 以下时距加工不随通道而变化，可能归咎于跨通道非特异性机制在起作用（Rammsayer and Troche, 2014）。至于 2~3 s 以上时距加工的认知能力效应和通道效应可以归咎于超出了个体工作记忆容量（所以受认知资源调节）以及通道特异性机制（该机制受制于认知资源调节，听觉通道较视觉通道更容易保持认知资源的投入，这是感觉自动化计时的通道特异性机制不同）的原因。同时需要关注的是，Lewis 和 Miall (2003a) 所提出的自动化计时系统和认知控制计时系统不仅是从 1 s 的分界点，而且从运动计时和时距加工可预测等角度进行区分，所以 1 s 分界点未得到关键性证据支持。基于以往研究发现随着长度增加，时距加工从自动加工向控制加工转变（Rammsayer et al., 2015; Rammsayer and Manichean, 2018; Röhricht et al., 2018）以及以往观点（陈有国，2010；陈有国等，2007），课题组尝试提出时距分层加工机制假说：300~500 ms 以下为感觉计时加工，以自动化加工为主，具有通道特异性（基于感觉通道属性）；300~500 ms 至 2~3 s 为时距知觉加工，受工作记忆容量调控，以控制性加工为主，具有跨通道非特异性；2~3 s 以上为时距记忆加工，受长时记忆和工作记忆调控，以控制性加工为主，具有通道特异性机制（基于认知资源属性）。

（二）关于 20~60 ms 和 2~3 s 时间窗口的思考

基于 TPI 视角，Pöppel (1997, 2009) 提出了时间知觉周期层级模型，该模型假定的 20~60 ms 初级整合单元可以为信息加工整合基本心理事件，而 2~3 s 的高级整合单元将离散的基本心理事件整合为基本知觉单元。根据 Pöppel (1997, 2009) 的观点，人类加工所有来自环境的信息流均可以通过两个固定时间窗口内的加工完成。然而，Pöppel（1997，2009）对于时间窗口的假定遭到大量证据质疑。研究者认为时间窗口并不是固定的，受特定任务的调节（Hasson et al.，2015）。研究发现，运动信息整合的时间窗口依赖特定任务所需时间，上限为 2~3 s（Burr and Santoro，2001）。此外，Pöppel（1997，2009）对于 20~60 ms 初级整合单元与 2~3 s 高级整合单元是否能处理所有当前的非时间信息加工流尚未确认。以两个毫秒级窗口的时间整合为例，一种是在 150~300 ms 的时间窗口上整合输入的声音，产生听觉，另一种是跨通道同步，产生对一个人讲话场景的视听感知，加工时间小于 300 ms。这两个时间窗与 20~60 ms 或者 2~3 s 的时间窗有什么关系？如果说 20~60 ms 初级整合单元仅是整合基本心理事件，那么听觉的产生过程算是一个独立心理事件，还是包含了多个心理事件呢？如果听觉产生过程算成多个基本心理事件，那么多个基本心理事件的整合与 2~3 s 的高级整合单元又是什么关系呢？因此，我们是否可以假定除了 Pöppel（1997，2009）所说的两个时间窗口之外，还存在多个层级的时间窗口，这也得到一些研究结果的支持（Cheng，Manfredi，Dammann et al.，2013）。总之，未来关于时间窗口的性质及其与当前认知加工的关系可以从理论和实证证据层面加以探讨（Hasson et al.，2015；Notter et al.，2019；Wang，Bao et al.，2016；Wang et al.，2015；Wang，Lin et al.，2016；Zhao et al.，2018）。

（三）关于分界区域与时间窗口联系与区别的思考

时间因素在人类的感知世界中起着重要的作用，那么不同长度的时间又会如何起作用呢？基于此，以往研究提出了分界区域和时间窗口两个重要概念。这两个概念既有联系也有区别，表现在前提视角、理论内涵、实证证据及理论应用四个方面。首先，从两个概念的前提视角来看，分界区域是基于时间信息加工的角度，而时间窗口是基于信息加工的时间特性的角度。两个视角既有联系也有区别（Berle and Bonnet，1999），时间必定依附于一定事件属性，加工时间离不开对标记时间信号的事件进行加工，反之亦然，因而 TIP 与 TPI 似一枚硬币正反面各有侧重点（尹华站，2013）。其次，从理论内涵来看，分界区域是指加工不同长度的时距信息在某一区域以下与以上的加工机制不同，而时间窗口是指对非时间信息加工过程存在一个时间限度（尹华站等，2010；Pöppel et al.，2011）。分界区域一般指从计时开始至该区域之间的时间区间 [0, Δt]，而时间窗口一般指非时间信息加工过程中的某个时间区

间片段 [t, $t+\Delta t$]。再次，从实证证据来看，分界区域与时间窗口的研究任务和研究逻辑是不同的。前者主要采用外显计时任务，譬如时距复制任务、时间产生任务及时间辨别任务等，而后者主要采用内隐计时任务，譬如感觉运动同步任务、节奏重音任务及知觉逆转任务等。前者主要通过考察不同条件下的时距加工结果模式来推断分界区域，而后者主要是通过考察不同条件下的特定任务（感觉运动同步任务等）的表现来推断时间窗口。最后，从理论的应用来看，分界区域的发现可以作为某些特定人群在认知功能的诊断指标之一（Mohan and Rajashekhar，2019；Tokushige et al.，2018），而时间窗口的发现可以应用到多任务操作领域（Wang et al.，2018）。当然，两个概念除了在上述角度表现出不同之外，也存在研究主题均涉及时间加工（外显加工和内隐加工）等共同点。总之，两种视角在未来研究中还会继续相互借鉴，共同促进时间作用机制探索。

参考文献

［1］ ALLAN L G. The perception of time［J］. Perception & psychophysics, 1979, 26（5）: 340-354.

［2］ ALLAN L G. The influence of the scalar timing model on human timing research［J］. Behavioural processes, 1998, 44（2）: 107-117.

［3］ ALLAN L G, GIBBON J. Human bisection at the geometric mean［J］. Learning and motivation, 1991, 22（1-2）: 39-58.

［4］ BAATH R. Subjective rhythmic: A replication and an assessment of two theoretical explanations［J］. Music perception: an interdisciplinary journal, 2015, 33（2）: 244-254.

［5］ BAO Y, SANDER T, TRAHMS L et al. The eccentricity effect of inhibition of return is resistant to practice［J］. Neuroscience letters, 2011, 500（1）: 47-51.

［6］ BAO Y, SZYMASZEK A, WANG X et al. Temporal order perception of auditory stimuli is selectively modified by tonal and non-tonal language environments［J］. Cognition, 2013, 129（3）: 579-585.

［7］ BERLE B, BONNET M. What's an internal clock for?: From temporal information processing to temporal processing of information［J］. Behavioural processes, 1999, 45 (1-3): 59-72.

[8] BLOCK R A. Models of psychological time [M] //R. A. Block (Ed.), Cognition models of psychological Hillsdale, NJ: Erlbaum., 1990.

[9] BLOCK R A. Psychological Timing Without a Timer: The Roles of Attention and Memory [M] //Helfrich, H. (Ed.), Time and mind II: information processing perspectives. Cambridge, MA: Hogrefe and Huber Publishers, 2003.

[10] BROERSEN R, ONUKI Y, ABDELGABAR A R et al. Impaired spatiotemporal predictive motor timing associated with spinocerebellar ataxia type 6 [J]. PLoS ONE, 2016, 11 (8), e0162042.

[11] BUHUSI C V, MECK W H. Relative time sharing: new findings and an extension of the resource allocation model of temporal processing [J]. Philosophical transactions of the royal society B: biological sciences, 2009, 364 (1525): 1875-1885.

[12] BUONOMANO D V, BRAMEN J, KHODADADIFAR M. Influence of the interstimulus interval on temporal processing and learning: testing the state-dependent network model [J]. Philosophical transactions of the royal society B: biological sciences, 2009, 364 (1525): 1865-1873.

[13] BURR D C, SANTORO L. Temporal integration of optic flow, measured by contrast and coherence thresholds [J]. Vision research, 2001, 41 (15): 1891-1899.

[14] CESTER I, MIONI G, CORNOLDI C. Time processing in children with mathematical difficulties [J]. Learning and individual differences, 2017, 58 (7): 22-30.

[15] CHEN Y G, CHEN X, KUANG C W et al. Neural oscillatory correlates of duration maintenance in working memory [J]. Neuroscience, 2015, 290 (4): 389-397.

[16] CHURCH R M, BROADBENT H. Alternative representations of time, Number and rate [J]. Cognition, 1990, 37 (1-2): 55-81.

[17] DODD M D, PRATT J. The effect of previous trial type on inhibition of return [J]. Psychological research, 2007, 71 (4): 411-417.

[18] DODD M D, VAN DERSTIGCHEL S, HOLLINGWORTH A. Novelty is not always the best policy: Inhibition of return and facilitation of return as a func-

tion of visual task [J]. Psychological science, 2009, 20 (3): 333-339.

[19] DROIT-VOLET S, HALE Q. Differences in modal distortion in time perception due to working memory capacity: a response with a developmental study in children and adults [J]. Psychological research, 2019, 83 (7): 1496-1505.

[20] ELBERT T, ULRICH R, ROCKSTROH B et al. The processing of temporal intervals reflected by CNV-like brain potentials [J]. Psychophysiology, 1991, 28 (6): 648-655.

[21] ELHORST J P, HEIJNEN P, SAMARINA A et al. Transitions at different moments in time: a spatial probit approach [J]. Journal of applied econometrics, 2017, 32 (2): 422-439.

[22] FAIRHALL S L, ALBI A, MELCHER D. Temporal integration windows for naturalistic visual sequences [J]. PLoS ONE, 2014, 9 (7): e102248.

[23] FRAISSE P. Perception and estimation of time [J]. Annu rev psychol, 1984, 35 (1): 1-36.

[24] FRAISSE P. Cognition of time in human activity [M] //G d'Ydewalle and W Lens (Eds.), Cognition in motivation and learning Hills-dale, New York: Erlbaum, 1981: 233-259.

[25] FREEDMAN M S, LUCAS R J, SONI B et al. Regulation of mammalian circadian behavior by Non-rod, Non-cone, Ocular Photoreceptors [J]. Science, 1999, 284 (4), 502-504.

[26] GERSTNER G E, CIANFARANI T. Temporal dynamics of human masticatory sequences [J]. Physiology and behavior, 1998, 64 (4): 457-461.

[27] GIBBON J. Scalar expectancy theory and Weber's Law in animal timing Psychological review, 1977, 84 (3): 279-325.

[28] GOMEZ C, ARGANDONA E D, SOLIER R G et al. Timing and competition in networks representing ambiguous figures [J]. Brain and cognition, 1995, 29 (2): 103-114.

[29] HASSON U, CHEN J, HONEY C J. Hierarchical process memory: Memory as an integral component of information processing [J]. Trends in cognitive sciences, 2015, 19 (6): 304-313.

[30] KAGERER F A, WITTMANN M, SZALAG E et al. Cortical involvement in

temporal reproduction: evidence for differential roles of the hemispheres [J]. Neuropsychologia, 2002, 40 (3): 357-366.

[31] KLEIN M, MAIMON O. Soft logic and numbers [J]. Pragmatics and cognition, 2016, 23 (3): 473-484.

[32] KOCH G, OLIVERI M, TORRIERO S et al. Repetitive TMS of cerebellum interferes with millisecond time processing [J]. Experimental brain research, 2007, 179 (2): 291-299.

[33] KOGO N, HERMANS L, STUER D et al. Temporal dynamics of different cases of bistable figure-ground perception [J]. Vision research, 2015, 106 (1): 7-19.

[34] KOPPEL E. Temporal mechanisms in perception [J]. International review of neurobiology, 1994, 37 (1): 185-202.

[35] KOPPEL E. A hierarchical model of temporal perception [J]. Trends in cognitive sciences, 1997, 1 (2): 56-61.

[36] KOPPEL E. Pre-semantically defined temporal windows for cognitive processing [J]. Philosophical transactions of the royal society B: biological sciences, 2009, 364 (1525): 1887-1896.

[37] KOPPEL E, BAO Y. Temporal windows as a bridge from objective to subjective time [M] //D. Lloyd, Arstila (Eds.), Subjective Time, Camiridge: MIT Press, 2014: 241-261.

[38] KOPPEL E, 包燕, 周斌. "时间窗"—认知加工的后勤基础 [J]. 心理科学进展, 2011, 19 (6): 775-793.

[39] LEWIS P A, MIALL R C. Distinct systems for automatic and cognitively controlled time measurement: Evidence from neuroimaging [J]. Current opinion in neurobiology, 2003, 13 (2): 250-255.

[40] LEWIS P A, MALL R C. Brain activation patterns during measurement of sub-and supra-second intervals [J]. Neuropsychologia, 2003, 41 (12): 1583-1592.

[41] LIANG W, ZHANG J, BAO Y. Gender-specific effects of emotional modulation on visual temporal order thresholds [J]. Cognitive processing, 2015, 16 (1): 143-148.

[42] MACAR R, GRONDIN S, CASINI L. Controlled attention sharing influences

time estimation. Memory and cognition, 1994, 22 (6): 673-686.

[43] MANGELS J A, IVRY R B, SHIMIZU N. Dissociable contributions of the prefrontal and neocerebellar cortex to time perception [J]. Cognitive brain research, 1998, 7 (1): 15-39.

[44] MATELL M S, MECK W H. Neuropsychological Mechanisms of Interval Timing Behavior [J]. Bioessays, 2000, 22 (1): 94-103.

[45] MATSUDA S, MATSUMOTO H, FURUBAYASHI T et al. The 3-second rule in hereditary pure cerebellar ataxia: A synchronized tapping study [J]. PLoS ONE, 2015, 10 (2), e0118592.

[46] MICHALCZYK L, BIELAS J. The gap effect reduces both manual and saccadic inhibition of return (IOR) [J]. Experimental brain research, 2019, 237 (7): 1643-1653.

[47] MICHON J A. The Compleat Time Experiencer [J]. Time, Mind, and Behavi or 1985, 45: 20-52.

[48] MITANI K, KASHINO M. Auditory feedback assists post hoc error correction of temporal reproduction, and perception of self-produced time intervalsin subsecond range [J]. Frontiers in psychology, 2018, 8 (1): 2325.

[49] MOHAN K M, RAJASHEKHAR B. Temporal processing and speech perception through multichannel and channel free hearing aids in hearing impaired [J]. International journal of audiology, 2019, 58 (12): 923-932.

[50] MONTEMAYOR C, WITTMANN M. The Varieties of Presence: Hierarchical Levels of Temporal Integration [J]. Timing and time perception, 2014, 2 (3): 325-338.

[51] MORILLON B, KELL C A, GIRAUD A L. Three stages and four neural systems in time estimation [J]. Journal of neuroscience, 2009, 29 (47): 14803-14811.

[52] MÜNSTERBERG H. Beiträge zur experimentellen Psychologie: Heft 2 Freiburg [M]. Germany: Akademische Verlagsbuchhandlung von J. C. B. Mohr, 1889.

[53] MURAI Y, YOTSUMOTO Y. Timescale and sensory modality-dependency of the central tendency of time perception [J]. PLoS ONE, 2016, 11 (7): e0158921.

[54] NANI A, MANUELLO J, LILOIA D et al. The neural correlates of time: a meta-analysis of neuroimaging studies [J]. Journal of cognitive neuroscience, 2019, 31 (12): 1796-1826.

[55] NOTTER M P, HANKE M, MURRAY M M et al. Encoding of auditory temporal gestalt in the human brain [J]. Cerebral cortex, 2019, 29 (2): 475-484.

[56] NOULHIANE M, POUTHAS V, SAMSON S. Is time reproduction sensitive to sensory modalities? [J]. European journal of cognitive psychology, 2009, 21 (1): 18-34.

[57] ORNSTEIN R E. On the experience of time [M]. Harmondsnorth: Penguin, 1969.

[58] PFEUTY M, MONFORT V, KLEIN M et al. Role of the supplementary motor area during reproduction of supra-second time intervals: An intracerebral EEG study [J]. NeuroImage, 2019, 191 (5): 403-420.

[59] PHILLMORE L S, KLEIN R M. The puzzle of spontaneous alternation and inhibition of return: How they might fit together [J]. Hippocampus, 2019, 29 (8): 762-770.

[60] PO J M C, KIESER J A, GALLO L M et al. Time-frequency analysis of chewing activity in the natural environment [J]. Journal of dental research, 2011, 90 (10): 1206-1210.

[61] POYNTER W D. Judging the duration of time intervals: A process of remembering segments of experience [M] //I Levin D Zakay eds. Time and human cognition: a life-span perspective. amsterdam: North-Hol-land, 1989: 305-331.

[62] RAMMSAYER T H, BORTER N, TROCHE S J. Visual-auditory differences in duration discrimination of intervals in the subsecond and second range [J]. Frontiers in psychology, 2015, 6 (12): 1-7.

[63] RAMMSAYER T H, LIMA S D. Duration discrimination of filled and empty auditory intervals: Cognitive and perceptual factors [J]. Perception and psychophysics, 1991, 50 (6): 565-574.

[64] RAMMSAYER T H, TROCHE S J. In search of the internal structure of the processes underlying interval timing in the sub-second and the second range:

A confirmatory factor analysis approach [J]. Acta psychologica, 2014, 147 (3): 68-74.

[65] RAMMSAYER T H, PICHELMANN S. Visual-auditory differences in duration discrimination depend on modality specific, sensory automatic temporal processing: Converging evidence for the validity of the sensory automatic timing hypothesis [J]. Quarterly journal of experimental psychology, 2018, 71 (11): 2364-2377.

[66] RAMMSAYER T H, ULRICH R. Elaborative rehearsal of nontemporal information interferes with temporal processing of durations in the range of seconds but not milliseconds [J]. Acta psychologica, 2011, 137 (1): 127-133.

[67] RAMMSAYER T H. Effects of pharmacologically induced dopamine receptor stimulation on human temporal information processing [J]. Neuroquantology, 2009, 7 (1): 103-113.

[68] RAMMSAYER T H, BORTER N, TROCHE S J. Visualauditory differences in duration discrimination of intervals in the subsecond and second range [J]. Frontiers in psychology, 2015, 6 (12): 1-7.

[69] RAMMSAYER T H, LIMA S D. Duration discrimination of filled and empty auditory intervals: cognitive and perceptual factors [J]. Perception and psychophysics, 1991, 50 (6): 565-574.

[70] RAMMSAYER T H, TROCHE S J. In search of the internal structure of the processes underlying interval timing in the sub-second and the second range: A confirmatory factor analysis approach [J]. Acta psychologica, 2014, 147 (3): 68-74.

[71] RAMMSAYER T, MANICHEAN S. Visual-auditory differences in duration discrimination depend on modality specific, sensory-automatic temporal processing: converging evidence for the valdity of the sensory-automatic timing hypothesis [J]. Quarterly journal of experimental experimental psychology, 2018, 71 (11): 2364-2377.

[72] RAMMSAYER T, ULRICH R. No evidence for qualitative differences in the processing of short and long temporal intervals [J]. Acta psychologica, 2005, 120 (2): 141-171.

[73] RAMMSAYER T, ULRICH R. Elaborative rehearsal of nontemporal informa-

tion interferes with temporal processing of durations in the range of seconds but not milliseconds [J]. Acta psychologica, 2011, 137 (1): 127-133.

[74] REPP B H, DOGGETT R. Tapping to a very slow beat: a comparison of musicians and nonmusicians [J]. Music perception: an interdisciplinary journal, 2007, 24 (4): 367-376.

[75] RÖHRICHT J, JO H-G, WITTMANN M et al. Exploring the maximum duration of the contingent negative variation [J]. International Journal of psychophysiology, 2018, 128 (6): 52-61.

[76] ROLL M, GOSSELKE S, LINDGREN M et al. Time-driven effects on processing grammatical agreement [J]. Frontiers in psychology, 2013, 4 (11): 1-8.

[77] ROLL M, LINDGREN M, ALTER K, HORNE M. Time-driven effects on parsing during reading [J]. Brain and Language, 2012, 121 (3): 267-272.

[78] SAMUEL A G, KAT D. Inhibition of return: A graphical metaanalysis of its time course and an empirical test of its temporal and spatial properties [J]. Psychonomic bulletin and review, 2003, 10 (4): 897-906.

[79] SOUTO D, BORN S, KERZEL D. The contribution of forward masking to saccadic inhibition of return [J]. Attention perception and psychophysics, 2018, 80 (5): 1182-1192.

[80] Staddon C. Foreign Direct Investment in Bulgaria's Wood Products Sectors: Working with the Grain [M] //Foreign Direct Investment and Regional Development in East Central Europe and the Former Soviet Union. London: Routledge, 2017: 225-242.

[81] STAUFFER C C, HALDEMANN J, TROCHE S J et al. Auditory and visual temporal sensitivity: evidence for a hierarchical structure of modality-specific and modality-independent levels of temporal information processing [J]. Psychological research, 2012, 76 (1): 20-31.

[82] SZELAG ELZBIETA KOWALSKA J et al. Duration processing in children as determined by time reproduction: implications for a few seconds temporal window [J]. Acta psychologica, 2002, 110 (1): 1-19.

[83] SZELAG E A, VONSTEINBÜCHEL N, REISER M et al. Temporal constraints in processing of nonverbal rhythmic patterns [J]. Acta neurobiologi-

ae experimentalis, 1996, 56 (1): 215-225.

[84] SZELAG E A, VONSTEINBÜCHEL N, KOPPEL E. Temporal processing disorders in patients with Broca's aphasia [J]. Neuroscience letters, 1997, 235 (1-2): 33-36.

[85] THOMAS E A, WEAVER W R. Cognitive processing and time perception. Perception and psychophysics, 1975, 17 (4): 363-367.

[86] TREISMAN M. Temporal discrimination and the indifference interval: Implications for a model of the "internal clock" [J]. Psychological monographs: general and Applied, 1963, 77 (13): 1-31.

[87] TOKUSHIGE S-I, TERAO Y, MATSUDA S et al. Does the clock tick slower or faster in Parkinson's disease? Insights gained from the synchronized tapping task [J]. Frontiers in psychology, 2018, 9 (7): 1178-1186.

[88] ULBRICH P, CHURAN J, FINK M et al. Temporal reproduction: Further evidence for two processes [J]. Acta psychologica, 2007, 125 (1): 51-65.

[89] VAN DER WEL R P R D, STERNAD D, ROSENBAUM D A. Moving the arm at different rates: Slow movements are avoided [J]. Journal of motor behavior, 2009, 42 (1): 29-36.

[90] WANG L, BAO Y, ZHANG J, LIN X et al. Scanning the world in three seconds: Mismatch negativity as an indicator of temporal segmentation [J]. PsyCh Journal, 2016, 5 (3): 170-176.

[91] WANG L, LIN X, ZHOU B et al. Subjective present: a window of temporal integration indexed by mismatch negativity [J]. Cognitive processing, 2015, 16 (9): 131-135.

[92] WANG L, LIN X, ZHOU B et al. Rubberband effect in temporal control of mismatch negativity [J]. Frontiers in psychology, 2016, 7: e84536.

[93] WANG Y, KIRUBARAJAN T, THARMARASA R et al. Multiperiod coverage path planning and scheduling for airborne surveillance [J]. IEEE Transactions on Aerospace and electronic systems, 2018, 54 (5): 2257-2273.

[94] WERNERY J, ATMANSPACHER H, KORNMEIER J et al. Temporal processing in bistable perception of the necker cube [J]. Perception, 2015, 44 (2): 157-168.

[95] WHITE P A. The three-second "subjective present": A critical review and a new proposal [J]. Psychological bulletin, 2017, 143 (7): 735-756.

[96] WHITE P A. Is conscious perception a series of discrete temporal frames? Consciousness and cognition, 2018, 60 (4): 98-126.

[97] WITTMANN M. Moments in Time [J]. Frontiers in integrative neuroscience, 2011, 5 (12): 66.

[98] YIN H Z, CHENG M, LI D. The right dorsolateral prefrontal cortex is essential in seconds range timing, but not in milliseconds range timing: An investigation with transcranial direct current stimulation [J]. Brain and cognition, 2019, 135 (12): 103568.

[99] YU X, CHEN Y, QIU J et al. Neural oscilla-tions associated with auditory duration maintenance in working memory [J]. Scientific reports, 2017, 7 (1), 5695.

[100] ZAKAY D, BLOCK R A. Temporal cognition [J]. Current directions in psychological science, 1997, 6 (1): 12-16.

[101] ZAKAY D. Subjective andatttentional resource allocation: an integrated model of time estimation [M]//LEVIN, ZAKAY D. (Eds.), Time and human cognition Elsevier Science: North-Holland, 1989: 365-397.

[102] ZHAO C, ZHANG D, BAO Y. A time window of 3s in the aesthetic appreciation of poems [J]. PsyCh journal, 2018, 7 (31): 51-52.

[103] 凤四海, 黄希庭. 时间知觉理论和实验范型 [J]. 心理科学, 2004, 27 (5): 1157-1160.

[104] 黄希庭, 李伯约, 张志杰. 时间认知分段综合模型的探讨 [J]. 西南师范大学学报 (人文社科版), 2003, 29 (2): 5-9.

[105] 陈有国. 时间知觉自动与受控加工的神经机制 (博士学位论文) [D]. 重庆: 西南大学, 2010.

[106] 陈有国, 彭春花, 张志杰, 等. 自动与控制计时系统脑机制研究 [J]. 西南大学学报 (社会科学版), 2008, 34 (4): 9-14.

[107] 陈有国, 张志杰, 黄希庭, 等. 时间知觉的注意调节: 一项ERP研究 [J]. 心理学报, 2007, 39 (6): 1002-1011.

[108] 王余娟, 张志杰, 邹增丽. 时距估计长度效应的研究述评 [J]. 现代生物医学进展, 2008, 22 (12): 2560-2562, 2531.

[109] 尹华站. 时间加工分段性研究述评 [J]. 心理科学, 2013, 36 (3): 743-747.

[110] 尹华站, 李丹, 陈盈羽, 等. 1~6秒时距认知分段性特征 [J]. 心理学报, 2016, 48 (9): 1119-1129.

[111] 尹华站, 李丹, 陈盈羽, 等. 1s 范围视听时距认知的分段性研究 [J]. 心理科学, 2017, 40 (2): 321-328.

[112] 尹华站, 李祚山, 李丹, 等. 时距加工"长度效应"研究述评 [J]. 心理科学进展, 2010, 18 (6): 887-891.

[113] 张志杰, 刘强, 黄希庭. 时间知觉的神经机制——EEG 时频分析的探索 [J]. 西南大学学报 (自然科学版), 2007, 29 (10): 152-155.

[114] 张志杰, 袁宏, 黄希庭. 不同时距加工机制的比较: 来自 ERP 的证据不同时距加工机制的比较: 来自 ERP 的证据 (Ⅰ) [J]. 心理科学, 2007, 29 (1): 87-90.

第二章 情绪

第一节 情绪的基本概述

一、情绪的含义

情绪，在日常生活中随处可见，但是很难准确地被定义。一百余年以来，哲学家和心理学家为了揭示情绪的内涵一直争论不休，至今无法形成统一的定义。根据 Plutchik（2001）的一项统计，心理学界至少有 90 种不同的情绪定义。情绪研究者如同"盲人摸象"一般往往关注情绪的各种成分，并从各自研究角度尝试对情绪进行界定。目前研究者主要从情绪生理和神经活动、主观体验和感受及行为反应等三个方面对情绪内涵进行说明，由此衍生出身体知觉观、进化主义观以及认知评价观等三种取向的定义。身体知觉观认为情绪来自对身体变化的知觉。Lange（1885）与 James（1884）都认为情绪刺激引起身体的生理变化，进一步导致情绪体验的产生。进化主义观认为情绪是由进化而来，是对环境的适应。Izard（1991）继承 Tomkins（1962）的观点强调情绪的适应性。认知评价观认为情绪反应产生的前提是对事件的评价。Lazarus（1984）支持 Arnold（1950）的观点，强调对外部环境影响的评价是情绪产生的直接原因。综合以上三种研究取向对情绪的不同理解，孟昭兰（1989，1994，2005）尝试从情绪的成分、维量、整合水平、适应作用、通信功能及其同认识和人格的关系等多方面总结出情绪的定义，认为"情绪是多成分组成、多维量结构、多水平整合，并为有机体生存适应和人际交往而同认知交互作用的心理活动过程和心理动机力量"。傅小兰等（2015）为了更加体现情绪内涵的特色，将情绪定义为：情绪是往往伴随着生理唤醒和外部表现的主观体验。本书主要采纳傅小兰等（2015）的定义。

二、情绪的结构

鉴于情绪极其复杂，研究者从情绪构成的不同方面提出各自的理论观点，主要有情绪维度观和情绪分类观两大取向（乐国安，董颖红，2013）。

（一）情绪的维度取向

情绪维度观认为情绪是高度相关的连续体，是一种比较模糊的状态，无法区分为独立的基本情绪，同类情绪在其基本维度上高度相关，但是研究者在基本维度的类型和数量上，单极还是双极等问题上还存在争议（Lang et al.，1997）。Wundt（1896）最早提出情绪的三维学说，认为情绪过程由三对情绪元素组成，每对元素都有两极之间的程度变化。之后，Schlosberg（1954）根据面部表情的研究提出愉快—不愉快，注意—拒绝，激活水平三维理论。后来，Izard（1977）提出情绪的四维理论，认为情绪有愉悦度、紧张度、激动度和确信度四个维度。Russell（1980）是情绪维度观的典型代表人物，提出了情绪的环状模型，以"愉快—不愉快"为横轴，以"唤醒—睡眠"为纵轴，组成一个二维空间，其他情绪分布在圆环中。其认为愉悦度和唤醒度可以解释大部分情绪变异。其中唤醒度代表个体的兴奋程度，从平静到兴奋；效价指情绪的愉悦程度，从不愉悦到愉悦。

Gable 和 Harmon-Jones（2010）在情绪维度观的框架下，提出情绪的动机维度模型（Motivational Dimension Model）。该模型在效价和唤醒度的基础上，补充动机维度。动机维度包括方向和强度。动机方向是指情绪刺激导致趋近还是回避；动机强度是指动机的力度，其范围由低到高。高动机强度的情绪窄化认知加工，其中积极情绪使注意资源集中于要达成的目标；消极情绪窄化注意，帮助个体回避负性刺激。相反，低动机强度的情绪扩展认知加工，其中积极情绪扩展注意焦点，帮助机体发现环境中的线索，促进探索或嬉戏行为，从而提出更有创造力的方法；消极情绪增加注意广度，有助于机体从失败中走出（邹吉林等，2011）。除此之外，也有研究者提出"积极—消极情感模型""能量—紧张模型"（Thayer，1978；Watson and Tellegen，1985），但是在情绪影响时距知觉的诸多研究中，效价—唤醒模型最为主流。

(二) 情绪的分类取向

情绪分类观源于 Darwin 的进化论思想，认为情绪是个体对外部刺激的适应性反应。主要关注情绪的各个组成部分，试图将情绪划分为几种独立的、有限的基本情绪，但是研究者在基本情绪数量和概念上尚存争议（傅小兰，2015）。同时，他们认为情绪主要由几种相对独立的基本情绪以及基本情绪结合形成的多种复合情绪构成。基本情绪是人和动物所共有的、先天的、不学而能的，有共同的原型或模式，在个体发展的早期就已出现的，每一种基本情绪有独特的生理机制和外部表现；非基本情绪或复合情绪，是由多种不同基本情绪混合而成，或者由基本情绪和认知评价相互作用而成。情绪分类理论认为，每一种情绪都是中枢神经系统中特定神经通路激活的结果，并且在面部表情、主观体验、生理唤醒等方面与其他情绪不同。目前来看，基于情绪分类观探讨情绪如何影响时距知觉，也取得了相当一部分成果。虽然情绪维度观和情绪分类观有对立观点（Barrett, 1998），但是 Mikels 等（2005）认为近年来的工作（Bradley et al., 2001; Cacioppo and Gardner, 1999; Lang et al., 1993）支持基于欲求（The Appetitive System）和防御系统（The Defensive System）进行整合。

动机模型（Motivational Model）由 Bradley 等（2001）提出。该模型认为情绪来自欲求动机系统（Appetitive Motivational System）和防御动机系统（Defensive Motivational System）。欲求系统指向"趋利"，在利于生存的条件下激活，驱动进食、交配等行为；防御系统指向"避害"，在威胁情境下激活，驱动逃跑、攻击等行为。该模型可被视作将情绪维度观和情绪分类观整合（Mikels et al., 2005）。情绪维度观视角下的效价代表某个动机系统被激活，唤醒代表动机系统激活的强度。分类观下的基本情绪则构成了两大系统之下的子系统。例如，在防御动机系统下，表征攻击的图片可以代表恐惧、悲伤、愤怒，表征污染的图片可以代表厌恶（Bradley et al., 2001）。尽管攻击和污染均被视作消极刺激，会产生皮肤电反应，激发惊跳反射，但是攻击图片比污染图片的反应强度更大（Bradley et al., 2001）。Lang 和 Bradley（2010）又提出动机脑（The Motivational Brain）理论，为动机模型提供神经证据。

三、情绪的性质和功能

情绪是人类活动中极其重要的心理活动，但是人们对情绪性质的认识却经历了一个曲折的过程。早期阶段,许多研究者把情绪归结为心理活动的伴随现象、后现象或副产品,认为情绪本身没有任何的目的或功能,这就是情绪的副现象论。另外一些心理学家对情绪的副现象论并不满意。他们主张情绪并非一种从属的副现象,而是一个独立的心理学范畴,有其独立的心理过程和生理基础,在人的生存发展中具有独特的功能和作用。与对情绪的性质认识相一致,人们对于情绪的功能的认识主要存在三种观点:第一类观点吸收了早期哲学思想中对情绪的看法,认为情绪完全没有适应功能,情绪会干扰人的理智,应该加以控制、压抑甚至排除。这正是中世纪的禁欲主义学派和 18 世纪的欧洲文艺复兴运动所倡导的理论。第二类观点与 Darwin (1872, 1965) 的思想紧密相关,认为情绪对人的生存起着重要功能,这些功能在远古时期面对来自自然界的生存挑战时与人的生命休戚相关,但在现代这种来自自然的挑战已经不复存在。譬如,Darwin 认为,面部表情是过去适应自然的遗留,但已经失去曾经的功能。Freud (1930, 1961) 也提出过类似的观点,认为现代社会对人类情绪功能的需求与远古时代对人类情绪的需求并不一致,这种不一致及其导致的焦虑是人类神经症产生的主要原因。第三类观点,当代功能主义认为,情绪具有与远古时代同样的功能,情绪的结构在与来自环境的挑战不断相遇过程中逐渐被塑造。情绪研究的功能主义取向旨在探究出情绪曾经面临的适应性问题在现代社会以何种方式呈现出来,并确定人类面对并解决这些问题时的行为反应类型。这些反应类型可以看作情绪的不同类型,即情绪可以被描述为不同的行为反应,例如趋近或者回避等。一般而言,情绪具有以下四大功能:适应功能、动机功能、组织功能和信号功能。

(一) 适应功能

情绪能够帮助有机体做出与环境相适应的行为反应,从而有利于个体的生存和发展。根据 Qatley 和 Johnson-Laird (1987) 的观点,情绪是在进化过程中个体对来自环境的各种挑战和机遇的适应。情绪来自个体对自身目标实现过程的有意识或无意识的评价,当目标受到威胁或阻碍或者需要做出调整时,情绪就会产生。特定情绪在特定类型的、高度重复出现的目标实现收到干扰时出现。此时,情绪会重新组织并指引个体的行为朝着新目标努力,以应对受到的干扰。情绪的功能性在于,为个体提供了对与目标导向相关的行为评估,并根据评估结果引导个体的适应性应对行为。譬如,当目标受到阻碍时，个体会更努力地尝试或做出攻击性行为。另外，面部表情在动物和人类进化过程中有重要的适应性功能。例如，婴儿在具备言语交际能力之前，主要通过情绪表情来传递信息，成人也正是通过婴儿的情绪反应来获知和满足他们的需要。

（二）动机功能

情绪是动机系统的一个基本成分，能够激发和维持个体的行为，并影响行为的效率。一方面，情绪具有重要的学习动机功能。兴趣和好奇心等强烈的学业情绪能够激励学习者的积极学习行为，使学习者获得最佳的学业成就。正所谓："知之者不如好之者，好之者不如乐之者。"另一方面，情绪更是一种重要的道德动机。人们在对自己或他人进行道德评价时产生的、影响道德行为产生或改变的复合情绪，被称为道德情绪。譬如羞耻、内疚等自我意识情绪以及感激、移情等指向他人的情绪。这些道德情绪能够提供道德行为的动机力量，既能激发良好的道德行为，又可以阻止不良的道德行为。

（三）组织功能

情绪具有组织作用，会对注意、记忆和决策等其他心理过程产生重要影响。一般来说，正性情绪起协调组织的作用，而负性情绪起破坏、瓦解或阻断的作用。研究发现，不管情绪刺激还是个体的情绪性状态都会对注意产生一定影响；情绪不仅会影响记忆的准确性，如负性情绪可以提高人们记忆的准确性，减少错误记忆的可能性（Storbeck and Clore, 2005），而且会影响记忆的内容，如负性情绪可以提高空间工作记忆的成绩，但会降低言语工作记忆任务的成绩；正性情绪可以提高言语工作记忆任务的成绩，但会降低空间工作记忆任务的成绩（Gray, 2001）。

（四）信号功能

情绪在人际间具有传递信息、沟通思想的功能。通过情绪外部表现信息的传递，可以知道他人正在进行的行为及其原因，也可以知道在相同情境下如何进行反应。同样，尽管他人可能并没有经历我们某种情绪产生的诱发事件，但他们可以根据我们的情绪外部表现成分体验我们感受到的情绪。情绪也可以传递人际关系的信息。面对一些积极的配偶线索时（如漂亮、年轻、身体健康等），个体的身体姿势、面部表情以及语音线索可以有效地传递爱和亲密，例如微笑能够传递积极信息，可以被视为一种愿意建立关系的信号。一个人微笑的频率也会影响他人对其亲善度和吸引力的评价（Mueser, Grau, Sussman et al., 1984）。当你面无表情地告诉一个人她很漂亮，你很愿意跟她发展一段亲密关系时，这种机器人似的情绪冷传递是他人无法接受的，最终你的表白也会无疾而终。

四、情绪的研究历史

从古代哲学到近现代心理学的多个学科的研究者从各自不同的切入点对情绪的本质进行了理论阐述和实验研究。但是在科学心理学并不太久的历史进程中，因为情绪的主观性特征和实验研究的测量、实验操作以及实验结果分析量化上的难度，情绪在很长时间被研究者回避或忽视。直到20世纪70年代前后，情绪研究重新得到关注。认知心理学、社会心理学、临床心理学、发展心理学、认知神经科学等领域的学者们从多个角度、运用多种方法对情绪及其相关问题进行探讨，从各自的角度对情绪的性质、情绪的实验室操纵方法、情绪与其他心理过程的关系等问题提出了各自的观点，极大地推进了情绪领域的发展。

目前，对情绪研究的历史一般分成早期情绪研究（18世纪之前的哲学阶段）、近现代情绪研究（19世纪80年代到20世纪60年代）以及现代情绪研究（20世纪60年代以来）。第一阶段，早期情绪研究阶段。在近代科学建立之前，早期哲学家就提出了情绪理性主义学说，将情绪与理智进行了对立，认为人基本上是明智的、有理性的。人必须克服自己品性中卑劣、低下的情绪因素。Plato是情绪理性主义理论的创始人，他对情绪持有相当贬低的态度，认为人的灵魂结构包括理性、意气、情欲三部分，理性是只有人才具有的最高级的、永生不死的东西；意气是指像勇敢、抱负等高尚的冲动；情欲则是指感觉和欲望这些非理性的部分。Aristotle认识到情绪是有意义的存在，他将情绪解释为高级认知活动和低级感知活动的混合体，这一观点在现代心理学中仍被认可。Plato和Aristotle创立的情绪理性主义学说在17世纪由Descartes加以发挥，后者对其做出了最为完满的表述。在Descartes著名的身心二元论中，他将情绪置于心灵之中，并且认为只有人类才有情绪，动物只有肉体没有情绪。直到19世纪末情绪的心理学理论出现之前，Descartes的情绪观点一直在理论界占主导地位。第二阶段，近代情绪研究阶段。情绪研究的历史自Darwin之后进入科学的阶段，Darwin在1872年《人与动物的表情》一书中，从情绪的发生角度出发,强调情绪的适应功能以及情绪外显行为和外界刺激的重要性,从进化论的角度指出人与动物之间在情绪和其他方面的延续性。在 Darwin 之后不久,James 于 1884 年综合 Descartes 和 Darwin 的意见,提出了情绪研究历史上第一个系统的心理学理论。他认为,对刺激的知觉导致内脏和外显的肌肉反应,对这些反应产生的感觉就是体验到的情绪。Cannon (1927) 和 Bard (1934) 批评了 James 的理论,认为情绪产生应该遵循这样的顺序:外界刺激受纳器将神经冲动传递到丘脑,冲动一方面上行传递到大脑皮层,产生主观体验,另一方面下行传递到自主神经系统,引起生理应激准备状态,因此这一理论称为情绪的丘脑学说。自 James-Lange 理论和丘脑学说提出之后,情绪的生理学研究成为以后相当时期内情绪研究的主导方向。第三阶段,现代情绪研究阶段。从 20 世纪 60 年代开始,随着认知主义与传统行为主义的交锋,情绪研究开启了新的复兴和繁荣阶段。这一阶段对于情绪本质或结构的认识也进入一个新阶段,有三种观点:第一种观点,Tomkins、Izard、Ekman 继承了 Darwin 的观点,认为情绪是功能性和动机性的,存在几种基本情绪,每种情绪都有各自独特的生理神经机制、外部表现,其他复合情绪是在基本情绪基础上发展而来。第二种观点,以 Arnold、Schachter 和 Lazarus 为代表的认知评价观点,强调认知在情绪产生中的重要作用。情绪的认知评价理论正面地解释了情绪与认知的关系,情绪与认知相互影响,在解释情绪时赋予了认知极其重要的角色,将情绪本身就看作一种认知。第三种观点,20 世纪 80 年代中期兴起的以 Harre (1986) 为代表的社会建构理论,以及十多年才逐渐形成体系的以 Russel 和 Barrett 为代表的心理建构理论(情绪是机体反应和机体反应的概念体系共同生成的)与传统的情绪理论差别较大。情绪的社会建构论认为尽管情绪的种系发生基于一定的进化-遗传特质,但是情绪的体验内容和表达方式并不是遗传性习惯的遗迹,而是在社会文化系统中获得的,是与人当时的社会角色相适应的有用的习惯。

第二节 情绪的认知理论

Lazarus (1991) 认为一个"好"的情绪理论应该包括 12 个项内容:情绪的定义;情绪与非情绪的区别;情绪是否是离散的;动作倾向和生理学的作用;情绪功能相互依赖的方式;认知、动机与情绪之间的联系;情绪的生物学基础和文化社会学基础之间的联系；评价和意识的作用；情绪的产生；情绪发展的方式；情绪对一般功能和幸福感的影响；治疗对情绪的影响。近年来多数的情绪心理学家都同意 Lazarus 的观点，并在各自提出的情绪理论中不同程度地包含了上述主题。但由于情绪问题的复杂性和研究者的观点、方法的不同，现代心理学家对情绪的解释多种多样。情绪心理学目前尚处于学派林立，多种理论并存的局面。情绪认知理论作为情绪理论发展历史过程中的重要阶段，是值得研究者深入探索的研究主题。本节主要是介绍情绪的认知理论。

"具身性"（Embodiment）是近代认知科学的议题之一（Aschwanden, 2013）。研究者以身体在认知过程中的作用作为区分标准，粗略归纳出"离身观""弱具身观"和"强具身观"等观点（Dempsey and Shani, 2012）。20 世纪 60 年代初期，早期认知心理学派在拒绝行为主义学派的刺激—行为假说之后，认为人类认知主要依托符号加工来实现，因而也决定了认知过程具有"离身"（Disembodiment）性质，即心智和身体符合"可分离原则"（Separability Principle）。这一原则主张心智和身体具有因果交感关系，但是心智在某种意义上是自主的，独立于身体；心智性质不依赖于承载它的生物实体的生理性质（Dempsey and Shani, 2012）。"弱具身"（Weak Embodiment, WE）和"强具身"（Strong Embodiment, SE）反对身心可分离原则，主张认知不再被看作对抽象符号的加工和操纵，而是有机体适应环境的活动。弱具身观点接受宏大机制假设（Larger Mechanism Story, LMS），强具身观点接受特殊贡献假设（Special Contribution Story, SCS）。宏大机制假设认为身体和环境可以且时常形成一个更大认知机制的有机组成部分。认知并不限于头颅中，既扩展到身体，也扩展到环境。因此，宏大机制假设主张认知超越皮肤界限，与环境形成一体。这一扩展机制决定心智内容和性质，被命名为"扩展认知"（Extended Cognition），以区别于"具身认知"（Embodied Cognition）。特殊贡献假设认为人类身体特殊神经生理特征决定人类特定心智形式和内容。譬如，人类有"前""后"的观念，是人类眼睛长在头颅之前，不长在后脑勺上的特殊身体构造形成的。身体构造特殊性决定了心智内容和形式的特殊性，但是特殊贡献假设违背多重可实现原则。如果身体特殊构造决定心智特殊形式，那么意味着心智与特定身体结构是"绑定"的，即在一种身体结构实现的心智性质不可能在另一种身体结构上实现。事实上，通过内部心理加工和外部环境支持的补偿作用，心智性质和功能可以在多重物质载体上实现，这也是保留计算和表征作为心智特征的根本原因。强具身观拒斥以扩展认知机制保留计算和表征功能的观点。强具身观主张身体是心智实现的唯一途径。"由于身体以弥漫方式渗透在经验之中,那些被赋予明显差别化身体形式的生物有机体之间事实上是不可能具备无差异性质的现象体验"（Dempsey and Shan, 2012）。因此,强具身主张身体与心智的一致性,从根本上不支持多重可实现原则。也许正是这一主张导致强具身观点在后续研究者中影响力越来越弱。

2010年2月2日,《纽约时报》刊文指出:"具身认知主张大脑和心智并不是组成我们自身的两个独立部分……我们怎样加工信息并非仅仅同心智相关,而是同整个身体紧密联系着……"（Angier, 2010）。可以说,具身认知同样为研究情绪具身化提供独特思路（Niedenthal et al., 2005）。情绪"离身化"和"具身化"是基于身体在情绪产生过程中所起作用而区分。情绪离身观（Disembodiment Emotion View, DEV）认为情绪产生过程与身体无本质关联。个体感受情绪刺激之后,会按照传统认知主义模式对情绪信息进行处理,不会被身体解剖学结构、身体活动方式、身体感觉和运动体验等因素所影响。情绪具身观（Embodied Emotion View, EEV）认为情绪是包括大脑在内的身体的情绪,身体的解剖学结构、身体的活动方式、身体的感觉和运动体验决定我们怎样加工情绪（Niedenthal, 2007）。

（一）离身观背景下的情绪认知理论

情绪认知理论（Cognitive Theory of Emotion, CTE）是主张情绪产生于对刺激情境或事物评价的理论,是贯彻情绪离身观比较彻底的系列情绪理论。这一系列理论认为情绪产生受环境事件、生理状况和认知过程等三种因素影响,其中认知过程是决定情绪性质的关键因素。理论主要涉及:（1）Arnold的"评定—兴奋"说;（2）Schachter的两因素情绪理论;（3）Lazarus的认知—评价理论;（4）Siminov的情绪认知—信息理论;（5）Young和Pribram的情绪不协调理论等。20世纪50年代,Arnold首先提出的情绪评定—兴奋学说认为,刺激情景并不直接决定情绪性质,从刺激出现到情绪产生,要经过对刺激的估量和评价,同一刺激情景会因评估不同产生不同情绪反应。Arnold认为,情绪产生是大脑皮层和皮下组织协同活动结果,大脑皮层兴奋是情绪行为产生的重要条件。情绪产生基本模式是:外界刺激作用感受器,产生神经冲动,通过内导神经冲动上送至丘脑,在更换神经元之后,再送到大脑皮层,在大脑皮层上刺激情景得到评估,形成一种特殊态度（譬如恐惧及逃避、愤怒及攻击等）。这种态度通过外导神经将皮层冲动传至丘脑的交感神经，将兴奋发送到血管和内脏，所产生变化使其获得感觉。Schachter 和 Singer 提出的情绪归因论认为情绪产生决定于两个主要因素：生理唤醒和认知因素（故称为"情绪二因素理论"），认知因素包括对生理唤醒的认知解释和对环境刺激的认识。影响情绪产生因素主要是：生理唤醒+对生理唤醒的归因+对环境刺激的认识（故又有"情绪的三因素理论"之说）。Lazarus 的认知—评价理论认为情绪是人和环境相互作用的产物。人不仅接受环境中刺激事件的影响，同时又调节自己对于刺激的反应。情绪活动必须有认知活动的指导，人们才可以了解环境事件的意义，才可能选择适当而有价值的动作组合，即动作反应。情绪是个体对环境事件知觉到有害或有益的反应。人们需要不断地评价刺激事件与自身关系。具体来讲，有三个层次评价：初评价、次评价和再评价。初评价是指确认刺激事件与自己是否有利害关系，以及这种关系的程度。次评价是指对自己反应行为的调节和控制，主要涉及人们能否控制刺激事件及控制程度。再评价是指对自己情绪和行为反应的有效性和适宜性的评价，实际上是一种反馈性行为。Siminov 的情绪认知—信息理论认为，如果一个有机体因缺乏信息而不能适当组织自己，那么神经机制会激发消极情绪。情绪（E）等于必要信息（In）与可得信息（Ia）之差与需要（N）的乘积，即：$E=-N(In-Ia)$。Siminov 认为，情绪具有一种强烈生理激活的力量，如果这个机制变活跃，那么习惯性反应必定受到破坏。当有机体需要信息等于可得信息之时，有机体需要得到预期满足，便不会产生情绪。如果信息过剩，超出有机体预期需要，便会产生积极情绪；反之，则会产生消极情绪。积极情绪和消极情绪都可以促进行为。遗憾的是，Siminov 没有对信息、需要的性质以及它们内在联系进行深入动力学分析。Young 和 Pribram 的情绪不协调理论认为情绪是一种神经中枢在感情上的"紊乱"反应，即一种对平衡状态的破坏。该理论强调情绪起源于对环境事件的知觉、记忆和经验。当人们在过去经验中建立的内部认知模式与当前输入信息超越稳定的基线不一致时，会导致情绪的产生。

受传统认知科学影响，离身情绪理论认为情绪信息加工与其他信息加工一样，需要将感知情境化信息转换成抽象、去情境化、类语言的符号，然后将这种符号与长时记忆中信息进行类比（Winkielman et al., 2009）。情绪认知理论对情绪躯体成分和认知成分做了区分，认为情绪认知成分优先于躯体成分，躯体变化是认知评价所导致的（Spackman and Miller, 2008）。情绪认知理论虽然很好地说明了认知对情绪的影响,但是在解释无认知成分的情绪现象、认知评价与情绪体验不一致的情绪现象及身体对情绪影响等方面仍然存在较多局限。Zajonc 等发现即使在没有认知评价情况下也能产生情绪,情绪可以先于或独立于相关认知状态而产生(Zajonc,1984;Zajonc et al.,1989)。譬如,抑郁或焦虑的发生并没有相关诱发刺激,自然不需要主体认知评价;虽然知道吸烟有害健康,但吸烟时并没有感到丝毫害怕;单纯的想象也能使人产生情绪反应等。这些情绪现象均对离身化的情绪认知理论提出了挑战和质疑。另外,研究表明情绪反应伴随着面部表情、骨骼肌系统、言语表情和自主神经系统变化(Spackman and Miller,2008)。情绪认知理论往往不够重视甚至忽略这些情绪生理成分。情绪离身观综合考虑身体和基于身体的认知在情绪信息加工的作用,将外周机制与能对身体进行类知觉表征的中枢机制有机结合在一起,很好地解释了情绪体验和情绪信息加工的离身现象。

(二)具身观背景下的情绪认知理论

情绪具身观的思想最初萌芽于情绪外周假说(James,1884;Lange,1885)、面部反馈假说(Facial Feedback Hypotheses)及躯体标记假说(Somatic Marker Hypothesis)。情绪外周假说认为情绪是对身体变化的知觉,这是第一次深刻揭示身体与情绪之间的关系。随后,Tomkins(1981)、Izard(1981)、Zajonc 等(1989)相继提出的面部反馈假说认为面部表情不仅反映个体当下内在情绪体验,也调节或激活某些情绪状态。面部表情不仅调节刺激情境诱发的情绪强度,也可在无刺激情境下通过面部肌肉运动提供感觉反馈激活情绪体验。除了面部肌肉活动,躯体活动、躯体姿势及声音韵律和语调等也能调节或激活情绪体验(Heberlein and Atkinson,2009)。譬如,紧握拳头斜放于身前会让人感到愤怒,而把头埋下则会感到悲伤(Duclos et al.,1989);背部挺直且双肩高挺比耷拉着双肩和脑袋更易让人体验自豪感,并且使人具有更好心境(Stepper and Strack,1993)。

躯体标记假说则由 Damasion(1998)等提出,认为情绪是特定情境触发的躯体反应和中枢活动变化的总体集合(Dunn,Dalgleish,and Preifer,2006;Reimann and Bechara,2010)。躯体反应包括内脏活动(如心率、血压、胃肠蠕动等)、腺体分泌和骨骼肌运动等。这些躯体外周变化及中枢对外周变化的表征构成了情绪信号,并被称为躯体标记。躯体标记既可以来自身体活动,也能在缺少身体活动情况下,来自大脑对身体活动的表征(刘飞,蔡厚德,

2010)。情绪外周理论、面部反馈假说和躯体标记假说均强调身体变化对情绪体验的影响。虽然都没有明确使用"具身"这一术语，但是对身体在情绪加工中的作用都蕴含着鲜明情绪具身性思想。因此，它们被称为情绪具身观的先导。情绪具身性不仅体现在情绪外周假说、面部反馈假说和躯体标记假说所强调情绪体验的具身性上，而且也体现在情绪知觉、情绪理解、情绪对认知和躯体动作影响的具身性上。

目前具身现象理论解释尚未形成整合性涵盖全局的理论。代表性理论解释主要有镜像神经元系统假说、具身模仿论和知觉符号系统理论。所谓镜像神经元系统假说指通过相应脑区激活建立内部行为表征从而"亲身经历"其观察到的他人行为，从而实现理解他人行为、意图和情绪等功能（胡晓晴，傅根跃，施臻彦，2009）。这一假说主要是源于 Rizzolatti 等（1996）研究发现，猕猴大脑运动前区皮层（Premotor Cortex）F5 区中的部分神经元在猕猴执行动作与观察其他个体（猴或人）执行相似动作时会被激活。这些神经元对观察到动作的反应像镜子对物体成像，因此被 Rizzolatti 等称为镜像神经元。后来，陆续在人类大脑 Broca 区（相当于猴子 F5 区）、顶下小叶、额下回、颞上沟及与情绪相关的脑岛、前扣带回皮层和杏仁核等脑区也发现具有镜像属性的神经元系统（Iacoboni and Dapretto，2006）。镜像神经元系统虽然能够说明情绪知觉与情绪体验之间的紧密关系，但是难以解释具身选择性、具身动态使用、身体表征能力等局限性等问题。

具身模仿论假设镜像神经元系统在个体所具有的关于自我和他人身体的经验性知识中起协调作用（Gallese，2005）。通过具身模仿，观察者"看到"情绪会唤起观察者自身关于这些情绪的感觉—运动系统，从而让观察者与被观察者产生"共鸣"，达到"所见即所感"（seeing is feeling），且这种"共鸣"是无中介的，不需要意识水平类比。观察者与被观察者共享身体状态能使观察者理解被观察者情绪，从而使"客体性他人"（objectual other）变成"另一个自我"（another self），使观察者与被观察者达到情感"共鸣"。具身模仿论很好地解释了面部肌肉控制、身体姿态调节、观察者自身身体状况等对外界情绪信息的理解和加工的影响。当然，具身模仿论的局限性，譬如身体对情绪体验的反馈分化不够精确（不同情绪体验和情绪表征可能伴随着同样身体状态），而且反馈速度较慢等。

知觉符号系统理论（Barsalou，1999；Niedenthal et al.，2005）认为具身是信息加工核心，人类认知本质上是知觉性的，对外界刺激（包括知觉、运动和情感）的加工和表征与知觉、运动及情感等过程在认知和神经水平上享有共同系统。信息表征中包含知觉、运动和情感模式，对刺激心理表征是身体经验遗留物（知觉符号）。这些知觉符号储存在大脑长时记忆中，并通过汇合区或大脑联合区域整合，使相关符号组成一个多模式仿真器（Simulators），从而使认知系统在客体或事件不在当前时仍能够建构出对它们的仿真。研究者采用类知觉心理表征来解释情绪的具身性，这一过程既涉及身体和情境，也涉及对身体和情境进行类知觉表征的大脑模式特异性系统。不仅解决身体局限性问题，而且较好地说明具身模仿个体差异性、情境选择性和动态性等问题。因此，相比较而言，知觉符号系统理论具有更强解释力和预测力，是目前解释具身情绪以及具身现象的宏观的理论。譬如知觉"咆哮的熊"这一情绪刺激会激活大脑中相应视觉、听觉和伴随的动作、情感等特定神经元，从而产生特定的知觉、运动和情感体验，并且这些体验通过汇合区或大脑联合区域整合在一起，形成多模式的关于"熊"的知觉符号。当想象"咆哮的熊"或仅仅是加工"咆哮的熊"这四个字时，就会激活上述知觉"咆哮的熊"时所激活的知觉、运动和情感等模式特异性系统，从而仿真出类似的知觉、运动和情感体验。由此可见，通过多通道仿真可使观察者在"看到"别人情绪时，就能产生"感同身受"的感觉。譬如观察者观看表达厌恶的面孔，会首先激活厌恶的视觉通道，并通过联结神经元激活长时记忆中储存的情境信息和大脑模式的特异性系统（如脑岛、前扣带回、皱起鼻子），最后通过多通道的仿真（视觉系统—神经状态—运动系统），观察者与经历者产生相似厌恶体验。由于储存在长时记忆中的情境信息具有个体差异性，而且情境信息本身可能也具有多样性，因此不同观察者可能会产生不同程度情绪体验，同样，同一观察者可能在某一情境下模仿情绪状态，在另一情境下模仿认知状态，或根本不会采取模仿（譬如观察一个罪大恶极的杀人犯），可见具身模仿的使用具有动态性（Niedenthal et al.，2005）；另外，知觉符号系统理论通过对浅加工（仅采用表层策略可以解决）和深加工（需要采用具身策略）的区分，很好地解释具身选择性问题（Niedenthal et al.，2005）；通过用大脑模式特异性系统替代肌肉和内脏，避免了身体表征的局限性问题（Niedenthal et al.，2005）。

镜像神经元系统假说、具身模仿论和知觉符号系统理论都强调了情绪的身体基础，并且都试图以"模仿"机制来解释情绪具身性。镜像神经元系统假说为情绪具身性提供了神经物质基础，能够较好地说明情绪观察与情绪体验之间的紧密关系。具身模仿论从镜像神经元系统的功能角度解释情绪具身性，能很好地解释面部肌肉活动、身体姿势、整个身体线索以及声音韵律和语调等感觉反馈对情绪信息加工的影响（Heberlein and Atkinson, 2009）。但是镜像神经元系统假说和具身模仿论都未能突破身体本身的局限性，譬如身体分化性不够精确，反馈速度较慢，而且有些情绪加工似乎可以"绕过"躯体等。知觉符号系统理论采用类知觉的心理表征来解释情绪的具身性，既涉及身体和情境，同时也涉及对身体和情境进行类知觉表征的大脑模式特异性系统，不仅解决身体的局限性问题，而且较好地说明具身模仿的个体差异性、情境选择性和动态性等问题。因此，相比较而言，知觉符号系统理论具有更强解释力和预测力，是目前解释具身情绪乃至具身现象的较为宏观的理论。

总之，离身观和具身观是人类情绪研究史上的两大重要视角。它们分别从自身视角解释生活中部分情绪现象。情绪认知理论说明认知对情绪的影响，但在解释无认知成分情绪现象、认知评价与情绪体验不一致的情绪现象及身体对情绪的影响仍然有较多局限。情绪具身观则综合考虑身体和基于身体的认知在情绪信息加工的作用，将外周机制与能对身体进行类知觉表征的中枢机制有机结合在一起，很好解释情绪体验和情绪信息加工的具身现象。

第三节 情绪研究的方法

20世纪60年代以来，认知心理学正在经历着一场"后认知主义"（post-cognitivism）的变革，具身认知心理学应运而生（Anderson, 2003）。认知心理学的发展历程也映射出情绪产生研究的进展脉络，即情绪"离身观"向"具身观"的研究转向，两者是基于身体在情绪认知过程中所起作用而区分的（Niedenthal et al., 2005）。情绪离身观（Disembodiment Emotion View）认为情绪产生过程与身体无本质关联。个体感受情绪刺激之后，会按照传统认知主义模式对情绪信息进行处理，不会被身体的解剖学结构、身体的活动方式、身体的感觉和运动体验等因素所影响。情绪具身观（Embodied Emotion View）认为情绪产生加工等与身体关系密切，亲身体验情绪、感知情绪刺激或重新提取情绪记忆均会高度唤醒曾经形成过相似情绪的心理过程（Niedenthal, 2007）。

20世纪70年代以来，情绪与认知关系研究的主题逐渐进入研究者视野。

随着对情绪影响认知（如知觉、注意、记忆、决策等众多认知过程）研究的推进，研究者越来越意识到如何准确而真实地诱发相应情绪，并对其进行控制和操纵成为阻碍探索这一主题的重大阻碍。为此，研究者做出很多努力尝试，并创造性地发现众多诱发情绪的方法和程序，且近年来新的情绪测量方法和技术也不断地涌现，为研究者探索课题提供更多支持。离身观和具身观是解释情绪产生的两大视角，主要是基于身体是否真正参与情绪产生过程，那么本章尝试介绍情绪诱发方法和情绪测量方法。

一、情绪诱发方法

（一）通道材料诱发法

1. 视觉材料诱发法

视觉材料诱发法是常用的情绪诱发方法之一，即给被试呈现具有情绪色彩的文字、图片等刺激材料，以此来诱发出被试的目标情绪。目前，已经形成了较为完善的标准刺激材料库，如美国国立精神卫生研究所（National Institute of Mental Health，NIMH）推出的英语情感词系统（Affective Norms for English Words，ANEW）和英文情感短文系统（Affective Norms for English Text，ANET）等文字材料库（Lang，2010）以及国际情绪图片系统（International Affective Picture System，IAPS）。国内研究者为了避免文化差异的影响，对国外刺激材料进行本土化修订和完善，譬如汉语情感词系统（Chinese Affective Words System，CAWS）（王一牛，周立明，罗跃嘉，2008）和中国情绪图片系统（Chinese Affective Picture System，CAPS）（白露，马慧，黄宇霞等，2005）。这为国内研究者提供了一系列情绪诱发的重要工具（辛勇，李红，袁加锦，2010）。近年来，具身情绪的研究表明，在知觉他人情绪与自身体验同种情绪时，个体的身体变化是一致的。例如，Oberman，Winkieman 和 Ramachandran（2007）的研究发现，识别他人厌恶表情与自身体验厌恶情绪，都激活和厌恶相关的内脏反应。Mcintish，Reichmann-Decker，Winkielman 和 Wilbarger（2006）在研究中利用 Ekman 等制作的标准情绪表情图片，成功诱发了被试生气和快乐的情绪体验。这一研究也为情绪诱发提供了新的思路和可能。

2. 听觉材料诱发法

听觉材料诱发法也是常用的情绪诱发方法之一，即给被试呈现具有情绪色彩的自然界声音、非言语音节及音乐等刺激材料，以此来诱发出被试的目标情绪。目前已形成了较为完善的标准刺激材料库，如美国国立精神卫生研究所（National Institute of Mental Health，NIMH）建立了国际情感数码声音系统（International Affective Digital Sounds，IADS），2007年又修订出IADS2（Strait, Karus, Skoe and Ashley, 2009）。国内研究者建立了中国情感数码声音系统（Chinese Affective Digital Sounds，CADS）（刘涛生、罗跃嘉、马慧、黄宇霞，2006）。随着音乐在消费者情绪行为控制、情绪紊乱的心理治疗、个体自我情绪调节（Alpert, J. I. and Alpert, M. I., 1990; Gold, Voracek and Wigram, 2004）等领域的应用，音乐情绪诱发受到心理学家重视。譬如，巴赫的"勃兰登堡协奏曲"或贝多芬的"第六交响曲"通常能够诱发愉快情绪；霍尔斯特的"火星：战争使者"能够诱发恐惧情绪；而巴伯的"弦乐柔板"能够诱发出悲伤情绪（Peretz, Gagnon and Bouchard, 1998; Baumgartner, Esslen and Jäncke, 2006）等。音乐情绪诱发法具有其他方法难以比拟的优势。首先，音乐能够诱发不同的情绪，例如高兴、悲伤、沮丧等；其次，和字词、音节、图片等材料诱发的情绪相比，音乐往往能够诱发出更为深入、持久的情绪体验；最后，通过音乐诱发情绪表现出很好的跨文化一致性（Fritz et al., 2009）。其不足首先在于音乐情绪诱发的标准化情绪诱发材料库的缺乏。其次，所诱发情绪与日常情绪的一致性受质疑。Zentner, Grandjean和Scherer（2008）指出，愤怒、恐惧、厌恶、内疚等情绪体验与个体生存或是社会地位的维系息息相关，但在倾听音乐时，被试通常会进入一种忘我境界，最为频繁提及的感受是"梦幻"（dreamy）。在倾听音乐时，现实世界的利益和威胁都被抛之脑后，消极情绪体验似乎也失去了存在基础。对此，Frijda和Sundararajan（2007）提出了情绪品味理论（Emotion Refinement Theory），认为当个体进入了心理空间，从而与现实以及个体自我概念分离后，情绪失去了紧迫性，但是仍然维持其内部结构以及行为倾向。这种音乐诱发的实验性情绪与日常生活情绪之间到底存在着多大差异，仍有待后续研究进行进一步的探讨。

3. 嗅觉材料诱发法

嗅觉材料诱发法是常用的情绪诱发方法之一，即让被试有意或无意识地嗅闻某种气味，以此达到情绪诱发。嗅觉材料的诱发情绪主要有三种方式：第一种是嗅觉刺激能够直接诱发被试积极或消极的情绪，进而对个体认知、行为产生影响（Ilmberger et al., 2001; Millot and Brand, 2001; Chebat and

Michon, 2003; Rétiveau, Chamber, and Milliken, 2004)。第二种是阈下嗅觉刺激也能够诱发出相关情绪（Walla, 2008）。第三种是被试会将特定气味与闻到该气味时的情绪体验之间产生联结，再次向其呈现该气味能够诱发出相应情绪（Herz, Beland and Hellerstein, 2004; Herz, Schankler and Beland, 2004; Mennella and Beauchamp, 2005）。研究还表明，使用嗅觉刺激材料能够导致被试被认为和个体情绪反应之间存在直接联系的心跳、皮肤传导性等生理参数发生变化（Bensafi et al., 2002）。嗅觉情绪诱发法目前主要存在几个问题：首先，标准化材料库的缺乏。其次，嗅觉情绪的理论内涵未明确。Ekman 的分离情绪理论（Discrete Emotion Theory）和 Russell 的二维理论（Bidimension Theory）对情绪维度划分方法可能并不适用嗅觉情绪。研究表明，嗅觉诱发的情绪很可能存在着愉悦感（Pleasant Feeling）、不快感（Unpleasant Feeling）、享受的（Sensuality）、放松的（Relaxation）、振作的（Refreshment）以及感官愉悦（Sensory Pleasure）等6个维度。再次，和视觉、听觉材料相比，嗅觉材料的准备、储藏要困难得多；在较为严格的诱发实验中，主试还需要对被试呼吸方式、携带气味的气体流量、气味的扩散和消除时间等多个方面进行严格的控制。最后，嗅觉材料较难精准诱发出某一种特定情绪，其诱发的往往是几种积极或消极情绪的组合情绪。嗅觉刺激的情绪诱发研究目前仍处于起步阶段。

4. 多通道材料诱发法

多通道材料诱发法指组合采用视觉、听觉、嗅觉等诱发材料，以达到更佳诱发效果的情绪诱发方法。Baumgartner, Esslen 和 Jäncke（2006）研究考察情绪图片和古典音乐对快乐、悲伤及恐惧等情绪诱发的影响，结果发现在呈现情绪图片的同时播放相应音乐能够显著提高情绪诱发的效果。电影剪辑综合使用了动态视觉画面及声音两种诱发方法，这两种诱发方法被认为是最有效的。例如，采用《当哈利遇上莎莉》片段诱发积极情绪，以及采用《舐犊情深》诱发消极情绪等。Eldar, Ganor, Admon, Bleich 和 Hendler（2007）的研究表明，与单独观看情绪影片或是单独播放音乐相比，观看情绪影片的同时给被试播放积极（快乐）或消极（恐惧）的音乐诱发出杏仁核、腹外侧前额叶区域的激活，达到更好的情绪诱发效果。上述研究表明，提供某一感觉通道的刺激或多通道刺激组合能够诱发被试情绪。

刺激材料情绪诱发法具经济性、实用性和灵活性的优点，能够满足 FMRI, PET 等脑机制研究较为苛刻的要求，这一方式被运用于情绪神经机制研究中。然而，这些诱发方法仍然存在亟待解决的问题。首先，除了视觉诱发材料外，音乐、嗅觉还没有标准刺激材料库可供选用，研究者选择的情绪诱发材料各不相同，导致研究结果失去可比性，从而影响研究的深入；其次，不同感觉通道诱发的情绪是否具有一致性仍被质疑。例如，美图、音乐和香味都能够诱发被试积极情绪，被试报告愉悦度和唤醒度也可能大致相当，但是不同通道情绪刺激对被试认知和行为产生的影响相同吗？再次，目前对情绪诱发材料研究只限于悲伤、快乐、恐惧等基本情绪，对于自豪、羞耻、内疚等高级自我意识情绪诱发材料的研究相对比较匮乏；最后，情绪诱发材料诱发情绪和现实生活中个体感受到情绪的情境相去甚远，相关研究的结果能否推广到现实生活中也是一个疑问。

（二）情境诱发法

鉴于情绪材料诱发法存在不足，研究者开始在实验室模拟情绪诱发的真实情境，通过操控情境诱发、改变被试的情绪体验，电脑游戏、博弈游戏和回忆/想象是这一领域的有益尝试。

1. 电脑游戏

电脑游戏是诱发情绪的重要途径之一。Van Reekum 等（2004）让被试玩一种电脑游戏（XQUEST），游戏需要被试通过鼠标控制飞船的移动方向，收集资源并消灭敌人，同时对被试的心跳、皮肤传导性、皮肤温度，以及肌肉运动进行测量，并让其报告自身情绪状况。结果表明，随着游戏中任务事件的不同，诱发出快乐、愤怒以及惊讶情绪；而目标达成能够影响心跳频率，脉搏传导时间以及手指温度。Merkx，Truong 和 Neerincx（2007）使用了第一人称射击游戏"虚幻竞技场2004"（Unreal Tournament 2004）作为情绪诱发的手段，结果表明，这一游戏能够诱发一系列类型和强度不同的情绪。而且，由于被试将注意力集中在虚拟世界中而忽略周围环境，致使这一手段诱发出相对自然的情绪状态。此外，在游戏过程中，被试会情不自禁地出现大量表情、声音、肢体动作，由此进行录像记录和分析，能够为情绪研究提供很有价值的素材。

2. 博弈游戏

博弈通常被用于考察个体在两难情境下的决策行为。研究发现，由于博弈游戏涉及自利、利他、公平、信任、背叛等各种行为，所以该游戏可以作为很好的情绪诱发手段。这些研究通常通过操纵博弈对象行为来诱发被试情绪。研究发现，当被试实际所得高于其预期时，通常能够诱发出积极情绪，反之亦然。例如，有研究者让被试作为受价者（Responder）参加最后通牒博弈（Ultimatum Game），而让实验助手假扮出价者（Proposer）提出一个很不公平的提议，无论是被试自我报告还是生理反馈测量的结果都表明，这一操作有效诱发愤怒等消极情绪（van't Wout, Kahn, Sanfey, and Aleman, 2006; van't Wout, Chang and Sanfey, 2010）。有趣的是，这一研究还发现，只有当出价者是人类时，这种情绪诱发效应才会产生；如果出价是通过计算机生成的，即使出价极为不公也难以诱发情绪。

3. 回忆/想象情境

与前几种情境诱发法不同，回忆/想象情境诱发法并非通过在实验室创建某种情境，而是通过让被试想象某一情境来达到情绪内部诱发目的。早在20世纪80年代初，研究者开始使用这一方法进行情绪诱发，例如，Brewer, Doughti 和 Lubin（1980）通过让被试回忆能够唤起相应情绪的自传式事件来诱发特定情绪。1982年，Wright 和 Mischel 让被试想象悲伤、愉快或中性的情境来诱发其相关情绪。近年来，随着PET，fMRI等脑机制研究兴起，这一方法由于兼具文字材料诱发的简单易行、实验室情境诱发的高生态效度等优点，重新得到情绪研究者的重视。通过对经典研究方法的不断改进，最终形成较为成熟，也是目前使用较为广泛的回忆/想象诱发范式：首先，主试通过访谈或开放式问卷的方式收集被试目标情绪体验最为强烈的几次事件。随后，将这些经历整理成长度大致相当的声音或文字材料，随后，在实验中向被试呈现这些材料，让其回忆事件发生时的感受，以此诱发情绪。和让被试进行自由想象相比，这一方法情绪诱发的效果更佳，并且主试能够对情绪唤起的强度和时机进行更为严格的控制，因而受到了很多研究者的青睐（Dougherty et al., 2004; Kross, Davidson, Weber et al., 2009）。

二、情绪测量方法

根据情绪的定义，情绪包括主观体验、生理变化以及外部行为三个方面。情绪研究不能只依赖主观报告，生理变化、行为变化也是情绪必不可少的组成部分，因此对于情绪的测量必须着眼于情绪主观体验测量、情绪外部行为表现的测量以及情绪生理变化的测量。

（一）对情绪主观体验的测量

情绪最核心的成分是情绪的内心主观感受。但是长久以来，能否实现对内部体验的准确测量一直是心理学家争论的主题。现代实验心理学之父Wundt和美国现代心理学创始人James都重视采用内省法研究内部状态。Nisbett和Wilson（1977）进行的一项实验中，要求被试选择一些他们喜欢的物体并报告选择某一物体的原因。结果被试通常报告一些外部原因（比如看上去漂亮、看上去质量好等），而不是实验者操纵的真实原因。被试通常会寻求一个合理的理由去解释自己的行为，而不能真正地去内省自己的认知过程。Nisbett等（1977）曾说过："主观报告的准确性很低，对内部认知过程的任何内省有可能都不准确或不可信。"该研究表明，无法觉察的刺激能够诱发我们的情绪反应，因此许多研究者提出通过测量其他情绪指标来代替自我报告法，然而这种想法是不现实的，因为自我报告法也有其独特之处，不能完全被其他测量方法代替。鉴于传统内省法在测量主观体验时遇到的问题，研究者正积极探索测量主观体验的新方法。其中一种方法是描述经验取样法，通过一部传呼机在随机时间点提示被试，要求其报告此时此刻的内部体验（Huriburt and Heavey，2002）。经过一定的练习，被试能够轻松掌握这个方法并回答问题。

（二）对情绪外部行为表现的测量

人类和动物共有一些有利于生存的行为反应，如与攻击和防御相关的行为是不同生命群体所共有且差异不大的生存工具。对于人类而言，与情绪相关的最显著的行为表现就是面部表情。观察法是研究人类和动物情绪的主要方法。通过观察自然环境下的儿童或动物，可以测量不同刺激呈现条件下不同的行为反应。通过观察研究，Darwin提出不同国家和地区相同的面部表情能够表达相同的情绪，即情绪具有跨文化的一致性（Darwin，1872，1965）。虽然我们可以通过观察外部行为变化来研究人们的情绪，但是外部的观察存在两个显著的问题：第一，人们通常可以压抑并控制自己的面部表情，例如虽然某人感到悲伤抑郁，但是为了表现出乐观积极，却努力做出微笑的表情；第二，情绪的表达存在文化差异，例如在日本文化中，表达愤怒或攻击行为通常是不适宜的，所以人们通常会减少此类行为的出现。因此，在研究情绪的外部表现时，我们既要考虑情绪表现的真实性，也要考虑文化背景的差异。

（三）对情绪生理变化的测量

除了行为反应之外，情绪也具有一系列的生理反应指标，如当兴奋或极度恐惧时，心跳会显著加快；当焦虑或紧张时，手掌会出汗。另外，一些内部的生理变化则无法觉察到，处在不同情绪时个体身体会释放不同的激素到血液中。在极度恐惧时，流入肌肉和大脑的血液增加，以便个体能够更快地做出反应，同时肾上腺会分泌更多肾上腺素，从而导致心跳加速、血管收缩、呼吸加快、内脏活动减少。研究者认为这些反应是人类长期进化过程中为个体"战斗"或"逃避"需要而形成的，由人的自主神经系统（Autonomic Nervous System，ANS）所控制。自主神经系统负责向躯体器官、肌肉和腺体发送信号，协调身体内部环境的功能，包括交感神经系统和副交感神经系统两部分，前者与机体的唤醒相关，后者则负责机体静息状态的活动。目前，情绪研究中用来测量生理变化的常用技术包括皮肤电（Skin Conductance Response）、心跳（Heart Rate）、血压（Blood Pressure）、皮质醇（Cortisol Level）、肌电（Electromyography）以及呼吸频率（Respiration Rate）等。

（四）对情绪神经机制的测量

近年来，情绪在大脑内部表征机制的研究取得长足进步。早期情绪心理学家认为边缘系统与情绪体验和表达相关（Papez，1937）。新近研究更进一步表明，不同大脑结构控制情绪不同成分，与情绪相关脑区同具有许多其他功能（Lane and Nadel，2000）。大量情绪脑机制研究来源于动物研究，通过手术或切除动物的某一脑区，之后让动物完成某一任务，通过其他任务成绩推断该脑区的功能。单细胞记录（Single Cell Recording）是另外一种动物研究中的常用技术，通过手术在动物脑内植入电极，可以测量单一神经元或神经元组的活动。揭示人类情绪脑机制的主要进步来源于脑功能成像技术迅猛发展，例如，正电子断层扫描（Positron Emission Tomography，PET）、功能磁共振成像（Functional Magnetic Resonance Imaging，FMRI）、脑电图（Electro Encephalo graphy，EEG）、脑磁图（Magneto Encephalo Graphy，MEG）、近红外光学成像（Near Infrared Spectroscopy，NIRS）。PET和fMRI技术用来测量脑内局部血流变化和新陈代谢活动；EEG技术可以测量大脑的电位变化，通过在被试头部放置不同数量的电极点，可以无创地测量被试进行认知任务时的电位变化。MEG技术通过超导量子干涉仪，可以灵敏地捕捉大脑认知加工时在头颅外表形成的微弱感应磁场，并能识别出颅内发出这些部位的信息。NIRS是一种无创地、利用不同脑内物质对近红外光的吸收具有不同特点的原理进行脑激活成像的研究手段。

三、进一步的思考

前文对情绪诱发方法和情绪测量方法进行简单评价,但是未来研究对于情绪诱发和测量仍然需要进一步思考。

(一)对于情绪诱发方法的思考

情绪诱发主要面临着两个问题:一为诱发情绪的特指性,即能否有效、客观地诱发出研究者所需特定情绪,并与其余类似情绪区分开;二为真实性,即所诱发的情绪是否与被试在日常生活中所体验到的情绪相一致,即诱发的生态化问题。前者影响实验结果正确性,而后者影响实验结果推广性。随着情绪研究的深入,越来越多诱发方法被开发出来,为研究者提供了更多选择。研究者围绕情绪最佳诱发方式开展了许多尝试性工作,例如,Clark(1983)发现,音乐诱发法能够100%引起情绪状态的改变。Martin(1990)则发现,音乐、电影、想象都能够达到75%诱发成功率,是较为理想的情绪诱发方法。Westermann,Spies,Stahl和Hesse(1996)采用元分析综合考察以往研究的情绪诱发的效果,结果表明,组合诱发法在诱发消极情绪方面效果明显,而电影或故事材料诱发积极或消极情绪效果不错。然而,这项元分析结论受到颇多质疑:一方面,在元分析纳入文献时,研究者对情绪诱发成功标准存在较大差异;另一方面,情绪诱发的效果受到诸多因素制约,脱离被试和实验的具体情况阐述情绪诱发效果并不严谨。

1. 被试个体差异是情绪诱发过程中重要影响因素。情绪诱发一般包括情绪刺激感知、情绪刺激评估和情绪体验等阶段,而每一个阶段,被试个体差异都会影响情绪诱发的最终效果。这些个体差异主要包括情绪刺激感知能力差异、情绪刺激主观评估差异以及情绪调节能力差异。情绪刺激感知是情绪诱发的前提,而情绪刺激感知能力差异无疑会对情绪的诱发效果产生影响。在感觉通道诱发法中,这一影响表现得尤为明显。研究发现,与男性相比,女性在嗅闻情绪刺激气体时报告的情绪体验更为强烈,其生理唤醒也更为明显(Seubert,Real,Loughead et al.,2009;Doty and Cameron,2009)。研究表明,个体乐感(Sensitivity to Music)、音乐教育背景(Musical Training)、音乐偏好(Musical Preference)、专注特质(Trait of Absorption)都会对诱发效果产生影响(Nater,Krebs,and Rhlert,2005;Kreutz,Ott,Teichmann et al.,2008)。因此,根据实验目的和诱发材料,有针对性选择被试群体(如在嗅觉诱发研究中只用女性作为被试),通常能够达到更佳情绪诱发效果。

虽然对个体主观评估是情绪诱发的充分条件还是必要条件尚存争议,但是个体主观评定能够影响诱发效果已是共识。Siemer, Mauss 和 Gross(2007)的研究表明,同一实验诱发情境对不同被试诱发出的情绪体验可能存在很大差异,对情境评估不仅能预测情绪体验强度,而且决定对某一情境的情绪反应类型。研究发现,对情绪刺激的主观评估会受到被试性别、气质特征、认知风格、文化差异乃至情绪诱发之前情绪状态等因素的影响。例如,Wadlinger 和 Isaacowitz(2006)研究表明,先前处于积极情绪状态的被试会对积极线索进行偏向性注意,从而导致对情绪刺激更为积极主观评估。Scherer 和 Brosch(2009)的研究表明,文化背景会造成被试情绪性格(Emotion Disposition)的差异,进而导致其更频繁地处于特定情绪诱发准备状态,更容易被诱发出特定情绪。

情绪调节能力是个体使用情绪调节策略,对自身情绪的产生、体验和表达施加影响的能力。Gross 将个体情绪调节策略分为认知重评(Cognitive Reappraisal)和表达抑制(Expression Suppression)。研究表明,这两者都会对情绪诱发的效果产生影响。认知重评是指在情绪产生的早期,通过改变对情绪事件的理解,达到改变情绪体验的目的。研究表明,情绪调节能力较强的个体能够灵活使用主动或自动认知重评策略,降低情绪刺激的生理唤醒,从而降低情绪诱发的效果(Blanchard-Fields, 2007; Philips, Henry, Hosie, and Milne, 2008; Larcom and Isaacowitz, 2009)。而表达抑制则是指个体对将要发生或正在发生的情绪表达进行抑制(侯瑞鹤,俞国良,2009)。这一策略的使用可能会造成被试主观体验和生理反应分离:一方面,被试报告有较少的情绪体验;另一方面,其生理反应并不减少,甚至会由于抑制情绪行为表达而有所增强(程利,袁加锦,何媛媛,等,2009),这导致对情绪诱发效果测量的偏差,进而影响情绪诱发研究的准确性和可靠性。

2. 情绪诱发方法的选择也会极大地影响情绪诱发的效果。例如,电影能够诱发出强烈的情绪体验,被认为是最为有效情绪诱发方法之一,但是,电影剪辑诱发法通常会诱发出多种情绪,其特指性相对较差,因而适用于笼统地以积极或消极情绪为考察对象的研究;而使用情感词、情感短文、图片刺激等诱发方式简单易行,并且能够诱发出比较单一的特定情绪,但是,这类诱发方式很容易引起被试对诱发目的的猜测,进而导致要求效应(Demand Effect)问题。要求效应是指在情绪诱发中由于被试对实验目的的猜测或因为实验者将实验目的明确告诉被试,导致被试没有产生真正情绪变化,但为了符合主试预期或是为了遵从实验要求,被试做出虚假的报告。Slyker 和 McNally 使用了4种条件(指导语、指导语+音乐、指导语+Velten、指导语+音乐+Velten)来诱发被试的焦虑和忧伤的情绪,结果发现在只有指导语的条件下也能轻而易举地改变被试的情绪,而且有的被试在这种条件下获得的情绪变化与其他3种真实的情绪诱发没有显著的差异。实验室情境诱发通常可以采取一些策略来控制或减少要求效应,比如不告诉被试实验的真正目的,在数据分析的过程中将具有明显要求特征的被试排除。特指性问题也可以通过实验设计得以部分解决,但是,这一方法对实验设计和实施有较为严格的要求,其诱发效果受到现场因素制约,因而在情绪诱发稳定性上略有欠缺。此外,同样的研究方法,实验细节处理上的差异也会显著影响情绪诱发的效果。例如,Larsen 和 Sinnett(1991)的元分析发现,在实验前对情绪诱发的目的进行明确说明有助于提高诱发的效果。但是,这种提高到底是由于明确的指导语使得被试更专注于体验目标情绪还是要求效应导致一直饱受质疑。此外,诱发情绪的测量时机也是一个重要影响因素。一些研究在情绪诱发完成,进行认知任务之前对被试进行目标情绪评定,这一方法在情绪诱发效应的测量方面无疑会更为准确,但是其研究结果可能会受到要求效应的影响;而在认知任务完成之后再进行情绪评定,由于情绪诱发已经过去一段时间,被试自我报告的准确性又饱受质疑;此外,还有研究选择在正式实验开始之前对情绪诱发材料的愉悦度和唤醒度进行先行评定,然而,有研究发现,认知任务本身可能会对作为背景的情绪诱发产生影响。例如,通常情况下,想象自身成功能够诱发被试的积极情绪,并唤起与真正体验成功之时类似生理反应。然而,在进行困难任务之前,使用这一方法进行积极情绪诱发,其效果可能会适得其反:想象成功情境和想象失败一样,都引发被试对任务失败的恐惧,从而提高负性情绪水平(Langens,2002,2003)。综上所述,情绪诱发有效性会受到众多因素制约,迄今断言哪种方法更为有效为时尚早,只有综合考虑被试状况、实验要求,对诱发方法审慎选择,对实验过程进行严格控制,才能达到更好情绪诱发效果。

(二)对于情绪测量方法的思考

情绪测量从一开始就受到研究者关注。回顾以往研究可以发现,影响情绪测量的主要问题有三个:一是研究视角的选择问题;二是测量方法的适合性问题；三是测量方法的优缺点问题。

1. 研究视角对情绪测量的影响

目前情绪研究已经分为基本情绪途径和情绪维度途径。维度观点认为情绪是通过效价、唤醒度和驱动状态等潜在因素来组织。而基本情绪观点则认为每种情绪有其独特的主观体验、生理唤醒和行为反应。情绪维度观点和基本情绪观点在某种意义上是一致的，情绪维度的不同组合可以定义某种基本情绪（如愤怒＝负效价＋高唤醒＋趋近驱动）（Carver，2004）。现有的大多数研究都是从情绪维度途径来进行测量的，这种观点似乎更加严谨。采用多元方法（如多元ANS组合测量法、脑回路fMRI测量等），可能会超越目前的研究结果，对基本情绪观点有一定支持。

2. 情绪测量方法的适合性

情绪测量方法的适合性对于理解个体情绪状态至关重要。情绪测量模型的适合程度是情绪测量结果优劣的评价标准。情绪理论模型的建构应该有其测量适合度的指标，不同的测量方法会有不同的适合结果，研究表明，多种情绪测量结果之间最多具有中等程度的相关，研究结果很难保持一致（Mauss et al.，2004）。以往大多数研究都是根据被试间相关情绪来评估情绪一致性，即测量在某一情绪成分上反应强烈的个体是否在另一情绪成分上也有强烈的反应。但是，研究者认为跨时间的被试内分析可以更好地测量情绪理论中的反应一致性。目前研究通过使用可靠有效的测量手段和被试内设计完全可以解决情绪研究的基本层次问题（如某种情绪的主观体验、生理唤醒和行为反应等）（Mauss et al.，2005）。从发展趋势来看，多元测量才是情绪研究未来的方向。第一，研究表明，任何情绪都是叠加的，很难保证像情绪理论阐述的那样是单维的，因此任一单独测量方式都不能精确构建情绪模型，采用的情绪测量方式越多，研究灵活性越强，结果的准确性也越高；第二，情绪测量之间的结果可能有误差，因为不同测量方法的影响因素可能不同，对这些影响因素的检验和调整对理解情绪的本质非常有用；第三，当多种情绪测量差异非常显著时，找到一个更具体方法对理解情绪反应的本质很重要。

3. 测量方法的优缺点问题

已有研究评估情绪诱发效应的方法大致可以分为两大类：自我报告和行为测量。较之行为测量，自我报告不但具有省时、省力、方便、花费少等优点，而且具有较高的准确性，因而受到研究者的广泛使用。常用自我报告量表包括视觉类比量表、多重情感形容词检表、积极和消极情感量表、情绪分化量表等,但采用自我报告方式对情绪诱发效应进行测量可能带来一些偏差。首先,对情绪评定往往是在情绪诱发或者实验结束之后开始的,此时自我报告是对过去经历的情绪变化的回忆,然而对情绪的记忆会随着时间的流逝而减弱,因此自我报告就存在准确性问题;其次,自我报告容易受到社会赞许性的影响;最后,自我报告容易受到个人信念和情感的影响。当实际的情绪变化和自己的信念不一致时,对自我报告的准确性影响最大。行为测量指在情绪诱发后完成行为测验任务来评估情绪诱发效应,它虽然是一种客观而有效的测量情绪变化的手段,但由于其费时、费力、不经济等原因并不被广泛使用。因此,为了提高对情绪诱发效应评估的准确性,可行的做法是将自我报告和行为测量相结合。

参考文献

［1］ALPERT J I, ALPERT M I. Music influences on mood and purchase intentions ［J］. Psychology and marketing, 1990（7）: 109-133.

［2］ANGIER N. Abstract thoughts? The body takes them Literally ［J］. The new york times, 2010, 159（2）: 939.

［3］ASCHWANDEN C. Where is thought? ［J］ Discover, 2013, 34（5）: 28-29.

［4］BAUMGARTNER T, ESSLEN M, JÄNCKE L. From emotion perception to emotion experience: Emotions evoked by pictures and classical music ［J］. International journal of psychophysiology, 2006, 60（1）: 34-43.

［5］BARRETT L F. Discrete Emotions or Dimensions? The Role of Valence Focus and Arousal Focus ［J］. Cognition and emotion, 1998, 12（4）: 579-599.

［6］BARSALOU L W. Perceptual symbolsystems ［J］. Behavioral and brain sciences, 1999, 22（4）: 577-660.

［7］BENSAFI M, ROUBY C, FARGET V et al. Autonomic nervous system responses to odours: The role of pleasantness and arousal ［J］. Chemical senses, 2002, 27（8）: 703-709.

［8］BLANCHARD-FIELDS F. Everyday problem solving and emotion: An adult developmental perspective ［J］. Current directions in psychological science, 2007, 16（1）: 26-31.

［9］BLOOD A J, ZATORRE R J. Intensely pleasurable responses to music correlate

with activity in brain regions implicated in reward and emotion [J]. Proceedings of the national academy of sciences, 2001, 98 (20): 11818-11823.
[10] BLOOD A J, ZATORRE R J, BERMUDEZ P et al. Emotional responses to pleasant and unpleasant music correlate with activity in paralimbic brain regions [J]. Nature neuroscience, 1999, 4 (2): 382-387.
[11] BRADLEY M M, CODISPOTI M, CUTHBERT B N et al. Emotion and motivation I: Defensive and appetitive reactions in picture processing [J]. Emotion, 2001, 1 (3): 276-298.
[12] BRADLEY M M, LANG P J. Affective norms for english Words (ANEW): Stimuli, instruction manual and affective ratings [R]. Gainesville, FL: The Center for Research in Psychophysiology, University of florida, 1999a.
[13] BRADLEY M M, LANG P J. International affective digitized sounds (IADS): stimuli, instruction manual and affective ratings [R]. Gainesville, FL: The Center for Research in Psychophysiology, University of Florida, 1999b.
[14] BRADLEY M M, LANG P J. Affective Norms for English Text (ANET): Affective ratings of text and instruction manual [R]. Gainesville, FL: University of Florida, 2007.
[15] BREWER D, DOUGHTIE E B, LUBIN B. Induction of mood and mood shift [J]. Journal of clinical psychology, 1980, 36 (1): 215-226.
[16] CACIOPPO J T, GARDNER W L. Emotion [J]. Annual review of psychology, 1999, 50 (1): 191-214.
[17] CARVER C S. Self-regulation of action and affect [M] //R. F. BAUMEISTER and K. D. Vohs (Eds.), Hand book of self-regulation: Research, theory, and applications. New York: Guilford Press, 2004: 13-39.
[18] CHAPIN H, JANTZEN K, KELSO J A et al. Dynamic emotional and neural responses tomusic depend on performance expression and listener experience [J]. PLoS ONE, 2010, 5 (12): e 13812.
[19] CHEBAT J C, MICHON R. Impact of ambient odors on mall shoppers' emotions, cognition, and spending: A test of competitive causal theories [J]. Journal of business research, 2003, 56 (7): 529-539.
[20] CHREA C, GRANDJEAN D, DELPLANQUE S et al. Mapping the semantic space for the subjective experience of emotional responses to odors [J].

Chemical Senses, 2009, 34 (1): 49-62.

[21] CLARK D M. On the induction of depressed moodinthe laboratory: Evaluation and comparison of the Veltenand musical procedures [J]. Advances in Behaviour researchand therapy, 1983, 5 (1): 27-49.

[22] DAMASIO A R. Emotion in the perspective of an integrated nervous system [J]. Brain research reviews, 1998, 26 (2-3): 83-86.

[23] DEMPSEY L, SHANI I. Stressing the flesh: In defense of strong embodied cognition [J]. Philosophy and phenomenological research, 2012, 86 (3): 590-61.

[24] DOTY R L, CAMERON E L. Sex differences and reproductive hormone influences on human odor perception [J]. Physiology and behavior, 2009, 97 (25): 213-228.

[25] DOUGHERTY D D, RAUCH S L, DECKERSBACN T et al. Ventromedial prefrontal cortex and amygdala dysfunction during ananger induction positron emission tomography study inpatients with major depressive disorder with anger attacks [J]. Archives of general psychiatry, 2004, 61 (8): 795-804.

[26] DUNN B D, DALGLEISH T, LAWRENCE A D. The somatic marker hypothesis: A critical evaluation [J]. Neuroscience and biobehavioral reviews, 2006, 30 (2): 239-271.

[27] DUCLOS S E, LAIRD J D, SCHNEIDER E et al. Emotion-specific effects of facial expressions and postures on emotional experience [J]. Journal of personality and social psychology, 1989, 57 (1): 100-108.

[28] EKMAN P, FRIESEN W V, O'SULLIVAN M. Smile when lying [J]. Journal of personality and social psychology, 1988, 54 (3): 414-420.

[29] ELDAR E, GANOR O, ADMON R et al. Feeling the real world: Limbic response tomusicdepends on related content [J]. Cerebral cortex, 2007, 17 (12): 2828-2840.

[30] EPPLE G, HERZ R S. Ambient odors associated to failure influence cognitive performance in children [J]. Developmental psychobiology, 1999, 35 (2): 103-107.

[31] FERDENZI C, SCHIRMER A, ROBERTS S C et al. Affective dimensions of odor perception: A comparison between Swiss, British, and Singaporean

populations [J]. Emotion, 2011, 11 (5): 1168-1181.

[32] FRANTZIDIS C A, BRATSAS C, KLADOS M A et al. On the classification of emotional biosignals evoked while viewing affective pictures: an integrated data-mining-based approach for healthcare applications [J]. Information technology in biomedicine, 2010, 14 (2): 309-318.

[33] FRIJDA N H, SUNDARARAJAN L. Emotion refinement: A theory inspired by Chinese poetics [J]. Perspectives on psychological science, 2007, 2 (3): 227-241.

[34] FRITZ T, JENTSCHKE S, GOSSELIN N et al. Universal recognition of three basic emotions in music [J]. Current biology, 2009, 19 (7): 573-576.

[35] GABLE P A, HARMON-JONES E. The motivational dimensional model of affect: Implications for breadth of attention, memory, and cognitive categorization [J]. Emotion and cognition, 2010, 24 (2): 322-337.

[36] GALLESE V. Embodied simulation: From neurons to phenomenal experience [J]. Phenomenology and the cognitive sciences, 2005, 4 (1): 23-48.

[37] GOLD C, VORACEK M, WIGRAM T. Effects of music therapy for children and adolescents with psychopathology: A meta-analysis [J]. Journal of child psychology and psychiatry, 2004, 45 (6): 1054-1063.

[38] GOLDIN P R, MCRAE K, RAMEL W et al. The neural bases of emotion regulation: Reappraisal and suppression of negative emotion [J]. Biological Psychiatry, 2008, 63 (6): 557-586.

[39] HAVAS D A, GLENBERG A M, RINCK M. Emotion simulation during language comprehension [J]. Psychonomic bulletin and review, 2007, 14 (3): 436-441.

[40] HEBERLEIN A, ATKINSON A. Neuroscientific evidence for simulation and shared substrates in emotion recognition: Beyond faces [J]. Emotion review, 2009, 1 (2): 162-177.

[41] HERZ R S, BELAND S L, HELLERSTEIN M. Changing odor hedonic perception through emotional associations in humans [J]. International journal of comparative psychology, 2004, 17 (4): 315-338.

[42] HERZ R S, SCHANKLER C, BELAND S. Olfaction, emotion and associative learning: Effects on motivated behavior [J]. Motivation and Emotion,

2004, 28 (4): 363-383.

[43] IACOBONI M, DAPRETTO M. The mirror neurons system and the consequence of its dysfunction [J]. Nature Reviews Neuroscience, 2006, 7 (11): 942-951.

[44] ILMBERGER J, HEUBERGER E, MAHRHOFER C et al. The influence of essential oils on human attention. I: alertness [J]. Chemical Senses, 2001, 26 (3): 239-245.

[45] IZARD C E. Differential emotions theory and the facial feedback hypothesis of emotion, 1981.

[46] JAMES W. What is an emotion? [J]. Mind, 1884, 9 (34): 188-205.

[47] KOELSCH S. Towards a neural basis of music-evoked emotions [J]. Trends in Cognitive Sciences, 2010, 14 (3): 131-137.

[48] KOELSCH S, FRITZ T, V CRAMON D Y et al. Investigating emotion with music: An fMRI study [J]. Human Brain Mapping, 2006, 27 (3): 239-250.

[49] KOELSCH S, SIEBEL W A. Towards a neural basis of music perception [J]. Trends in Cognitive Sciences, 2005, 9 (12): 578-584.

[50] KONE NI V J. Does music induce emotion? Atheoretical and methodological analysis [J]. Psychology of Aesthetics, Creativity, and the Arts, 2008 2 (2): 115-129.

[51] KOUSTA S T, VIGLIOCCO G, VINSON D P et al. The representation of abstract words: Why emotion matters [J]. Journal of Experimental Psychology: General, 2011, 140 (1): 14-34.

[52] KOUSTA S T, VINSON D P, VIGLIOCCO G. Emotion words, regardless of polarity, have a processing advantage over neutral words [J]. Cognition, 2009, 112 (3): 473-481.

[53] KREUTZ G, OTT U, TEICHMANN D et al. Using music to induce emotions: Influences of musical preference and absorption [J]. Psychology of Music, 2008, 36 (1): 101-126.

[54] KROSS E, DAVISON M, WEBER J et al. Coping with emotions past: The neural bases of regulating affect associated with negative auto-biographical memories [J]. Biological Psychiatry, 2009, 65 (5): 361-366.

[55] KRUMHANSL C L. An exploratory study of musical emotions and psychophysiology [J]. Canadian Journal of Experimental Psychology, 1997, 51 (4): 336-353.

[56] LANG P J. Emotion and motivation: Toward consensus definitions and a common research purpose [J]. Emotion Review, 2010, 2 (3): 229-233.

[57] LANG P J, BRADLEY M M. Emotion and the motivational brain [J]. Biological Psychology, 2010, 84 (3): 437-450.

[58] LANG P J, BRADLEY M M, CUTHBERT B N. International affective picture system (IAPS): Technical manual and affective ratings [J]. NIMH Center for the Study of Emotion and Attention, 1997, 1 (3): 39-58.

[59] LANG P J, BRADLEY M M, CUTHBERT B N. International Affective Picture System (IAPS): Affective ratings of pictures and instruction manual. Technical Report A-8. Gainesville, FL: University of Florida, 2008.

[60] LANG P J, GREENWALD M K, BRADLEY M M et al. Looking at pictures: Affective, facial, visceral, and behavioral reactions [J]. Psychophysiology, 1993, 30 (3): 261-273.

[61] LANGE C G. Om sindsbevaegelser: et psyko-fysiologisk studie [J]. Kjbenhavn: Jacob Lunds, 1885.

[62] LANGENS T A. Tantalizing fantasies: Positive imagery induces negative mood in individuals high in fear of failure [J]. Imagination, Cognition and Personality, 2002 (21): 281-292.

[63] LANGENS T A. Potential costs of goal imagery: The moderating role of fear of failure [J]. Imagination, Cognition and Personality, 2003, 23 (1): 27-44.

[64] LARCOM M J, ISAACOWITZ D M. Rapid emotion regulation after mood induction: Age and individual differences [J]. The Journals of Gerontology Series B: Psychological sciences and social sciences, 2009, 64 (6): 733-741.

[65] LARSEN R J, SINNETT L M. Meta-analysis of experimental manipulations: Some factors affecting the Velten mood induction procedure [J]. Personality and Social Psychology Bulletin, 1991, 17 (3): 323-334.

[66] MAUSS I B, WILHELM F H, GROSS J J. Is there less to social anxiety than

meets the eye? Emotion experience, expression, and bodily responding. Cognition and emotion, 2004, 18 (5): 631-662.

[67] MARTIN M. On the induction of mood [J]. Clinical psychology review, 1990, 10 (6): 669-697.

[68] MCINTOSH D N, REICHMAN-DECKER A, WINKIELAMN P et al. When the social mirror breaks: Deficits in automatic, but not voluntary mimicry of emotional facial expressions in autism [J]. Developmental science, 2006, 9 (3): 295-302.

[69] MENNELLA J A, BEAUCHAMP G K. Understanding the origin of flavor preferences [J]. Chemical senses, 2005, 30 (1), i242-i243.

[70] MIKELS J A, FREDRICKSON B L, LARKIN G R et al. Emotional category data on images from the international affective picture system [J]. Behavior research methods, 2005, 37 (4): 626-630.

[71] MENON V, LEVITIN D J. The rewards of music listening: Response and physiological connectivity of themesolimbic system [J]. NeuroImage, 2005, 28 (1): 175-184.

[72] MERKX P P A B, TRUONG K P, NEERINCX M A. Inducing and measuring emotion through a multiplayer first person shooter computer game [J]. Computer games workshop, 2007: 231-242.

[73] MILLOT J L, BRAND G. Effects of pleasant and unpleasant ambient odors on human voice pitch [J]. Neuroscience letters, 2001, 297 (1): 61-63.

[74] NATER U M, KREBS M, RHLERT U. Sensation seeking, music preference, and psychophysiological reactivity to music [J]. Musicae scientiae, 2005, 9 (2): 239-254.

[75] NIEDENTHAL P M. Embodying emotion [J]. Science, 2007, 316 (18): 1002-1005.

[76] NIEDENTHAL P M, BARSALOU L W, WINKIELAMN P et al. Embodiment in attitudes, social perception, and emotion [J]. Personality and social psychology review, 2005, 9 (3): 184-211.

[77] OBERMAN L M, WINKIELAMN P, RAMACHANDRAN V S. Face to face: Blocking facial mimicry can selectively impair recognition of emotional expressions [J]. Social neuroscience, 2007, 2 (3-4): 167-178.

[78] PERETZ I, GAGNON L, BOUCHARD B. Music and emotion: Perceptual determinants, immediacy, and isolation after brain damage [J]. Cognition, 1998, 68 (2): 111-141.

[79] PHILLIPS L H, HENRY J D, HOSIE J A et al. Effective regulation of the experience and expression of negative affect in old age [J]. Journal of gerontology: psychological sciences, 2008, 63 (3): 138-145.

[80] PLICHTA M M, GERDES A B M, ALPER G W et al. Auditory cortex activation is modulated by emotion: A functional near-infrared spectroscopy (fNIRS) study [J]. NeuroImage, 2011, 55 (3): 1200-1207.

[81] RÉTIVEAU A N, CHAMBERS E, MILLIKEN G A. Common and specific effects of fine fragrances on the mood of women [J]. Journal of sensory studies, 2004, 19 (5): 373-394.

[82] REIMANN M, BECHARA A. The somatic marker framework as a neurological theory of decision making: Review, conceptual comparisons, and future neuroeconomics research [J]. Journal of economic psychology, 2010, 31 (5): 767-776.

[83] RIZZOLATTI G, FADIGA L, GALLESE V, FOGASSI L. Premotor cortex and the recognition of motor actions [J]. Cognitive brain research, 1996, 3 (2): 131-141.

[84] ROBIN O, ALAOUI-ISMAILI O, DITTMAR A et al. Emotional responses evoked by dental odors: An evaluation from autonomic parameters [J]. Journal of dental research, 1998, 77 (8): 1638-1646.

[85] RUSSELL J A. A circumplex model of affect [J]. Journal of personality and social psychology, 1980, 39 (6), 1161-1178.

[86] SCHERER K R, BROSCH T. Culture specific biases contribute to emotion dispositions [J]. European journal of personality, 2009, 23 (3): 265-288.

[87] SEUBERT J, KELLERMANN T, LOUGHEAD J et al. Processing of disgusted faces is facilitated by odor primes: A functional MRI study [J]. NeuroImage, 2010, 53 (2): 746-756.

[88] SEUBERT J, REAL A F, LOUGHEAD J et al. Mood induction with olfactory stimuli reveals differential affective responses in males and females [J]. Chemical senses, 2009, 34 (1): 77-84.

[89] SIEMER M, MAUSS I, GROSS J J. Same situation different emotions: How appraisals shape our emotions [J]. Emotion, 2007, 7 (3): 592-600.

[90] SPACKMAN M P, MILLER D. Embodying emotions: What emotion theorists can learn from simulations of emotions [J]. Minds and machines, 2008, 18 (3): 357-372.

[91] STRACK F, MARTIN L L, STEPPER S. Inhibiting and facilitating conditions of human smile: A nonobtrusive test of the facial feedback hypothesis [J]. Journal of personality and social psychology, 1988, 54 (5): 768-777.

[92] STEPPER S, STRACK F. Proprioceptive determinants of emotional and nonemotional feelings [J]. Journal of personality and social psychology, 1993, 64 (2): 211-220.

[93] STRAIT D L, KRAUS N, SKOE E et al. Musical experience promotes subcortical efficiency in processing emotional vocal sounds [J]. The neurosciencesand music III disorders and plasticity, 2009, 1169 (1): 209-213.

[94] SHAVER P, SCHWARTZ J, KIRSON D et al. Emotion knowledge: Further exploration of a prototype approach [J]. Journal of personality and social psychology, 1987, 52 (6): 1061-1086.

[95] TAJADURA-JIMÉNEZ A, LARSSON P, VÄLJAMÄE A et al. When room size matters: Acoustic influences on emotional responses to sounds [J]. Emotion, 2010, 10 (3): 416-422.

[96] THAYER R E. Toward a psychological theory of multidimensional activation (arousal) [J]. Motivation and emotion, 1978, 2 (1): 1-34.

[97] TOMKINS S S. The role of facial response in the experience of emotion: A reply to Tourangeau and Ellsworth [J]. Journal of personality and social psychology, 1981, 40 (2): 355-357.

[98] VANREEKUM C, JOHNSTONE T, BANSE R et al. Psychophysiological responses to appraisal dimensions in a computer game [J]. Cognition and emotion, 2004, 18 (5): 663-688.

[99] VAN T, WOUT M, CHANG L J, SANFEY A G. The influence of emotion regulation on social interactive decision-making [J]. Emotion, 2010, 10 (6): 815-821.

[100] VAN T, WOUT M, KAHN R S, SANFEY A G et al. Affective state and

decision making in the Ultimatum Game [J]. Experimental brain research, 2006, 169 (4): 564-568.

[101] WADLINGER H A, ISAACOWITZ D M. Positive mood broadens visual attention to positive stimuli [J]. Motivation and emotion, 2006, 30 (1): 87-99.

[102] WALLA P. Olfaction and its dynamic influence on word and face processing: Cross-modal integration [J]. Progress in neurobiology, 2008, 84 (2): 192-209.

[103] WATSON D, TELLEGEN A. Toward a consensual structure of mood [J]. Psychological Bulletin, 1985, 98 (2): 219-235.

[104] WESTERMANN R, SPIES K, STAHL G et al. Relative effectiveness and validity of mood induction procedures: A meta-analysis [J]. European journal of social psychology, 1996, 26 (4): 557-580.

[105] WINKIELMAN P, MCINTOSH D N, OBERMAN L. Embodied and disembodied emotion processing: Learning from and about typical and autistic individuals [J]. Emotion review, 2009, 1 (2): 178-190.

[106] WISWEDE D, MÜNTE T F, KRÄMER U M et al. Embodied emotion modulates neural signature of performance monitoring [J]. PLoS ONE, 2009, 4 (6): e5754.

[107] WRIGHT J, MISCHEL W. Influence of affect on cognitive social learning person variables [J]. Journal of personality and social psychology, 1982, 43 (5): 901-914.

[108] ZAJONC R. On the primacy of affect [J]. American psychologist, 1984, 39 (2): 117-123.

[109] ZAJONC R B, MURPHY S T, INGLEHART M. Feeling and facial efference: Implications of the vascular theory of emotions [J]. Psychological review, 1989, 96 (3): 395-416.

[110] ZENTNER M, GRANDJEAN D, SCHERER K R. Emotions evoked by the sound of music: Characterization, classification, and measurement [J]. Emotion, 2008, 8 (4): 494-521.

[111] 白露, 马慧, 黄宇霞, 等. 中国情绪图片系统的编制——在46名中国大学生中的试用 [J]. 中国心理卫生杂志, 2005, 19 (11): 719-722.

[112] 程利, 袁加锦, 何嫒嫒, 等. 情绪调节策略: 认知重评优于表达抑制 [J]. 心理科学进展, 2009, 17 (4): 730-735.

[113] 傅小兰. 情绪心理学 [M]. 上海: 华东师范大学出版社, 2015.

[114] 胡晓晴, 傅根跃, 施臻彦. 镜像神经元系统的研究回顾及展望 [J]. 心理科学进展, 2009, 17 (1): 118-125.

[115] 侯瑞鹤, 俞国良. 情绪调节理论: 心理健康角度的考察. 心理科学进展, 2006, 14 (3): 375-381.

[116] 乐国安, 董颖红. 情绪的基本结构: 争论、应用及其前瞻 [J]. 南开学报 (哲学社会科学版), 2013, 11 (1): 140-150.

[117] 刘飞, 蔡厚德. 情绪生理机制研究的外周与中枢神经系统整合模型 [J]. 心理科学进展, 2010, 18 (4): 616-622.

[118] 刘俊升, 桑标. 情绪调节内隐态度对个体情绪调节的影响 [J]. 心理科学, 2009, 32 (3): 571-574.

[119] 刘涛生, 罗跃嘉, 马慧, 等. 本土化情绪声音库的编制和评定 [J]. 心理科学, 2006, 29 (2): 406-408.

[120] 王一牛, 周立明, 罗跃嘉. 汉语情感词系统的初步编制及评定 [J]. 中国心理卫生杂志, 2008, 22 (8): 608-612.

[121] 辛勇, 李红, 袁加锦. 负性情绪干扰行为抑制控制: 一项事件相关电位研究 [J]. 心理学报, 2010, 42 (3): 334-341.

[122] 邹吉林, 张小聪, 张环, 等. 超越效价和唤醒—情绪的动机维度模型述评 [J]. 心理科学进展, 2011, 19 (9): 1339-1346.

第三章
时距知觉情绪效应的系统综述和元分析

第一节 时距知觉情绪效应的系统综述

一、引言

人类的时距知觉带有较大主观性，极易受到情绪影响，例如，当个体经历痛苦事件时，往往会觉得时间过得很慢，仿佛停滞（Buhusi and Meck，2005）。早在1890年，William James 就写道："我们对时距的觉察是随情绪的变化而改变的。"并就"为何发生这种变化"提出了疑问（James，1890）。然而，局限于时间心理学领域的研究水平，早期直接用于考察情绪对时间加工影响的实证研究较少，研究的科学性也较低（Droit-Volet and Meck，2007）。近年来，认知心理学家结合神经科学的研究成果，采用标准化情绪材料，细致探讨情绪对时距知觉（Interval Timing Perception）的影响，并在传统的起搏器—累加器模型的基础上，较为系统地解释了情绪对内部计时机制诱发的效应。时距知觉因刺激诱发出的情绪而发生改变，这被称为时距知觉的情绪效应。目前，该效应的发生特点、内部机制及调节因素仍是未有明确答案的科学问题。然而，在解决这一科学问题之前，首先必须落实对情绪本质的认识。情绪维度观和情绪分类观是两种认识情绪的主要视角（乐国安，董颖红，2013）。

情绪维度观认为核心情绪在大脑中是连续体，由快感和唤醒两大维度混合而成（Lang et al.，1997）。Russell（1980）在 Mehrabian 和 Russell

(1974)提出的"愉悦度—唤醒度—支配度"模型的基础上,提出情绪环状模型,以"愉快—不愉快"为横轴,以"唤醒—睡眠"为纵轴,组成一个二维空间,其他情绪分布在圆环中。Russell(1980)认为唤醒度代表个体兴奋程度,从平静到兴奋;效价指情绪愉悦程度,从不愉悦到愉悦。两者可以解释大部分情绪变异。Gable 和 Harmon-Jones(2010)提出情绪动机维度模型(Motivational Dimension Model)。该模型在效价和唤醒度的基础上,补充了动机维度。除此之外,也有研究者提出"积极—消极情感模型""能量—紧张模型"(Thayer, 1978; Watson and Tellegen, 1985)。效价—唤醒模型是目前情绪研究中引用最为常见的模型之一,众多研究在该理论框架下得以开展。

情绪分类观认为人类存在多种基本情绪(高兴、愤怒、悲哀以及恐惧等),每一种情绪都有其进化意义,帮助个体灵活地对周围环境做出反应(Droit-Volet et al., 2004; Erdoğan and Baran, 2019; Tomas and Španić, 2016)。时距知觉作为人类生存的一种基本能力,受各种基本情绪影响而发生差异化的扭曲。从情绪分类视角探讨情绪影响时距知觉的适应性,不仅为理解时距知觉提供新的视角,而且在理解某些情绪障碍机制上具有一定潜力(Lake et al., 2016)。总之,从情绪维度观或情绪分类观认识情绪,并进而探讨情绪对时距知觉的影响机制及模式是值得深入探讨的科学问题。

二、时距知觉情绪效应及其调节因素的研究

(一)基于维度观的研究

1. 时距知觉情绪效应研究

早在1890年,James曾主张人类觉察的时距长度会随情绪变化。直至20世纪心理学家才开始用实验手段探讨该效应(Falk and Bindra, 1954; Gulliksen, 1927; Hare, 1963; Langer et al., 1961; Rosenzweig and Koht, 1933; Thayer and Schiff, 1975)。然而,由于早期研究方案(研究设计、研究材料、研究程序等)的局限性,研究结果并不一致,且难以解释(Lake et al., 2016)。譬如,某些研究只设置情绪条件,缺乏对照组(Hare, 1963; Langer et al., 1961; Thayer and Schiff, 1975);某些研究采用的情绪诱发程序并不可靠,未能成功诱发情绪(Rosenzweig and Koht, 1933)或者同时诱发其他心理活动(Gulliksen, 1927; Langer et al., 1961)。Angrilli 等(1997)率先采用标准化情绪材料来探索情绪与时距知觉的关系,并在后续的各种实验条件下发现时距知觉情绪效应(Droit-Volet et al., 2004; Effron et al., 2006; Ogden et al., 2021; Yin et al., 2021; Yuan et al., 2020)。回顾以往研究，发现不一致结果。首先，该效应并不稳定。尽管大多数研究发现情绪影响时距知觉（Benau and Atchley, 2020; Mioni et al., 2020; Rankin et al., 2019），但是也有研究并未发现该效应（Eberhardt et al., 2020; Sarigiannidis et al., 2020; van Elk and Rotteveel, 2020）。其次，该效应方向存在分歧。有研究发现，相比中性条件，情绪导致高估时距（Benau and Atchley, 2020; Lehockey et al., 2018），但是另外研究发现情绪会导致低估时距（Lui et al., 2011; Yin et al., 2021）。总之，目前对于时距知觉情绪效应的方向和大小仍然没有明确的回答。

2. 时距知觉情绪效应调节因素研究

效价是指情绪材料的愉悦程度，范围从不愉悦到愉悦（Cacioppo and Gardner, 1999; Lang et al., 1997; Russell, 1980）。研究中效价被划分为积极、中性、消极三个水平。针对效价对时距知觉的影响，研究结果仍不一致。研究发现，相比于中性效价，无论是积极效价，还是消极效价均会导致高估时距（Grommet et al., 2011; Jones et al., 2017; Smith et al., 2011）。但是，也有研究发现相反结果。例如，Lui 等（2011）发现积极和消极效价刺激均导致低估时距；Tipples（2008）发现，与中性面孔相比，积极面孔并未导致高估时距；Eberhardt 等人（2020）发现消极面孔并未导致高估时距。积极情绪和消极情绪的对比也存在争论。研究发现消极效价刺激时距知觉长于积极效价刺激（Buetti and Lleras, 2012; Mereu and Lleras, 2013; Noulhiane et al., 2007; Yamada and Kawabe, 2011）。这也符合日常经验：开心时，时间飞逝；悲伤时，度日如年。然而，也有研究发现相反情况（Van Volkinburg and Balsam, 2014）。因此，有必要通过元分析澄清效价是否调节时距知觉的情绪效应。

唤醒是指情绪引起的激活程度（Cacioppo and Gardner, 1999; Lang et al., 1997; Russell, 1980）。研究者认为唤醒是情绪影响时距知觉的关键因素。研究者将任何改变内部时钟速度的操纵都视作改变了唤醒，包括提高身体温度（Wearden and Penton-Voak, 1995）、服用多巴胺类药物（Cheng et al., 2007）、情绪诱导（Ogdenet al., 2015）等方式。研究者通常让被试主观报告其感受到的唤醒度（Yin et al., 2021），选用公认能诱发唤醒的刺激（Gil et al., 2007）或者通过电生理方式直接测量被试的唤醒状态（Mella et al., 2011）等方式来探讨唤醒与时距知觉的关系。采用这些方式，唤醒延长时距知觉得以在不同实验条件证实（Campbell and Bryant, 2007; Dirnberger et al., 2012）。尽管研究发现唤醒增加能延长时距知觉，但也有特殊情况。首先，研究发现相比于低唤醒条件，高唤醒未导致主观时间更长（Noulhiane et al., 2007）。其次，某些采用情绪图片和声音的研究发现，唤醒和时距知觉的关系会因为效价而调节，而且调节方式并不相同（Angrilli et al., 1997; Smith et al., 2011; Van Volkinburg and Balsam, 2014）。总之，研究者认为唤醒是情绪扭曲时距的重要原因，但是仍存在一些相左的证据。因此，需要进一步澄清二者的关系。

情绪材料类型可能调节时距知觉的情绪效应。诱发情绪方法主要有图片诱发、音乐诱发、视频诱发、自传回忆、情境诱发等（Siedlecka and Denson, 2019）。它们可以概括为两类：情绪材料诱发和情绪情境诱发（周萍，陈琦鹏，2008）。尽管也有研究通过情境诱发情绪，探讨情绪对时距知觉的影响（Benau and Atchley, 2020; Matsuda et al., 2020; Piovesan et al., 2019），但是情绪材料在时距知觉的情绪效应中应用更加广泛。目前，研究者在文字（Johnson and MacKay, 2019; Tipples, 2010）、面孔图片（Bar-Haim et al., 2010; Fayolle and Droit-Volet, 2014; Grondin et al., 2015; Li and Yuen, 2015; Tipples, 2011; Zhang et al., 2014）、风景图片（Gable et al., 2016; Grondin et al., 2014; Tian et al., 2018; Tipples, 2019）、声音（Droit-Volet et al., 2010; Noulhiane et al., 2007; Wackermann et al., 2014）、视频（Özgör et al., 2018; Wöllner et al., 2018）等材料中均发现该效应。

虽然研究者使用以上材料研究情绪效应，但是研究结果并不一致。例如，Noulhiane 等（2007）和 Angrilli 等（1997）采用同样范式研究时距知觉，但是结果却不一致。Angrilli 等（1997）发现与低唤醒消极情绪图片相比，低唤醒积极情绪图片导致高估时距；与高唤醒消极情绪图片相比，高唤醒积极情绪图片导致低估时距。Noulhiane 等（2007）发现无论是高唤醒还是低唤醒，消极声音的时距知觉均长于积极声音。另外，Zhang 等（2017）采用文本刺激研究时距知觉，并未发现高估。但是，采用面孔图片、风景图片、声音刺激的研究发现情绪影响时距知觉（Bar-Haim et al., 2010; Fayolle and Droit-Volet, 2014; Li and Yuen, 2015）。同样是探讨厌恶情绪对于时距知觉的影响，Schirmer 等（2016）通过声音刺激发现厌恶导致低估时距，而另有研究用风景图片发现厌恶导致高估时距（Gil and Droit-Volet, 2012; Shi et al., 2012），Mioni 等（2021）采用面孔图片发现厌恶导致高估时距。因此，情绪材料类型影响情绪效应的结果不一致，需要进一步澄清。

时距知觉任务范式包括时间估计法、时间产生法、时间复制法、时间辨别法等。研究通过时间估计法（Noulhiane et al., 2007; Ogden et al., 2019）、时间产生法（Viau-Quesnel et al., 2019）、时间复制法（Angrilli et al., 1997; Bar-Haim et al., 2010; Doi and Shinohara, 2009; Noulhiane et al., 2007）、时间辨别法（Doi and Shinohara, 2009; Gil and Droit-Volet, 2012; Grommet et al., 2019）等范式发现情绪影响时距知觉。

尽管不同范式在时距知觉结果上有很高关联（Wearden and Lejeune, 2008; Wearden, 2003），但在情绪效应上的结果并不一致（Gil and Droit-Volet, 2011; 甘甜等, 2009; 黄顺航等, 2018）。譬如，Gil 和 Droit-Volet（2011）通过二分法、估计法、产生法，发现愤怒面孔导致高估时距；但是未在泛化法和复制法中发现该现象。黄顺航等（2018）通过时间二分法发现疼痛表情导致高估秒上和秒下的时距，但是在泛化法中，并未发现疼痛表情会导致高估秒下的时距。这些研究表明时间任务范式可能会调节时距知觉的情绪效应。时距知觉涉及一系列复杂认知过程，包括感知、记忆和决策等（Church, 1984; Gibbon et al., 1984）。然而，不同时间任务范式涉及不同信息加工过程和行为反应。譬如，时间复制法和时间产生法需要精确运动反应，时间辨别法仅需要进行知觉判断。在时间辨别法（二分法和泛化法）中，被试需要对比两个时距，做出"更长""更短"或"相等"的判断。此过程将"大小"比较转换为"二选一"的判断，会丢失部分信息。譬如，尽管 1600 ms 和 1400 ms 存在差异，被试都会认为其长于 1000 ms。结合以往研究结果及时间任务范式在认知过程和反应上的差异，时间任务范式可能是潜在的调节变量，需要进一步澄清。

年龄可能调节情绪对时距知觉的影响。首先，研究发现相比于年轻人，老年人会更加高估快乐面孔的时距（Nicol et al., 2013）。其次，老年人与年轻人在情绪感受上存在差异，老年人对积极情绪的感受性更强（Mroczek and Kolarz, 1998; Nicol et al., 2013）。此外，老年人与年轻人时距知觉存在差异：随着个体年龄增长，老年人内部时钟速率变慢，变异性增大，而且加工速度、工作记忆等影响时距知觉的一般认知功能也会衰退（任维聪等, 2019）。综上，老年人与年轻人在情绪效应上存在差异。

相比于老年人，对比儿童与成人情绪效应差异的研究更加丰富，结果发现年龄并未调节情绪效应大小，仅调节时间敏感性。Gil 等（2007）率先探讨了3岁、5岁、8岁儿童在情绪效应上的差异,发现三组儿童均相对高估愤怒面孔,且高估程度接近,但是随着年龄增长,时间敏感性逐渐增强。陶云和马谐(2010)使用愤怒面孔和快乐面孔,在3岁、5岁、8岁儿童中也发现类似的结果。将5岁、8岁儿童与成人对比的研究也发现,不同年龄个体均高估恐惧面孔、愤怒面孔的时距,虽然高估程度不受年龄影响,但是时间敏感性随年龄变化(李丹等,2021;李丹,尹华站,2019;Droit-Volet et al.,2016)。综合而言,不同年龄儿童均表现出情绪效应,尽管未发现高估程度差异,但存在时间敏感性差异。

(二)基于分类观的研究

1. 时距知觉情绪效应研究

基本情绪是指与生俱来、不学而能的情绪,是人类和动物都具有的情绪(傅小兰,2015)。目前,主流观点认为存在六种基本情绪,包括快乐、悲伤、惊讶、愤怒、恐惧和厌恶(Ekman,1992,1993;Levenson,2011)。在基本情绪视角下,研究者发现与中性刺激相比,情绪刺激时距知觉更长(Bar-Haim et al.,2010;Droit-Volet et al.,2004;Fayolle and Droit-Volet,2014;Mioni et al.,2021)。Droit-Volet等(2004)以时间二分法探讨愤怒、快乐、悲伤三种基本情绪与中性情绪的差异。结果发现三种基本情绪的时距知觉均显著长于中性面孔。李丹和尹华站(2019)也证实相比于中性面孔,恐惧面孔的时距知觉会延长,甚至5岁和8岁儿童已表现该效应。目前,研究者发现快乐(Droit-Volet et al.,2004)、悲伤(Droit-Volet et al.,2004;Gil and Droit-Volet,2012)、惊讶(Erdoğan and Baran,2019)、愤怒(Droit-Volet et al.,2016;Effron et al.,2006;Gil and Droit-Volet,2011)、恐惧(Grommet et al.,2019;Qian et al.,2021;Tipples,2011)、厌恶(Mioni et al.,2021)情绪均会延长时距知觉。

然而,仍有研究发现情绪并未延长时距知觉。以快乐情绪为例,虽然有研究发现相比于中性面孔,快乐面孔导致高估时距(Lee et al.,2011),但是也有研究发现快乐情绪导致低估时距(Voyer and Reuangrith,2015),或者快乐面孔和中性面孔在时距知觉上不存在显著差异(Mioni et al.,2018;Nicol et al.,2013)。同样,在悲伤情绪中,也存在高估时距(Droit-Volet,2004;Gil and Droit-Volet,2012)以及无差异(Fayolle and Droit-Volet,2014;Kliegl et al.,2015;Li and Yuen,2015)等争议结果。在六种基本情绪中，愤怒和恐惧情绪的争议较小，大多数研究发现恐惧和愤怒情绪均导致高估时距（李丹等，2021；Droit-Volet et al.，2004；Mondillon et al.，2007），但是仍有研究发现恐惧导致低估时距（Yin et al.，2021），或者愤怒导致低估时距（Cruz et al.，2020；Yin et al.，2021），以及恐惧、愤怒与中性情绪无差异（Eberhardt et al.，2020；Grondin et al.，2015）。综上，情绪对时距知觉的影响存在较大争议，除惊讶情绪的研究数量极少（Erdoğan and Baran，2019；Schirmer et al.，2016），其他五种基本情绪均存在相反的结果。这种不一致结果可能由如下原因造成。第一，以往研究的样本量较小，统计检验力较低，且容易增加Ⅱ类错误和误差。第二，情绪对时距知觉的影响较为灵活，受某些调节因素影响。

2. 时距知觉情绪效应调节因素的研究

已有研究将成年早期个体与成年晚期个体和儿童个体进行对比，探讨时距知觉中情绪效应的发展差异。结果发现年龄调节情绪会对时距知觉产生影响。一项研究将成年早期个体和成年晚期个体进行对比，结果发现，成年晚期个体感觉快乐面孔的时距知觉更长。但是，这种年龄效应并未出现于愤怒和悲伤面孔（Nicol et al.，2013）。这种年龄效应可能是成年早期个体和成年晚期个体在情绪敏感性和时距知觉上的差异造成的。以往研究发现，成年晚期个体对积极情绪的易感性更强；成年早期个体对消极情绪的易感性更强（Mroczek and Kolarz，1998；Nicol et al.，2013）。同时，老年人与年轻人在时距知觉上存在差异：随个体年龄增长，老年人的内部时钟速率变慢，变异性增大，而且加工速度、工作记忆等影响时距知觉的一般认知功能也会衰退（任维聪等，2019）。综上，成年晚期个体与成年早期个体在情绪效应上存在差异。将儿童与成年早期个体对比的研究更加丰富，发现年龄并未调节情绪效应大小，仅调节时间敏感性。Gil等（2007）率先探讨了3岁、5岁、8岁儿童在情绪效应上的差异，发现三组儿童均相对高估愤怒面孔，且高估程度接近，但是随着年龄增长，时间敏感性逐渐增强。陶云和马谐（2010）使用愤怒面孔和快乐面孔，在3岁、5岁、8岁儿童中也发现类似的结果。将5岁、8岁儿童与成人对比的研究也发现，不同年龄个体均高估恐惧面孔、愤怒面孔的时距，虽然高估程度不受年龄影响，但是时间敏感性随年龄变化（李丹等，2021；李丹，尹华站，2019；Droit-Volet et al.，2016）。综合不同年龄段的研究，年龄可能是情绪影响时距知觉的调节因素。

情绪的诱发方法，包括：图片诱发、音乐诱发、视频诱发、自传回忆、情境诱发等（Siedlecka and Denson，2019）。它们可概括为两类：情绪材料诱发和情绪情境诱发（周萍，陈琦鹂，2008）。在时距知觉领域，研究者主要使用情绪材料，仅有个别研究通过情境探讨情绪对时距知觉的影响（Benau and Atchley，2020；Matsuda et al.，2020）。目前，研究者已通过文字（Johnson and MacKay，2019；Tipples，2010），面孔图片（Jones et al.，2017；Qian et al.，2021；Young and Cordes，2012），风景图片（Gable et al.，2016；Shi et al.，2012；Tian et al.，2018），声音（Fallow and Voyer，2013），视频（Droit-Volet et al.，2011）等材料探讨情绪对时距知觉的影响。

随着研究数量增长，研究者发现情绪材料类型可能调节情绪对时距知觉的影响。Noulhiane 等（2007）和 Angrilli 等（1997）分别使用声音和图片，以时间复制法探讨情绪对时距知觉的影响，发现了不一致的结果，该差异可能是因为两项研究使用了不同的情绪材料。基于基本情绪的研究也发现情绪材料类型的调节作用。Schirmer 等（2016）使用声音刺激发现厌恶情绪导致低估时距，而 Gil 和 Droit-Volet（2012）使用风景图片发现厌恶导致高估时距，Mioni 等（2021）使用面孔图片发现厌恶导致高估时距。综上，情绪材料类型可能调节情绪对时距知觉的影响。

大量研究探讨过恐惧、愤怒、厌恶、悲伤、快乐等五种基本情绪对时距知觉的影响（Bar-Haim et al.，2010；Droit-Volet et al.，2004；Mioni et al.，2021；Yin et al.，2021）。Erdoğan 和 Baran（2019）对比了恐惧、愤怒、悲伤、厌恶、惊讶、开心 6 种基本情绪与中性刺激的差异。结果发现，基本情绪类型调节情绪对时距知觉的影响，主要体现为恐惧面孔比悲伤面孔导致更大的时间高估。Zhang 等（2014）发现恐惧面孔和厌恶面孔在时距知觉上存在差异：相比于中性面孔，恐惧面孔导致高估时距；厌恶面孔导致低估时距。Fayolle 和 Droit-Volet（2014）发现愤怒面孔比悲伤面孔导致更大的时间扭曲。Tipples（2008）对比了愤怒、恐惧、快乐面孔与中性面孔在时距知觉的差异。结果发现，愤怒导致的时间高估大于恐惧和快乐，而恐惧和快乐没有差异。Coy 和 Hutton（2013）则发现愤怒、恐惧和快乐情绪的时距知觉均无显著差异。综合以往研究发现，悲伤诱发的情绪效应最不稳定，而恐惧、愤怒等高唤醒的负性情绪通常能造成稳定的时距高估，可能会造成悲伤与恐惧、愤怒情绪在时距知觉的差异。

时距知觉的任务范式主要包括时间估计法、时间复制法、时间辨别法等。研究者通过时间估计法（Gil and Droit-Volet，2012）、时间复制法（Bar-Haim et al.，2010）、时间辨别法（张锋，赵国祥，2019；Droit-Volet et al.，2015；Grommet et al.，2011）等范式发现情绪影响时距知觉。尽管不同任务范式在结果上具有很高关联性（Wearden and Lejeune，2008；Wearden，2003），但是其在情绪效应上的结果并不一致（甘甜等，2009；黄顺航等，2018；Gil and Droit-Volet，2011）。譬如，Gil 和 Droit-Volet（2011）在时间二分法、口头估计法、时间产生法中发现，愤怒面孔导致高估时距；但是并未在时间泛化法和时间复制法中发现该现象。黄顺航等（2018）通过时间二分法发现疼痛表情导致高估秒以上和秒以下的时距，但是在时间泛化法中，并未发现疼痛表情导致高估秒以下时距，表明时间任务范式调节情绪对时距知觉的影响。考虑到不同时间任务范式在认知过程和反应上存在差异（翁纯纯，王宁，2020；郑玮琦等，2021），时间任务范式可能是潜在的调节变量，需要进一步澄清。

三、问题提出

（一）基于维度观的问题提出

情绪对时距知觉的影响的主流理论解释之一是基于信息加工视角下的"起搏器—累加器"模型。根据该模型，时距知觉变异主要来自"注意"和"唤醒"机制（Church，1984；Gibbon et al.，1984）。情绪会影响"注意"和"唤醒"，从而影响时距知觉（Droit-Volet et al.，2004；马谐等，2009）。首先，情绪会提高唤醒，导致起搏器发射脉冲的速率加快，相同物理时间内，累加更多脉冲，从而导致高估时距。其次，情绪会影响注意，可能存在两种机制。一方面，相比于中性刺激，情绪刺激会导致更快注意定向，使"开关"潜伏期变短，导致累加更多脉冲，从而导致高估时距。另一方面，情绪刺激会影响注意分配，从而影响"闸门"。如果情绪刺激是计时信号，有更多注意资源分配给计时，从而导致高估时距；如果情绪刺激是分心刺激，情绪刺激占用更多注意资源，留给计时注意资源减少，从而导致低估时距。

综合以往研究，对情绪影响时距知觉的效应还存在相当争议。首先，该效应并不稳定，某些研究并未发现该效应的存在；其次，该效应的方向存在争议，有研究发现情绪导致高估时距，有研究发现情绪导致低估时距；再次，该效应的大小并不清楚；最后，该效应是否受情绪效价、唤醒度、基本情绪、情绪材料类型、时间任务范式、年龄等因素调节还不明确。因此，本研究旨在采用元分析的方法澄清时距知觉情绪效应及其调节因素。

（二）基于分类观的问题提出

情绪对时距知觉的影响主流解释之二是进化论视角下的"适应性假说"。针对人类具有准确估计时间的能力，然而情绪刺激的时距知觉常常发生扭曲这一矛盾现象，Droit-Volet 和 Gil（2009）认为情绪导致时距扭曲并非源自内部时钟功能紊乱，反而表明内部时钟是高度适应性的系统，其帮助个体更有效地适应环境。每种基本情绪都有其特定功能，在时距知觉上具有不同的效果。例如，愤怒和恐惧情绪的功能在于迅速检测环境中的威胁刺激，使机体准备行动。在此过程中，时距知觉延长，个体可以获得更充分的主观时间，采取后续的行动。Lake 等（2016）也认为情绪扭曲时距知觉允许个体适应性地对环境中的变化做出反应。每种基本情绪具有各自的生物相关性（Biological Relevance），可以激活不同的行动趋势（Action Tendency），生物相关性和行动趋势会调节情绪对时距知觉的影响。总之，"适应性假说"认为情绪扭曲时距知觉是"适应性"的体现，帮助个体更灵活地应对环境中的变化；每种基本情绪具有的适应性功能不同，时距知觉也不同。随着基于情绪分类视角的研究数量增长，出现诸多争议。这种争议不仅体现于某种情绪（如悲伤、快乐）究竟导致时距知觉的高估还是低估；还体现于基本情绪类型、时间任务范式、情绪材料类型、年龄等因素的调节作用不明确。

第二节 情绪影响时距知觉的元分析：基于维度观

现有研究在情绪影响时距知觉是否稳定，方向、大小如何，受何种因素调节等问题上存在不一致结果。可能有两方面原因：其一，已有研究样本量通常较小，统计检验力较低，可能存在较大抽样误差；其二，研究采用不同类型的情绪材料、时间任务范式、因变量指标，研究之间存在较大异质性。元分析通过综合多个小样本研究，既可以计算其平均效应量，还可以通过调节效应分析考察研究间的异质性来源，能较好地解决以上问题。而目前还没有研究通过元分析考察该效应。因此，本研究基于情绪维度观主要关注以下问题：（1）情绪对时距知觉的影响是否稳定存在？（2）情绪对时距知觉的影响是否受效价、唤醒、基本情绪、情绪材料类型、时间任务范式、年龄等因素调节？

第三章 时距知觉情绪效应的系统综述和元分析

一、元分析过程

（一）文献检索

采用检索中英文数据库、追溯参考文献等方式获取实证研究。英文数据库包括 Web of Science、SpiScholar、Google Scholar 等，将检索词"time perception/time estimation/time judgment/time evaluation/interval timing/duration judgment/temporal"与"emotion＊/affective/happy/fear＊/disgust＊/ang＊/sad＊/surprise＊"等进行联合搜索。中文数据库为中国知网、万方数据知识服务平台、维普网等，将"时间""时距"分别与"情绪""情感""高兴""恐惧""厌恶""愤怒""悲伤"联合搜索。因为 Angrilli 等（1997）首先使用标准化情绪材料探讨情绪如何影响时距知觉，所以检索文献时将起始日期限定为1997年1月，2021年5月31日完成最后一次文献检索。之后，采用文献回溯法，回顾纳入文献以及综述的参考文献进一步补充文献。

（二）文献纳入与排除

按照以下标准，对检索到的文献进行纳入或剔除：（1）时距长度：Fraisse（1984）认为时距知觉几乎不超过 5 s，因此仅纳入时距在 5 s 以下的研究。（2）控制条件：仅纳入将情绪条件与中性条件进行对照的研究；实验组和对照组仅在情绪条件上存在不同。（3）情绪类型：仅纳入提供情绪效价、唤醒度的信息，可以将情绪条件划分到积极高唤醒、积极低唤醒、消极高唤醒、消极低唤醒之一的研究。（4）情绪材料类型：仅纳入通过文字、图片（面孔图片和风景图片）、声音、视频之一诱发情绪的研究。（5）时间任务范式：仅纳入使用辨别法、估计法、复制法测量时距知觉的研究。由于时间产生法比较特殊，其因变量指标代表的意义与其他范式的因变量指标相反，排除产生法的研究。（6）通道：仅纳入使用视觉刺激测量时距知觉的研究。（7）同行评议：仅纳入经过同行评议的研究。（8）语言：仅纳入英文和中文文献。（9）样本：仅纳入研究对象为健康个体，且平均年龄在 18~60 岁的研究。（10）文章类型：仅纳入实验研究，剔除综述、评论文章。（11）效应量：仅纳入报告足够且完整的数据（如：样本量、平均数、标准差或 t 值、F 值等），能够计算效应量的研究。

如果某项研究缺乏相关信息则导致无法确定是否应该纳入，例如，计算效应量的信息不全或者未报告唤醒度，我们给文章的通讯作者发邮件询问相关信息。经过筛选 4116 篇潜在的文章后，一共纳入 31 篇文献，共提供 95 个效应量。文献检索、纳入及排除流程见图 3-1。

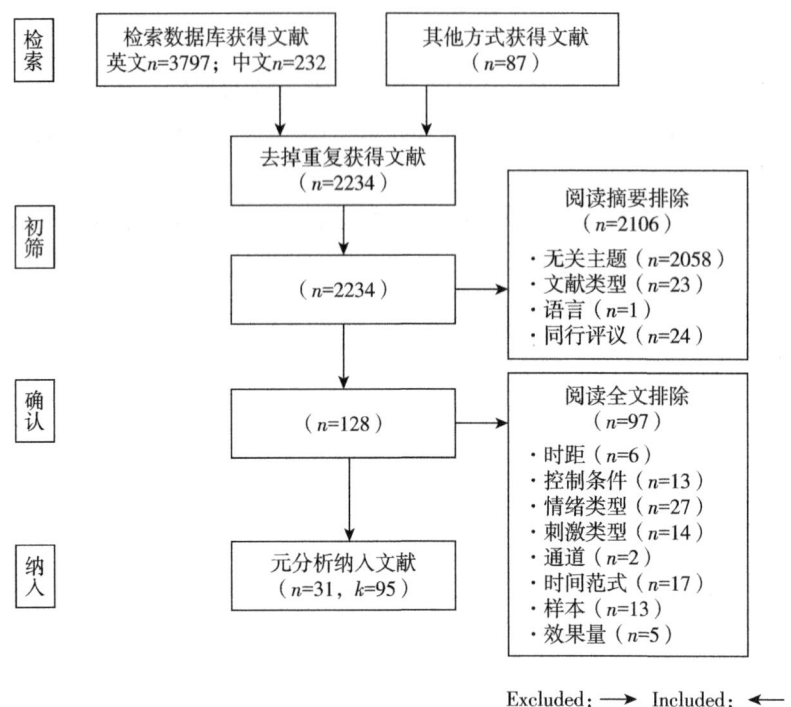

图 3-1 文献检索、纳入及排除流程

注：n 代表文献数量，k 代表独立效应量数量。

（三）文献编码

对符合元分析标准的文献，除编码基本的信息，譬如作者、发表时间、样本量、被试平均年龄、计算效应量的数据之外，重点关注以下调节变量。

1. 效价

本书将效价和唤醒编码作为连续变量用作元回归。以往研究通常将效价和唤醒合并为情绪条件，包括积极高唤醒、积极低唤醒、消极高唤醒、消极低唤醒 4 个水平，从而与中性条件对比。为与以往研究保持一致，同时更好地检验效价和唤醒的交互作用，本书也将效价（积极和消极）和唤醒（高和低）划分为类别变量用于亚组分析。本书将效价的具体数值统一转换为 9 点李克特计分（1 ="非常消极"，9 ="非常积极"）。转换方式如下：将原文提供的数值除以采用的计分尺度，之后乘以9。之后，将数值大于5的记为积极，数值小于5的记为消极。如果原文没有提供具体的效价数值，则根据其基本情绪类型划分为积极或消极。比如，将快乐情绪看作积极效价；恐惧、厌恶、愤怒等情绪看作消极效价。

2. 唤醒

与效价类似，本书将唤醒度作为连续变量用于元回归，同时将其编码为高低两个水平用于亚组分析。若原文采用9点计分，则直接记录数值，若文中未采用9点计分，则将其转换为9点计分（1="低"，9="高"）。最终将唤醒度在5分以下的记作低唤醒，5分以上的记作高唤醒。

3. 情绪材料类型

将情绪材料类型编码为类别变量，包括5个水平：文字、风景图片、面孔图片、声音、视频。编码结束之后，发现仅纳入一项采用视频诱发情绪研究，提供了4个效应量（Droit-Volet et al., 2011）。因此，在后续的分析中，仅纳入文字、风景图片、面孔图片、声音4个水平。

4. 时间任务范式

将时间任务范式编码为类别变量，包括三个水平：辨别法、估计法、复制法。辨别法包括时间二分法（李丹，尹华站，2019）、泛化法（黄顺航等，2018）、S1/S2辨别法（Lui M A et al., 2011）；估计法包括口头估计法、量表评定法（Gable and Poole, 2012）。

（四）统计分析

1. 效应量

参考以往元分析（Yuan et al., 2019）见表3-1，选择校正后的标准化Hedges' g作为无偏效应量。如果情绪刺激的时距知觉长于中性刺激，Hedges' g为正值；相反，如果情绪刺激的时距知觉短于中性刺激，Hedges' g为负值。

结合纳入文献的数据报告情况，本书共采用三种方法计算Hedges' g。首先，如果原文提供了情绪实验组和中性对照组的平均数和标准差，根据公式$g=(Mean_1-Mean_2)/SD_{pooled}$计算；如果文中未报告平均数和标准差，则根据公式$g=t\sqrt{(n_1+n_2)/(n_1 \times n_2)}$，使用t值和样本量计算。如果研究中也未报告t值，则将文中报告的p值转换为t值。对于p值的提取，亦参考以往研究（Yuan et al., 2019）。如果研究报告统计结果不显著，p值被保守假定为0.50

（单侧），使得 t 值为 0，Hedges' g 为 0；如果研究仅报告统计结果显著，未提供精确的 p 值，p 值分别假定为 0.05，0.01 或者 0.001（双侧）。

表 3-1 时距知觉中情绪效应的元分析编码表

研究	年龄	样本量	愉悦度	唤醒度	情绪类型	材料类型	范式	g
Droit-Volet et al., 2010-400/800 ms	NM	30	2.45	7.25	消极高唤醒	声音	辨别法	0.384
Droit-Volet et al., 2010-800/1600 ms	NM	30	2.45	7.25	消极高唤醒	声音	辨别法	0.818
Droit-Volet et al., 2015	19.35	18	NM	5.54	消极高唤醒	面孔图片	辨别法	0.345
Droit-Volet et al., 2016-300/1200 ms	NM	61	NM	6.24	消极高唤醒	面孔图片	辨别法	0.789
Droit-Volet et al., 2016-300/600 ms	NM	61	NM	6.24	消极高唤醒	面孔图片	辨别法	0.285
Droit-Volet et al., 2016-300/450 ms	NM	61	NM	6.24	消极高唤醒	面孔图片	辨别法	0.055
Eberhardt et al., 2020	21.00	40	2.64	6.48	消极高唤醒	面孔图片	辨别法	0.012
Fayolle and Droit-Volet, 2014-angry	NM	84	3.66	5.10	消极高唤醒	面孔图片	辨别法	0.368
Fayolle and Droit-Volet, 2014-sad	NM	84	3.07	3.60	消极低唤醒	面孔图片	辨别法	0.044
Gable et al., 2016exp2-sad	NM	109	3.31	5.61	消极高唤醒	风景图片	辨别法	-0.309
Gable et al., 2016-exp3-high disgust	NM	62	2.03	7.09	消极高唤醒	风景图片	辨别法	0.221
Gable et al., 2016-exp3-low disgust	NM	62	3.18	2.25	消极低唤醒	风景图片	辨别法	0.040
Gil and Droit-Volet, 2011-exp1	21.70	18	NM	5.81	消极高唤醒	面孔图片	辨别法	0.462
Gil and Droit-Volet, 2011-exp2	20.80	18	NM	5.81	消极高唤醒	面孔图片	辨别法	0.000
Gil and Droit-Volet, 2011-exp3	NM	17	NM	5.81	消极高唤醒	面孔图片	估计法	1.213
Gil and Droit-Volet, 2011-exp4	20.32	17	NM	5.81	消极高唤醒	面孔图片	复制法	0.000

续表

研究	年龄	样本量	愉悦度	唤醒度	情绪类型	材料类型	范式	g
Gil and Droit-Volet, 2011-exp5	20.89	36	NM	5.82	消极高唤醒	面孔图片	辨别法	0.000
Gil and Droit-Volet, 2012-exp1-high disgust-200/800 ms	20.69	19	NM	7.17	消极高唤醒	风景图片	估计法	0.623
Gil and Droit-Volet, 2012-exp1-high disgust-400/1600 ms	20.69	18	NM	7.17	消极高唤醒	风景图片	估计法	0.000
Gil and Droit-Volet, 2012-exp1-low disgust-400/1600 ms	20.69	18	NM	4.52	消极低唤醒	风景图片	估计法	0.000
Gil and Droit-Volet, 2012-exp2-high sad-200/800 ms	20.69	19	NM	7.01	消极高唤醒	风景图片	估计法	1.118
Gil and Droit-Volet, 2012-exp2-high sad-400/1600 ms	20.69	18	NM	7.01	消极高唤醒	风景图片	估计法	0.717
Gil and Droit-Volet, 2012-exp2-low sad-200/800 ms	20.69	19	NM	3.66	消极低唤醒	风景图片	估计法	0.835
Gil and Droit-Volet, 2012-exp2-low sad-400/1600 ms	20.69	18	NM	3.66	消极低唤醒	风景图片	估计法	0.557
Gil and Droit-Volet, 2012-exp3-high disgust-200/800 ms	20.69	17	NM	7.17	消极高唤醒	风景图片	估计法	0.877
Gil and Droit-Volet, 2012-exp3-high fear-400/1600 ms	20.69	17	NM	6.82	消极高唤醒	风景图片	估计法	1.313
Gil and Droit-Volet, 2012-exp3-high disgust-400/1600 ms	20.69	17	NM	7.17	消极高唤醒	风景图片	估计法	1.149
Gil and Droit-Volet, 2012-exp4-high disgust	20.59	21	NM	7.17	消极高唤醒	风景图片	估计法	0.696

续表

研究	年龄	样本量	愉悦度	唤醒度	情绪类型	材料类型	范式	g
Gil and Droit-Volet, 2012-exp4-low disgust	20.59	21	NM	4.52	消极低唤醒	风景图片	估计法	0.448
Gil et al., 2009-dislike	24.94	63	3.50	2.91	消极低唤醒	风景图片	辨别法	-0.474
Gil et al., 2009-like	24.94	63	6.05	3.86	积极高唤醒	风景图片	辨别法	-0.281
Grommet et al., 2011-250/1000 ms	19.00	40	3.84	4.82	消极低唤醒	风景图片	辨别法	0.355
Grommet et al., 2011-400/1600 ms	19.00	40	3.84	4.82	消极低唤醒	风景图片	辨别法	0.234
Grommet et al., 2019-250/1000 ms	NM	48	3.85	4.71	消极低唤醒	风景图片	辨别法	0.644
Grommet et al., 2019-400/1600 ms	NM	48	3.85	4.71	消极低唤醒	风景图片	辨别法	0.644
Grommet et al., 2019-550/2000 ms	NM	48	3.85	4.71	消极低唤醒	风景图片	辨别法	0.644
Huang et al., 2018-exp1	19.89	38	4.39	6.65	消极高唤醒	面孔图片	辨别法	0.540
Huang et al., 2018-exp2	20.20	38	4.39	6.65	消极高唤醒	面孔图片	辨别法	0.067
Johnson and MacKay, 2019	19.80	50	3.54	4.36	消极低唤醒	文本	辨别法	-0.110
Jones et al., 2017-spider	22.58	85	2.99	5.02	消极高唤醒	风景图片	辨别法	0.135
Jones et al., 2017-fear	22.58	85	4.41	3.88	消极低唤醒	面孔图片	辨别法	0.234
Jones et al., 2017-angry	22.58	85	3.90	3.73	消极低唤醒	面孔图片	辨别法	0.089
Jones et al., 2017-snarl	22.58	85	3.67	4.42	消极低唤醒	风景图片	辨别法	0.311
Jones et al., 2017-happy	22.58	85	7.16	3.40	积极低唤醒	面孔图片	辨别法	0.249
Jones et al., 2017-puppy	22.58	85	7.51	3.79	积极低唤醒	风景图片	辨别法	0.218
Mella et al., 2011	26.00	19	NM	7.58	消极高唤醒	声音	辨别法	0.536
Mioni et al., 2020-exp1-disgust	26.46	48	0.69	2.47	消极低唤醒	风景图片	辨别法	-0.061

续表

研究	年龄	样本量	愉悦度	唤醒度	情绪类型	材料类型	范式	g
Mioni et al., 2020-exp1-happy	26.46	48	7.11	5.29	积极高唤醒	风景图片	辨别法	-0.032
Nicol et al., 2013-exp1-sad	20.32	20	NM	7.38	消极高唤醒	面孔图片	辨别法	0.675
Nicol et al., 2013-exp1-angry	20.32	20	NM	3.69	消极低唤醒	面孔图片	辨别法	0.000
Nicol et al., 2013-exp1-happy	20.32	20	NM	4.18	积极低唤醒	面孔图片	辨别法	0.000
Ogden et al., 2019-negative-high	20.68	50	1.69	6.76	消极高唤醒	风景图片	估计法	0.445
Ogden et al., 2019-negative-low	20.68	50	2.67	4.27	消极低唤醒	风景图片	估计法	0.405
Ogden et al., 2019-positive-high	20.68	50	7.24	6.47	积极高唤醒	风景图片	估计法	0.000
Ogden et al., 2019-positive-low	20.68	50	7.73	3.83	积极低唤醒	风景图片	估计法	0.000
Ogden et al., 2021-positive-high	20.68	50	6.22	5.79	积极高唤醒	风景图片	估计法	-0.042
Ogden et al., 2021-negative-low	20.68	50	1.39	4.12	消极低唤醒	风景图片	估计法	0.108
Smith et al., 2011-negative-high-100/300 ms	NM	75	2.02	6.76	消极高唤醒	风景图片	辨别法	-0.178
Smith et al., 2011-negative-high-400/1600 ms	NM	75	2.02	6.76	消极高唤醒	风景图片	辨别法	0.074
Smith et al., 2011-negative-low-100/300 ms	NM	75	2.82	4.03	消极低唤醒	风景图片	辨别法	-0.046
Smith et al., 2011-negative-low-400/1600 ms	NM	75	2.82	4.03	消极低唤醒	风景图片	辨别法	-0.125

续表

研究	年龄	样本量	愉悦度	唤醒度	情绪类型	材料类型	范式	g
Smith et al., 2011-positive-high-100/300 ms	NM	75	7.24	6.76	积极高唤醒	风景图片	辨别法	0.052
Smith et al., 2011-positive-high-400/1600 ms	NM	75	7.24	6.76	积极高唤醒	风景图片	辨别法	0.028
Smith et al., 2011-positive-low-100/300 ms	NM	75	7.45	4.19	积极低唤醒	风景图片	辨别法	-0.066
Smith et al., 2011-positive-low-400/1600 ms	NM	75	7.45	4.19	积极低唤醒	风景图片	辨别法	-0.030
Tian et al., 2018	NM	26	2.74	5.78	消极高唤醒	风景图片	辨别法	0.416
Tipples, 2008-angry	20.38	42	NM	6.25	消极高唤醒	面孔图片	辨别法	0.480
Tipples, 2008-fear	20.38	42	NM	7.15	消极高唤醒	面孔图片	辨别法	-0.042
Tipples, 2008-happy	20.38	42	NM	5.25	积极高唤醒	面孔图片	辨别法	0.164
Tipples, 2010-negative-high	19.73	40	3.13	3.30	消极低唤醒	文本	辨别法	0.000
Tipples, 2010-negative-low	19.73	40	3.26	2.68	消极低唤醒	文本	辨别法	0.072
Tipples, 2010-positive-high	19.73	40	6.57	3.11	积极低唤醒	文本	辨别法	0.047
Tipples, 2010-positive-low	19.73	40	6.70	2.86	积极低唤醒	文本	辨别法	0.170
Tipples, 2011-fear	22.78	46	4.23	7.00	消极高唤醒	面孔图片	辨别法	0.583
Tipples, 2011-threat	22.78	46	3.07	7.84	消极高唤醒	面孔图片	辨别法	0.519
Tipples, 2019	23.19	53	3.74	6.58	消极高唤醒	风景图片	辨别法	0.302
Wackermann et al., 2014-negative-high-2 s	25.26	31	3.15	6.27	消极高唤醒	声音	复制法	-0.117
Wackermann et al., 2014-negative-high-4 s	25.20	31	3.15	6.27	消极高唤醒	声音	复制法	-0.044
Wackermann et al., 2014-positive-high-2 s	25.20	31	6.98	6.22	积极高唤醒	声音	复制法	0.181

续表

研究	年龄	样本量	愉悦度	唤醒度	情绪类型	材料类型	范式	g
Wackermann et al., 2014-positive-high-4 s	25.20	31	6.98	6.22	积极高唤醒	声音	复制法	0.241
Yuan et al., 2020-exp1	23.23	26	2.74	5.78	消极高唤醒	风景图片	辨别法	0.319
Yuan et al., 2020-exp2	23.88	26	2.74	5.78	消极高唤醒	风景图片	辨别法	0.391
Zhang et al., 2014-fear	NM	29	3.06	5.78	消极高唤醒	面孔图片	辨别法	0.000
Zhang et al., 2014-disgust	NM	29	3.24	5.69	消极高唤醒	面孔图片	辨别法	0.000
Zhang et al., 2017-exp1-negative-low	19.61	28	2.91	4.86	消极低唤醒	文本	辨别法	−0.195
Zhang et al., 2017-exp1-positive-low	19.61	28	6.89	4.91	积极低唤醒	文本	辨别法	−0.117
Zhang et al., 2017-exp2-negative-high	19.35	26	3.01	5.97	消极高唤醒	文本	辨别法	−0.202
Zhang et al., 2017-exp2-negative-low	19.35	26	3.10	4.14	消极低唤醒	文本	辨别法	−0.108
Zhang et al., 2017-exp2-positive-high	19.35	26	6.97	5.86	积极高唤醒	文本	辨别法	−0.099
Zhang et al., 2017-exp2-positive-low	19.35	26	6.94	4.03	积极低唤醒	文本	辨别法	−0.206
黄顺航等，2018-exp1-200/800 ms	20.74	26	3.55	6.04	消极高唤醒	面孔图片	辨别法	0.335
黄顺航等，2018-exp1-1400/2600 ms	20.74	26	3.55	6.04	消极高唤醒	面孔图片	辨别法	0.714
黄顺航等，2018-exp2-200/800 ms	20.74	26	3.55	6.04	消极高唤醒	面孔图片	辨别法	0.130
黄顺航等，2018-exp2-1400/2600 ms	20.74	26	3.55	6.04	消极高唤醒	面孔图片	辨别法	0.139
李丹，尹华站，2019	21.80	17	NM	6.11	消极高唤醒	面孔图片	辨别法	1.220

注：平均年龄的单位是"年"；NM 代表"文中未提及"；效价和唤醒均采用9点计分（1="负性""低唤醒"；9="正性""高唤醒"）。

2. 模型选定及软件

元分析通常以固定效应模型（Fixed-Effects Model）或随机效应模型

(Random-Effects Model)为基础来进行分析。Borenstein 等（2009）认为应该根据研究间是否拥有相同的真实效应量以及是否将研究推广至其他样本来确定模型。由于本研究纳入的文献在采用的时间任务范式、情绪材料类型等方面存在差异，且希望将研究结果推广至其他群体，所以采用随机效应模型。为确定模型选择是否合理，后续还将采用异质性来检验（Heterogeneity Test）评估其合理性。

3. 异质性

元分析中，通常采用 Q 和 I^2 来检验效应量分布的异质性。在 Q 检验中，结果显著（$p<0.1$）表明存在异质性。在 I^2 检验中，I^2 反映了真实效应量解释的变异性，I^2 越大表明结果的变异性越大（Higgins，2003）。之后，异质性还将用于评价模型选择的合理性。和大多数元分析一致，本书分别将25%、50%、75%看作低、中、高程度变异性的边界。此外，25%的异质性是采用随机效应模型的基础。

4. 出版偏误

元分析中，如果实际纳入的研究与所有应被纳入的研究之间存在系统性误差，则被认为存在出版偏误，会使元分析的结果发生偏差（Borenstein et al.，2009）。因此，首先用漏斗图（Funnel Plots，Sterne，and Egger，2001）、Egger 线性回归（Egger Linear Regression Test，Egger et al.，1997）检验是否存在出版偏误。在漏斗图中，左右对称代表没有出版偏误；在 Egger 线性回归检验中，截距和0不存在显著差异（$p>0.05$）代表没有出版偏误。之后，采用失安全系数（Classic Fail-Safe Number，Begg and Mazumdar，1994；Rosenthal，1979）和剪补法（Trim and Fill，Duval and Tweedie，2000）评估出版偏误对结果的影响程度。失安全系数代表需要加入多少篇零结果的新研究才能使整体效应量不显著，若其大于 $5k+10$（k 代表元分析中纳入的效应量数量），则表明出版偏误是可接受的；剪补法中，若矫正之前和之后的效应量不存在显著差异，表明出版偏误对研究结果的影响是可接受的。

二、元分析结果

本研究共纳入31篇论文，提供了95个效应量，涉及3806名被试。

1. 主效应检验

首先对情绪的主效应进行检验，以考察其扭曲时距知觉的稳定性。结果发现，情绪影响时距知觉的主效应显著，$g=0.203$，95%CI [0.137, 0.269]，$Z=6.042$，$p<0.001$。其平均效应量 g 接近 0.2，是个小效应量；95%CI 的上下限不包含 0，该效应量非偶然因素引起；双尾检验 p 值小于 0.001，说明情绪条件下的时距知觉显著长于中性条件。

异质性检验表明，纳入的研究中具有中等程度的异质性，$Q_{(94)}=189.035$，$p<0.001$，$I^2=50.274\%$，表明随机效应模型选择合理。

2. 调节效应检验

（1）效价

首先用元回归检验效价对情绪影响时距知觉效应量的调节作用，结果发现效价的调节效应不显著，$k=66$，$\beta=-0.020$，$se=0.017$，$Z=-1.130$，$p=0.257$，95%CI [−0.054, 0.014]。

以往研究通常将效价和唤醒看作类别变量（积极高唤醒、积极低唤醒、消极高唤醒、消极低唤醒）。作为元分析，应与以往研究保持一致，同时也为更好地检测效价和唤醒的交互作用，本书将效价和唤醒合并，命名为"情绪类型"，包括积极高唤醒、积极低唤醒、消极高唤醒、消极低唤醒 4 个水平，进行亚组分析见图 3-2。

亚组分析表明，情绪类型显著调节情绪效应，$Q_{(3)}=18.088$，$p=0.001$。进一步分析表明，效价的调节作用显著。两两比较发现，消极高唤醒刺激的效应量显著大于积极高唤醒的效应量，$Q_{(1)}=10.697$，$p=0.001$；消极低唤醒的效应量大于积极低唤醒，$Q_{(1)}=2.733$，$p=0.098$。

（2）唤醒

与效价相同，本书分别使用元回归和亚组分析探讨唤醒的调节作用见表 3-2。元回归结果表明，唤醒显著调节情绪效应，$k=95$，$\beta=0.085$，$se=0.023$，$Z=3.700$，$p<0.001$，95%CI [0.040, 0.130]，表明时距知觉随唤醒度的升高而延长。其解释了 18% 的异质性。

同时将效价和唤醒度纳入元回归，也发现类似的结果：唤醒显著调节情绪效应，$k=66$，$\beta=0.052$，$se=0.024$，$Z=2.180$，$p=0.029$，95%CI [0.005, 0.098]。效价的调节作用不显著，$k=66$，$\beta=-0.015$，$se=0.017$，$Z=-0.870$，$p=0.382$，95%CI [−0.049, 0.019]。效价和唤醒共同解释 9% 的异质性。

亚组分析同样支持唤醒的调节作用。尽管积极低唤醒和积极高唤醒之间没有显著差异，$Q_{(1)}=0.069$，$p=0.792$，但是消极高唤醒的效应量显著大于消极低唤醒，$Q_{(1)}=4.178$，$p=0.041$。该结果表明，效价和唤醒之间存在交互作用。

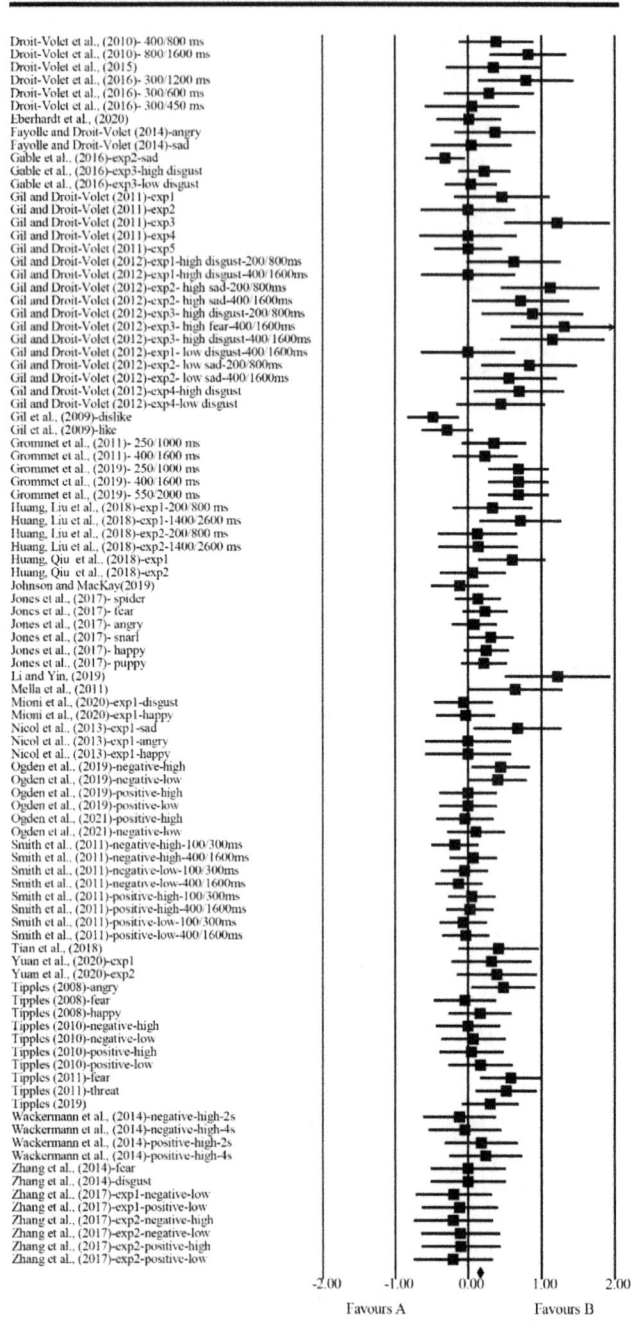

图 3-2　情绪影响时距知觉的森林图

表3-2 情绪影响时距知觉的调节效应检验（随机效应模型）

调节变量	k	Hedges'g	95%CI	Q_B	df	p
情绪类型				18.088	3	0.001
消极高唤醒	49	0.332***	[0.224, 0.440]			
消极低唤醒	26	0.163**	[0.042, 0.284]			
积极高唤醒	9	0.046	[-0.087, 0.179]			
积极低唤醒	11	0.023	[-0.091, 0.137]			
情绪材料类型				14.211	3	0.003
面孔图片	32	0.271***	[0.170, 0.371]			
风景图片	45	0.217***	[0.115, 0.318]			
声音	7	0.281*	[0.031, 0.530]			
文字	11	-0.051	[-0.193, 0.092]			
时间任务范式				10.965	2	0.004
辨别法	71	0.155***	[0.086, 0.224]			
估计法	19	0.485***	[0.290, 0.680]			
复制法	5	0.057	[-0.173, 0.288]			

注：***$p<0.001$，**$p<0.01$，*$p<0.05$。

（3）情绪材料类型

情绪材料类型显著调节情绪效应，$Q_{(3)}=14.211$，$p=0.003$。两两比较发现，文本的效应量小于风景图片（$Q_{(1)}=8.949$，$p=0.003$）、面孔图片（$Q_{(1)}=13.058$，$p<0.001$）和声音（$Q_{(1)}=5.112$，$p=0.024$）。风景图片、面孔图片和声音之间均没有显著差异（$p_s>0.1$）。这些结果表明，情绪材料类型会调节时距知觉的情绪效应。

（4）时间任务范式

时间任务范式显著调节情绪效应，$Q_{(2)}=10.965$，$p=0.004$。两两比较表明，估计法的效应量显著大于辨别法（$p=0.002$）和复制法（$p=0.006$）。辨别法和复制法之间没有显著差异（$p=0.424$）。这些结果表明，时间任务范式调节情绪效应。

3. 效价唤醒的附加分析

尽管以上结果发现，情绪材料类型和时间任务范式调节时距知觉的情绪效应，但是还存在一种可能：这种差异是效价和唤醒的差异导致的。因此，本书效仿前人类似思路（Yuan et al., 2019），通过方差分析（ANOVA）检验情绪材料类型和时间任务范式的效应是否独立于唤醒和效价。

以唤醒度为因变量，考察效价（积极、消极）、时间任务范式（辨别法、估计法、复制法）、情绪材料类型（文本、风景图片、面孔图片、声音）在唤醒度上是否存在差异。当将效价、时间任务范式、情绪材料类型同时纳入方差分析时，一些水平缺少对应的数值。因此，本书进行两次方差分析。首先，以唤醒度为因变量，进行 2（效价：积极、效价）×3（范式：辨别法、估计法、复制法）的完全随机方差分析。结果发现，效价 $F(1, 89) = 0.714$，$p = 0.400$，$\eta_p^2 = 0.008$ 和时间任务范式 $F(2, 89) = 2.239$，$p = 0.113$，$\eta_p^2 = 0.048$ 主效应不显著。两者的交互作用也不显著 $F(2, 89) = 0.346$，$p = 0.708$，$\eta_p^2 = 0.008$。以上结果表明，时间任务范式（估计法、辨别法、复制法）和效价（积极和消极）在唤醒度上均无明显差异。因此，效价、时间任务范式的调节作用独立于唤醒度。之后，以唤醒度为因变量，情绪材料类型（面孔图片、风景图片、声音、文字）为自变量进行单因素完全随机方差分析。结果发现，情绪材料类型主效应显著，$F(3, 91) = 6.775$，$p < 0.001$，$\eta_p^2 = 0.183$。使用 Bonferroni 进行多重比较，结果发现，文本的唤醒度低于面孔图片（$p = 0.004$），风景图片（$p = 0.065$），声音（$p < 0.001$）；声音刺激的唤醒度高于风景图片（$p = 0.038$）。

同样，本书以效价数值为因变量，考察唤醒度（高、低）、时间任务范式（辨别法、估计法、复制法）、情绪材料类型（文本、风景图片、面孔图片、声音）在效价上是否存在差异。首先，以效价数值作为因变量，进行了一个 2（唤醒度：高、低）×3（范式：辨别法、估计法、复制法）的完全随机方差分析。结果发现，唤醒度主效应不显著 $F(1, 61) = 0.041$，$p = 0.841$，$\eta_p^2 = 0.001$；时间任务范式主效应不显著 $F(2, 61) = 0.442$，$p = 0.645$，$\eta_p^2 = 0.014$；两者交互作用也不显著，$F(1, 61) = 1.413$，$p = 0.239$，$\eta_p^2 = 0.023$。结果表明，时间任务范式（估计法、辨别法、复制法）和唤醒度（高、低）在效价上均无明显差异。因此，唤醒和范式的调节作用独立于效价。之后，本书以效价为因变量，以情绪材料类型（面孔图片、风景图片、声音、文字）为自变量进行单因素完全随机方差分析。结果发现，情绪材料类型主效应不显著，$F(3, 62) = 0.590$，$p = 0.624$，$\eta_p^2 = 0.028$。该结果表明，四种情绪材料类型的效价接近。因此，情绪材料类型的调节作用独立于效价。

4. 出版偏误检验

首先通过漏斗图（图3-3）、线性回归检验是否存在出版偏误。观察发现，漏斗图左右不对称，左侧缺少部分数据。线性回归发现存在出版偏误，$t_{(93)}$ = 5.297，$p<0.001$。

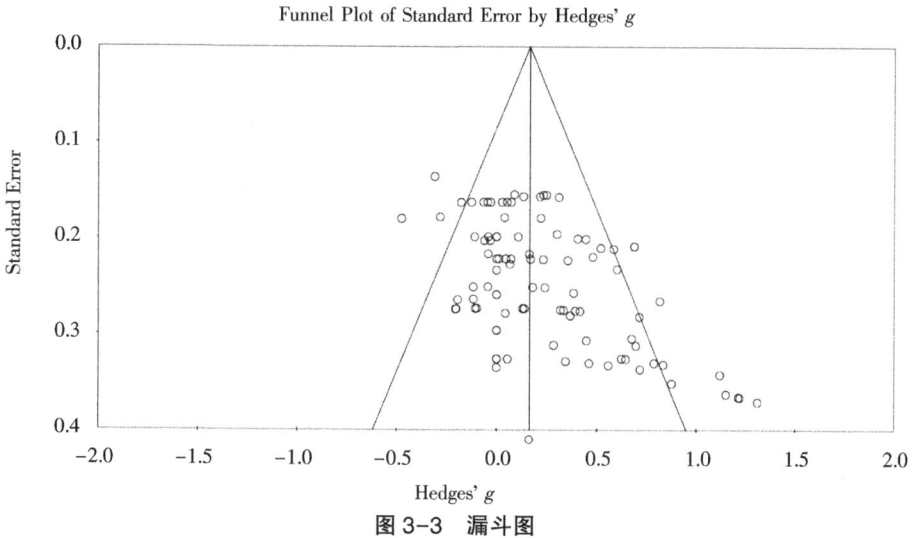

图3-3 漏斗图

由于存在出版偏误，使用经典失安全系数和剪补法评估出版偏误对结果的影响。失安全系数表明需要1767篇文献才能使效应量不显著，远远大于5k+10，表明出版偏误在可接受范围内。剪补法发现在平均效应量左侧缺失18个效应量，校正之后总效应量为 $g=0.099$，95%CI［0.025，0.173］，与观察到的效应量 $g=0.203$，95%CI［0.137，0.269］之间没有显著差异，表明出版偏误对结论的影响较小。综合来看，元分析存在出版偏误，但是出版偏误在可接受范围内。

第三节 情绪影响时距知觉的元分析：基于分类观

研究者围绕情绪影响时距知觉开展的系列研究还存在诸多争议。首先，该效应并非绝对稳定，某些研究未发现该效应；其次，该效应方向存争议，研究发现情绪导致高估时距或低估时距；再次，该效应大小并不明确；最后，该效应是否受年龄、基本情绪类型、情绪材料类型、时间任务范式等因素调节还需进一步澄清。这种争议一方面因为以往研究的样本量较小,统计检验力较低,容易增加Ⅱ类错误和误差。另一方面因为不同研究使用的情绪材料或任务范式不一致,研究间存在异质性。元分析既可以综合多项研究提高统计检验力,计算平均效应量,又可以分析研究之间异质性来源,较好地解决以上争议。因此,本研究通过元分析探讨情绪对时距知觉的影响,并检验年龄、基本情绪类型、情绪材料类型、时间任务范式等因素的调节作用。

一、方法

(一) 文献检索

采用检索中英文数据库、追溯参考文献等方式获取中英文实证研究。检索关键词基于以往情绪效应研究中的标题、摘要和关键词。英文文献检索数据库包括 Web of Science、SpiScholar、Google Scholar;中文数据库包括中国知网、维普网、万方数据知识服务平台。英文数据库的检索方式为将关键词"time perception/time estimation/time judgment/time evaluation/interval timing/duration judgment/temporal"与"emotion*/affective/happy/fear*/disgust*/ang*/sad*/surprise*"等进行联合搜索。中文数据库检索方式为将"时间/时距"与"情绪/情感/恐惧/厌恶/愤怒/悲伤/快乐/愉悦/惊讶/惊喜"进行联合搜索。英文文献检索起始时间为 1997 年 1 月,因为第一篇用标准化情绪刺激探讨情绪效应的研究发表于 1997 年(Angrilli et al., 1997)。文献检索的截止日期为 2022 年 3 月 2 日。中文文献检索未设置日期。经过数据库检索后,本书同时采用文献回溯法,从综述以及纳入文献中寻找相关的文献。

(二) 文献纳入与排除

对检索到的文献按照以下标准剔除:

(1) 对照条件:仅纳入探讨某种基本情绪与中性刺激差异的研究;(2) 情绪诱发:仅纳入使用面孔图片、风景图片、声音、视频之一诱发情绪的研究,排除通过情境诱发情绪的研究;(3) 时间任务范式:仅纳入使用辨别法、估计法、复制法测量时距知觉的研究,由于时间产生法比较特殊,其因变量指标代表的意义与其他范式的因变量指标相反,排除产生法的研究;(4) 时距长度:Fraisse(1984)认为时距知觉几乎不超过 5 s,因此仅纳入时距在 5 s 以下的研究;(5) 样本:仅纳入研究对象为健康个体的研究,排除临床或亚临床人群以及动物研究;(6) 文章类型:仅纳入实验研究,剔除综述、评论文章；(7) 同行评议：英文研究仅纳入发表于 SCI, EI, SSCI 的研究，中文研究仅纳入发表于学术期刊的研究；(8) 语言：仅纳入英文和中文文献；(9) 效应量：仅纳入报告足够且完整的数据（如：样本量、平均数、标准差或 t 值、p 值等），能够计算效应量的研究。文献筛选流程见图 3-4。

如果某项研究缺乏相关信息导致无法确定是否应该纳入（例如，计算效应量的信息不全），则给文章通讯作者发邮件询问更多信息。如果有不同文章使用同一份数据，则剔除后发表的文章。经过排除 4210 篇潜在的文章，一共保留 39 篇文献，共提供 124 个效应量。为生成足够的效应量用于调节效应分析，参照以往研究（谢和平等，2016；Adesope and Nesbit，2012），对包含本研究所关注调节变量的研究，未进行合并处理，因此存在单项研究，提供多个效应量的情况。

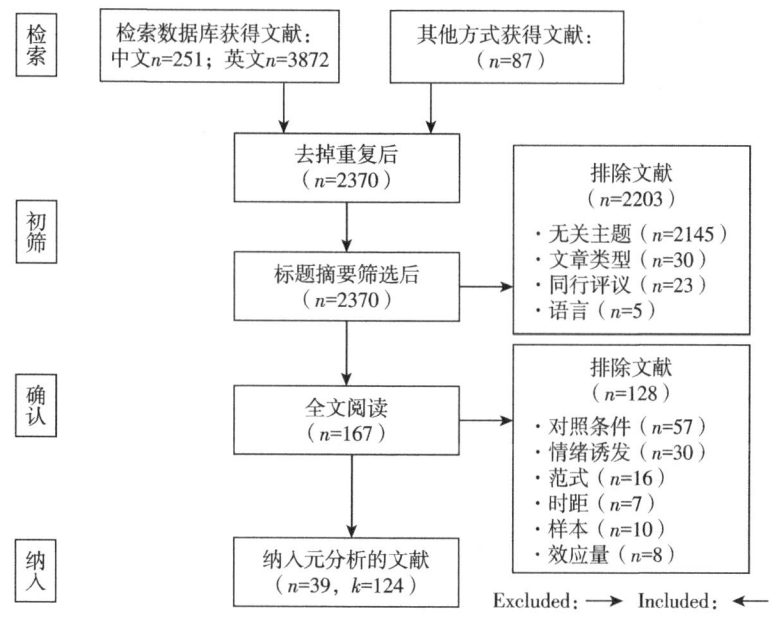

图 3-4　文献检索、纳入及排除流程

注：n 代表文献数量，k 代表效应量数量。

(三) 文献编码

对符合元分析标准的文献，按照以下变量逐条编码：(1) 基本信息（作者、发表时间）；(2) 基本情绪类型：快乐、惊讶、恐惧、愤怒、悲伤、厌恶；(3) 时间任务范式：估计法、复制法、辨别法；(4) 情绪材料类型：面孔图片、风景图片、声音、视频；（5）年龄阶段：学前儿童［3~7（不含）岁］、小学儿童［7~12（不含）岁］、青少年［12~18（不含）岁］、成年早期［18~35（不含）岁］、成年中期［35~60（不含）岁］、成年晚期（>60岁），年龄划分标准参照（林崇德，2018）。具体编码情况见表3-3。

表3-3 情绪影响时距知觉的元分析编码表

研究	样本量	年龄阶段	基本情绪	情绪材料类型	范式	g
Bar-Haim et al., 2010-fearful1	28	成人	恐惧	面孔图片	复制法	-0.048
Bar-Haim et al., 2010-fearful2	28	成人	恐惧	面孔图片	复制法	0.073
Coy and Hutton, 2013-angry	206	成人	愤怒	面孔图片	复制法	0.030
Coy and Hutton, 2013-fearful	206	成人	恐惧	面孔图片	复制法	0.015
Coy and Hutton, 2013-happy	206	成人	高兴	面孔图片	复制法	0.007
Cruz et al., 2020-age1	21	学前儿童	愤怒	面孔图片	辨别法	-0.074
Cruz et al., 2020-age2	12	小学儿童	愤怒	面孔图片	辨别法	-0.292
Droit-Volet et al., 2004-angry	37	成人	愤怒	面孔图片	辨别法	0.479
Droit-Volet et al., 2004-happy	37	成人	快乐	面孔图片	辨别法	0.405
Droit-Volet et al., 2004-sad	37	成人	悲伤	面孔图片	辨别法	0.211
Droit-Volet et al., 2011-fear1	25	成人	恐惧	视频	辨别法	0.099
Droit-Volet et al., 2011-fear2	20	成人	恐惧	视频	辨别法	0.050
Droit-Volet et al., 2011-sad1	25	成人	悲伤	视频	辨别法	-0.127
Droit-Volet et al., 2011-sad2	20	成人	悲伤	视频	辨别法	-0.295

续表

研究	样本量	年龄阶段	基本情绪	情绪材料类型	范式	g
Droit-Volet et al., 2015-exp1-angry	18	成人	愤怒	面孔图片	辨别法	0.345
Droit-Volet et al., 2015-exp2-angry	20	成人	愤怒	面孔图片	辨别法	0.799
Droit-Volet et al., 2015-exp2-disgust	20	成人	厌恶	面孔图片	辨别法	0.221
Droit-Volet et al., 2016-angry-age1	7	学前儿童	愤怒	面孔图片	辨别法	0.542
Droit-Volet et al., 2016-angry-age2	11	小学儿童	愤怒	面孔图片	辨别法	0.372
Droit-Volet et al., 2016-angry-age3	19	成人	愤怒	面孔图片	辨别法	0.324
Eberhardt et al., 2020-angry	40	成人	愤怒	面孔图片	辨别法	0.000
Effron et al., 2006-angry	20	成人	愤怒	面孔图片	辨别法	2.061
Effron et al., 2006-happy	20	成人	快乐	面孔图片	辨别法	0.666
Fallow and Voyer, 2013	55	成人	愤怒	声音	辨别法	-1.961
Fayolle and Droit-Volet, 2014-angry	25	成人	愤怒	面孔图片	辨别法	0.368
Fayolle and Droit-Volet, 2014-sad	25	成人	悲伤	面孔图片	辨别法	0.044
Gable et al., 2016-exp2-sad	109	成人	悲伤	风景图片	辨别法	-0.309
Gable et al., 2016-exp3-disgust	62	成人	厌恶	风景图片	辨别法	0.221
Gil and Droit-Volet, 2011-angry-BI	18	成人	愤怒	面孔图片	辨别法	0.462
Gil and Droit-Volet, 2011-angry-Ge	18	成人	愤怒	面孔图片	辨别法	0.000
Gil and Droit-Volet, 2011-angry-Re	17	成人	愤怒	面孔图片	复制法	0.000

续表

研究	样本量	年龄阶段	基本情绪	情绪材料类型	范式	g
Gil and Droit-Volet, 2011-angry-Ve	17	成人	愤怒	面孔图片	估计法	1.213
Gil and Droit-Volet, 2011-exp2	36	成人	愤怒	面孔图片	辨别法	0.000
Gil and Droit-Volet, 2012-exp1-2-1 disgust-time1	19	成人	厌恶	风景图片	估计法	0.623
Gil and Droit-Volet, 2012-exp1-2-1 disgust-time2	18	成人	厌恶	风景图片	估计法	0.000
Gil and Droit-Volet, 2012-exp1-2-1 sad-time1	19	成人	悲伤	风景图片	估计法	1.118
Gil and Droit-Volet, 2012-exp1-2-1 sad-time2	18	成人	悲伤	风景图片	估计法	0.717
Gil and Droit-Volet, 2012-exp1-2-2 disgust-time1	19	成人	厌恶	风景图片	估计法	0.000
Gil and Droit-Volet, 2012-exp1-2-2 disgust-time2	18	成人	厌恶	风景图片	估计法	0.000
Gil and Droit-Volet, 2012-exp1-2-2 sad-time1	19	成人	悲伤	风景图片	估计法	0.835
Gil and Droit-Volet, 2012-exp1-2-2 sad-time2	18	成人	悲伤	风景图片	估计法	0.000
Gil and Droit-Volet, 2012-exp1disgust-time1 (2)	17	成人	厌恶	风景图片	估计法	0.682
Gil and Droit-Volet, 2012-exp1disgust-time2 (2)	17	成人	厌恶	风景图片	估计法	1.149

续表

研究	样本量	年龄阶段	基本情绪	情绪材料类型	范式	g
Gil and Droit-Volet, 2012-exp1fearful-time1	17	成人	恐惧	风景图片	估计法	0.877
Gil and Droit-Volet, 2012-exp1fearful-time2	17	成人	恐惧	风景图片	估计法	1.313
Gil and Droit-Volet, 2012-exp2-2-1disgust	21	成人	厌恶	风景图片	估计法	0.696
Gil and Droit-Volet, 2012-exp2-2-2disgust	21	成人	厌恶	风景图片	估计法	0.448
Gil et al., 2007-angry-time1-age1	10	学前儿童	愤怒	面孔图片	辨别法	0.780
Gil et al., 2007-angry-time1-age2	15	学前儿童	愤怒	面孔图片	辨别法	0.632
Gil et al., 2007-angry-time1-age3	13	小学儿童	愤怒	面孔图片	辨别法	0.397
Gil et al., 2007-angry-time2-age1	9	学前儿童	愤怒	面孔图片	辨别法	0.566
Gil et al., 2007-angry-time2-age2	12	学前儿童	愤怒	面孔图片	辨别法	0.658
Gil et al., 2007-angry-time2-age3	14	小学儿童	愤怒	面孔图片	辨别法	0.880
Grommet et al., 2011-fearful1	40	成人	恐惧	风景图片	辨别法	0.355
Grommet et al., 2011-fearful2	40	成人	恐惧	风景图片	辨别法	0.234
Grommet et al., 2019-fearful1	48	成人	恐惧	风景图片	辨别法	0.688
Grommet et al., 2019-fearful2	48	成人	恐惧	风景图片	辨别法	0.688
Grommet et al., 2019-fearful3	48	成人	恐惧	风景图片	辨别法	0.688
Grondin et al., 2015-angry	40	成人	愤怒	面孔图片	辨别法	0.000

续表

研究	样本量	年龄阶段	基本情绪	情绪材料类型	范式	g
Jones et al., 2017-angry	83	成人	愤怒	面孔图片	辨别法	0.089
Jones et al., 2017-fearful	83	成人	恐惧	面孔图片	辨别法	0.234
Jones et al., 2017-happy	83	成人	快乐	面孔图片	辨别法	0.249
Kliegl et al., 2015-angry	47	成人	愤怒	面孔图片	辨别法	0.696
Kliegl et al., 2015-sad	47	成人	悲伤	面孔图片	辨别法	0.000
Lee et al., 2011-exp1-angry	24	成人	愤怒	面孔图片	复制法	-0.167
Lee et al., 2011-exp2-angry1	18	成人	愤怒	面孔图片	复制法	0.076
Lee et al., 2011-exp2-angry2	18	成人	愤怒	面孔图片	复制法	-0.328
Lee et al., 2011-exp2-angry3	18	成人	愤怒	面孔图片	复制法	0.238
Lee et al., 2011-exp2-happy1	18	成人	快乐	面孔图片	复制法	0.313
Lee et al., 2011-exp2-happy2	18	成人	快乐	面孔图片	复制法	-0.018
Lee et al., 2011-exp2-happy3	18	成人	快乐	面孔图片	复制法	0.289
Lee et al., 2011-exp2-sad1	18	成人	悲伤	面孔图片	复制法	0.095
Lee et al., 2011-exp2-sad2	18	成人	悲伤	面孔图片	复制法	-0.016
Lee et al., 2011-exp2-sad3	18	成人	悲伤	面孔图片	复制法	0.251
Li and Yuen, 2015-angry	44	成人	愤怒	面孔图片	辨别法	-0.389
Li and Yuen, 2015-happy	44	成人	快乐	面孔图片	辨别法	-0.203

续表

研究	样本量	年龄阶段	基本情绪	情绪材料类型	范式	g
Li and Yuen, 2015-sad	44	成人	悲伤	面孔图片	辨别法	-0.426
Mioni et al., 2018-happy	22	老年人	快乐	面孔图片	辨别法	0.000
Mioni et al., 2018-sad	22	老年人	悲伤	面孔图片	辨别法	0.000
Mioni et al., 2021-disgust	48	成人	厌恶	面孔图片	辨别法	0.547
Mioni et al., 2021-happy	48	成人	快乐	面孔图片	辨别法	0.036
Mondillon et al., 2007-angry1	41	成人	愤怒	面孔图片	辨别法	0.435
Mondillon et al., 2007-angry2	41	成人	愤怒	面孔图片	辨别法	0.000
Nicol et al., 2013-angry-age1	20	成人	愤怒	面孔图片	辨别法	0.707
Nicol et al., 2013-angry-age2	22	老年人	愤怒	面孔图片	辨别法	0.894
Nicol et al., 2013-happy-age1	20	成人	快乐	面孔图片	辨别法	0.000
Nicol et al., 2013-happy-age2	22	老年人	快乐	面孔图片	辨别法	1.048
Nicol et al., 2013-sad-age1	20	成人	悲伤	面孔图片	辨别法	0.000
Nicol et al., 2013-sad-age2	22	老年人	悲伤	面孔图片	辨别法	0.000
Qian et al., 2021-disgust	16	成人	厌恶	面孔图片	辨别法	0.000
Qian et al., 2021-fearful	16	成人	恐惧	面孔图片	辨别法	0.826
Schirmer et al., 2016-female-1 surprised	14	成人	惊讶	声音	辨别法	-0.754
Schirmer et al., 2016-female-2 disgust	14	成人	厌恶	声音	辨别法	-1.020
Schirmer et al., 2016-male-1 surprised	14	成人	惊讶	声音	辨别法	0.000

续表

研究	样本量	年龄阶段	基本情绪	情绪材料类型	范式	g
Schirmer et al., 2016-male-2disgust	14	成人	厌恶	声音	辨别法	0.000
Shi et al., 2012	14	成人	厌恶	风景图片	辨别法	0.031
Tipples et al., 2015-angry	17	成人	愤怒	面孔图片	辨别法	1.011
Tipples et al., 2015-happy	17	成人	快乐	面孔图片	辨别法	0.921
Tipples, 2008-angry	42	成人	愤怒	面孔图片	辨别法	0.480
Tipples, 2008-fearful	42	成人	恐惧	面孔图片	辨别法	-0.042
Tipples, 2008-happy	42	成人	快乐	面孔图片	辨别法	0.164
Tipples, 2011-fearful	46	成人	恐惧	面孔图片	辨别法	0.583
Tomas and Španić, 2016	190	成人	愤怒	面孔图片	辨别法	0.239
Voyer and Reuangrith, 2015-angry1	51	成人	愤怒	声音	辨别法	-1.946
Voyer and Reuangrith, 2015-angry2	41	成人	愤怒	声音	辨别法	-1.689
Voyer and Reuangrith, 2015-happy	77	成人	快乐	声音	辨别法	-0.659
Yin et al., 2021-angry	30	成人	愤怒	面孔图片	辨别法	-0.510
Yin et al., 2021-fearful	30	成人	恐惧	面孔图片	辨别法	-0.510
Young and Cordes, 2012-angry	38	成人	愤怒	面孔图片	辨别法	0.231
Young and Cordes, 2012-happy	38	成人	快乐	面孔图片	辨别法	0.047
Zhang et al., 2014-disgust	29	成人	厌恶	面孔图片	辨别法	0.000
Zhang et al., 2014-fearful	29	成人	恐惧	面孔图片	辨别法	0.000
李丹等, 2021-fearful-age1	45	小学儿童	恐惧	面孔图片	辨别法	0.712

续表

研究	样本量	年龄阶段	基本情绪	情绪材料类型	范式	g
李丹等，2021-fearful-age2	39	学前儿童	恐惧	面孔图片	辨别法	0.768
李丹等，2021-fearful-age3	45	成人	恐惧	面孔图片	辨别法	0.712
李丹，尹华站，2019-fearful-age1	17	成人	恐惧	面孔图片	辨别法	1.220
李丹，尹华站，2019-fearful-age2	18	小学儿童	恐惧	面孔图片	辨别法	1.882
李丹，尹华站，2019-fearful-age3	15	学前儿童	恐惧	面孔图片	辨别法	1.898
陶云，马谐，2010-angry-age1	12	学前儿童	愤怒	面孔图片	辨别法	1.521
陶云，马谐，2010-angry-age2	12	学前儿童	愤怒	面孔图片	辨别法	1.555
陶云，马谐，2010-angry-age3	12	小学儿童	愤怒	面孔图片	辨别法	1.627
陶云，马谐，2010-happy-age1	12	学前儿童	快乐	面孔图片	辨别法	1.186
陶云，马谐，2010-happy-age2	12	学前儿童	快乐	面孔图片	辨别法	1.315
陶云，马谐，2010-happy-age3	12	小学儿童	快乐	面孔图片	辨别法	1.175

注：表中同一研究以末尾添加1，2，3，加以区别，代表同一研究提供多个效应量。例如，Droit-Volet et al.，2011-fear1，Droit-Volet et al.，2011-fear2表明（Droit-Volet et al.，2011）提供两个恐惧条件下的效应量。

（四）元分析过程

1. 效应量

参考以往元分析（Yuan et al.，2019），选择校正后的标准化Hedges' g作为无偏效应量。如果情绪刺激的时距知觉长于中性刺激，Hedges' g为正值；相反，如果情绪刺激的时距知觉短于中性刺激，Hedges' g为负值。

结合纳入文献的数据报告情况，本书共采用三种方法计算Hedges' g。首先，如果原文提供了情绪实验组和中性对照组的平均数和标准差，根据公式 $g = (\text{Mean}_1 - \text{Mean}_2)/SD_{\text{pooled}}$（注，1 为情绪条件，2 为中性条件，下同）计算；如果文中未报告平均数和标准差，则根据公式 $g = t\sqrt{(n_1+n_2)/(n_1 \times n_2)}$，使用 t 值和样本量计算。如果研究中也未报告 t 值，则将文中报告的 p 值转换为 t 值。对于 p 值的提取，亦参考以往研究（Yuan et al., 2019）。如果研究报告统计结果不显著，p 值被保守假定为 0.50（单侧），使得 t 值为 0，Hedges' g 为 0；如果研究仅报告统计结果显著，未提供经精确的 p 值，p 值分别假定为 0.05, 0.01 或者 0.001（双侧）。

2. 模型的选定

元分析通常以固定效应模型（fixed-effects model）或随机效应模型（random-effects model）为基础来进行分析。Borenstein 等（2009）认为模型的选定取决于事先判断研究间是否拥有相同的真实效应量以及分析目的。如果不同研究间的任何变量（例如研究对象、研究方法等）均相同，且研究结果不推广到样本以外的其他群体，采用固定效应模型，否则需采用随机效应模型。由于本研究纳入的文献在基本情绪类型、时间任务范式、被试群体等方面存在差异，这些差异可能影响情绪效应，因此本研究采用随机效应模型。此外，本书还将通过异质性检验（heterogeneity test）进一步验证模型选择的合理性。

3. 异质性

元分析中，通常采用 Q 和 I^2 来检验效应量分布的异质性。在 Q 检验中，结果显著（$p<0.1$）表明存在异质性。在 I^2 检验中，I^2 反映了真实效应量解释的变异性，I^2 越大表明结果的变异性更大（Higgins, 2003）。和大多数元分析一致，本书分别将 25%、50%、75% 视作低、中、高程度变异性的边界。25% 的异质性是使用随机效应模型的基础。

4. 出版偏误

元分析中，如果实际纳入的研究与所有应被纳入的研究之间存在系统性误差，则被认为存在出版偏误，出版偏误会导致元分析的结果发生偏差（Borenstein et al., 2009）。为此，首先用漏斗图（Funnel Plots, Sterne, and Egger, 2001）、Egger 线性回归（Egger Linear Regression Test, Egger et al., 1997）检验是否存在出版偏误。在漏斗图中，左右对称代表出版偏误的风险较小；在 Egger 线性回归检验中，截距和 0 不存在显著差异（$p>0.05$）代表出版偏误的风险较小。之后，采用失安全系数（Classic Fail-Safe Number,

Begg, and Mazumdar, 1994; Rosenthal, 1979) 和剪补法 （Trim and Fill, Duval and Tweedie, 2000) 评估出版偏误对结果的影响程度。失安全系数代表需要加入多少篇零结果的新研究才能使得整体效应量不显著，若其大于 $5k+10$ （k 代表元分析中纳入的效应量数量），则表明出版偏误是可接受的；剪补法中，若矫正之前和之后的效应量不存在显著差异，表明出版偏误对研究结果的影响是可接受的。

本研究采用 CMA3.0 （Comprehensive Meta-Analysis）进行数据分析，效应量计算，主效应检验，异质性检验，出版偏误检验等均在该软件进行。

二、结果

共纳入 39 篇文献，提供 124 个效应量，涉及 4181 名被试。

（一）主效应检验

首先对情绪主效应进行检验，以考察其扭曲时距知觉有效性。结果发现，情绪影响时距知觉效应量达到显著水平，$g=0.270$，95%CI [0.170, 0.370]，$Z=5.292$，$p<0.001$。其平均效应量 g 介于 0.2~0.5，是个小效应量；95%CI 不包含 0，表明该效应量并非偶然因素引起；双尾检验 $p<0.001$，说明情绪条件下的时距知觉显著长于中性条件。异质性检验表明，纳入研究具有较高异质性，$Q_{(123)}=600.988$，$p<0.001$，$I^2=79.534\%$，表明随机效应模型选择合理。由于研究间存在异质性，我们进行调节效应分析，探讨研究间的异质性来源见图 3-5。

（二）调节效应分析

1. 年龄

首先检验年龄是否是情绪影响时距知觉的调节变量。因为 29% 的效应量缺少年龄数值，同时报告年龄的效应量比较集中，不满足线性关系，本书将年龄划分为分类变量，进行亚组分析，而非进行元回归。年龄阶段的划分参照林崇德（2018）主编的《发展心理学》。具体标准如下：学前儿童（3~7岁）；小学儿童（7~12岁）；青少年（12~18岁）；成年早期（18~35岁）；成年中期（35~60岁）；成年晚期（60岁以上）。

结果发现，年龄阶段的调节作用显著，$Q_{(3)}=24.127$，$p<0.001$（具体见表 3-4）。两两比较发现，小学儿童的效应量大于成年早期的效应量，$Q_{(1)}=$

7.255，$p = 0.007$；学前儿童的效应量大于成年早期的效应量，$Q_{(1)} = 18.077$，$p<0.001$；学前儿童的效应量大于成年晚期的效应量，$Q_{(1)} = 3.330$，$p = 0.068$；其他年龄阶段之间的对比未达到显著性水平（$p_s > 0.1$）。

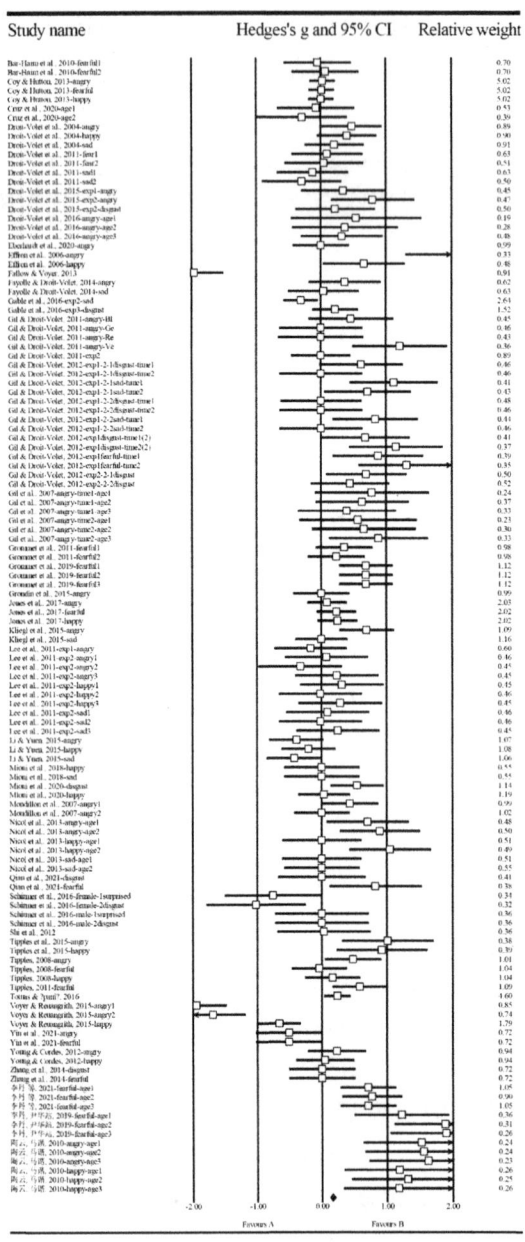

图 3-5　情绪影响时距知觉的森林图

表3-4 情绪影响时距知觉的调节效应检验（随机效应模型）

调节变量	k	Hedges'g	95%CI	Q_B	df	p
年龄				24.127	3	<0.001
学前儿童	12	0.905***	[0.581, 1.229]			
小学儿童	8	0.818***	[0.356, 1.280]			
成年早期	99	0.166**	[0.062, 0.271]			
成年晚期	5	0.379	[−0.083, 0.841]			
基本情绪				9.396	4	0.052
快乐	19	0.277**	[0.066, 0.488]			
恐惧	24	0.494***	[0.301, 0.687]			
愤怒	46	0.247*	[0.039, 0.455]			
厌恶	16	0.244*	[0.040, 0.448]			
悲伤	17	0.077	[−0.110, 0.264]			
情绪材料类型				32.353	3	<0.001
面孔图片	90	0.326***	[0.235, 0.416]			
风景图片	22	0.474***	[0.278, 0.670]			
声音	8	−1.036***	[−1.582, −0.490]			
视频	4	−0.062	[−0.349, 0.226]			
时间任务范式				25.624	2	<0.001
辨别法	93	0.263***	[0.136, 0.390]			
复制法	16	0.027	[−0.066, 0.120]			
估计法	15	0.625***	[0.392, 0.858]			

注：*** $p<0.001$；** $p<0.01$。

2. 基本情绪类型

由于惊讶情绪仅有2个效应量（Schirmer et al., 2016），在基本情绪的亚组分析中，剔除了惊讶情绪，仅对比了恐惧、愤怒、悲伤、厌恶、快乐五种基本情绪。

基本情绪的调节作用显著，$Q_{(4)} = 9.396$，$p = 0.052$（具体见表3-4）。两两比较发现，恐惧情绪的效应量大于悲伤（$Q_{(1)} = 9.270$，$p = 0.002$）、愤怒（$Q_{(1)} = 2.924$，$p = 0.087$）和厌恶（$Q_{(1)} = 3.054$，$p = 0.081$）情绪的效

应量。虽然恐惧和快乐情绪的效应量差异未达到显著性水平（$p=0.136$），但是两者在数值上有较大的差距。其他条件之间的对比不显著（$p_s>0.1$）。

3. 情绪材料类型

情绪材料类型的调节作用显著，$Q_{(3)} = 32.353$，$p<0.001$（具体见表3-5）。两两比较发现，面孔图片的效应量大于视频的效应量，$Q_{(1)} = 6.340$，$p=0.012$；面孔图片的效应量大于声音的效应量，$Q_{(1)} = 23.232$，$p<0.001$；风景图片的效应量大于声音的效应量，$Q_{(1)} = 26.001$，$p<0.001$；风景图片的效应量大于视频的效应量，$Q_{(1)} = 9.095$，$p=0.003$；视频的效应量大于声音的效应量，$Q_{(1)} = 9.567$，$p=0.002$；其他对比未达到显著性水平（$p_s>0.1$）。

4. 时间任务范式

时间任务范式的调节作用显著，$Q_{(2)} = 25.624$，$p<0.001$（具体见表3-5）。两两比较发现，估计法的效应量显著大于辨别法，$Q_{(1)} = 7.131$，$p=0.008$；估计法的效应量显著大于复制法，$Q_{(1)} = 21.768$，$p<0.001$；辨别法的效应量显著大于复制法，$Q_{(1)} = 8.620$，$p=0.003$。

（三）出版偏误

本研究通过漏斗图、Egger 线性回归、失安全系数、剪补法评估出版偏误。结果发现，漏斗图左右不对称（具体见图3-6），左侧缺少部分效应量，表明存在出版偏误的风险较大。Egger 线性回归显示存在出版偏误的风险较大，$t_{(122)} = 3.594$，$p<0.001$。之后，我们通过经典失安全系数和剪补法评估出版偏误对结果的影响程度。经典失安全系数表明需要 3026 篇文献才能使效应量不显著，远远大于 $5k+10 = 630$（$k=124$），表明出版偏误在可接受范围内。剪补法显示平均效应量左侧缺失 28 个效应量，校正之后总效应量为 $g = 0.062$，95%CI [−0.041, 0.165]，与观察到的效应量 $g = 0.270$，95% CI [0.170, 0.370] 之间存在显著差异，表明出版偏误的影响可能是重要的。观察数据发现，3 项声音刺激的研究，提供了 8 个效应量，大多为负，且数值较大，可能对出版偏误结果有较大贡献；同时经典失安全系数表明出版偏误在可接受范围内，我们认为出版偏误对结果的影响在可接受范围内。

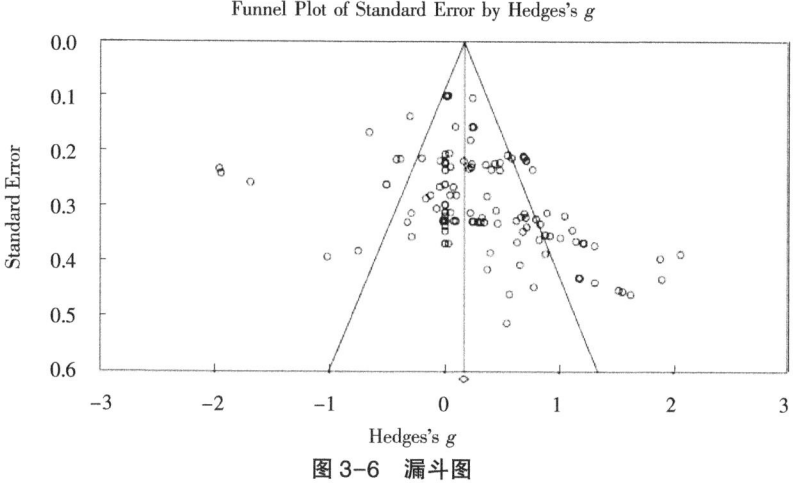

图 3-6 漏斗图

第四节 时距知觉情绪效应及调节因素的元分析的思考

一、基于维度观的元分析的思考

近年,研究围绕"情绪如何影响时距知觉"开展了一系列实证研究。尽管研究发现情绪通常导致高估时距。但是,情绪效价(积极、消极)、唤醒度(高、低)、情绪材料类型(文本、面孔图片、风景图片、声音)、时间任务范式(辨别法、估计法、复制法)如何调节该效应尚不明确。为考察该效应稳定性,并澄清这些变量如何调节该效应,本研究通过元分析量化现存的证据。

(一)效价

效价显著调节时距知觉的情绪效应。虽然元回归没有达到显著水平,但是亚组分析表明无论是在高唤醒条件,还是在低唤醒条件,消极刺激的效应量均大于积极刺激。

在情绪领域,通常将刺激划分为消极和积极两类(Lang et al., 1998; Russell, 1980)。但是,积极刺激和消极刺激往往是不对称的(Yuan et al., 2019)。消极刺激和积极刺激在时距知觉上的差异也可视作一种消极偏见。消极偏见指的是消极的情绪刺激会导致更强的反应,研究者在记忆、情绪反应、决策过程中均发现该效应（Kress and Aue，2017；Lam et al.，2020）。这种消极偏见可能是由于积极刺激与消极刺激激活不同的动机系统。消极刺激激活防御动机系统，大脑分配给消极情绪加工更多资源，帮助个体更好地侦察环境中的危险，调动防御系统，做出战斗或者逃跑的反应。因此，其能帮助个体更好地适应环境（Yuan et al.，2019）。

（二）唤醒

元回归和亚组分析均发现唤醒调节时距知觉的情绪效应，更高唤醒会导致更大时间高估。研究者通常认为唤醒是影响时距知觉的关键因素。任何改变内部时钟速度的操纵都被视作操纵唤醒（Church，1984；Gibbon et al.，1984；Treisman，1963；Zakay and Block，1997）。无论是以动物为对象的研究，还是以人为对象的研究，均发现随着唤醒度增加，时距知觉延长（Cheng et al.，2006；Meck，1983；Mella et al.，2011）。

本研究发现效价和唤醒度之间存在交互作用，即消极效价增强唤醒对时距知觉的调节作用。具体来说，在积极条件下，高唤醒和低唤醒的效应量不存在显著差异，但是在消极条件下，高唤醒的效应量大于低唤醒。综合以上结果，效价和唤醒度共同调节时距知觉中的情绪效应。

近些年，时距知觉领域出现一种新观点：时距知觉具有适应性功能，情绪效应允许个体更灵活地适应环境变化（Droit-Volet and Gil，2009；Harrington et al.，2011；Lake et al.，2016；Matthews and Meck，2014；贾丽娜等，2015）。具体来说，在同样的物理时间内，个体感觉到的主观时间越长，就会有更多主观时间做出趋近、攻击或者逃跑的反应。情绪维度理论假设积极和消极效价均和适应性生存有着重要联系（Lang et al.，1998；Russell，1980）。积极刺激通常与追求奖赏有关，消极刺激通常与回避威胁有关（Cacioppo and Berntson，1994；Cacioppo and Gardner，1999）。消极刺激得到优先加工，其唤醒度更高（Schupp et al.，2007）。因为，相比于追求奖赏，躲避威胁对于人类生存更加重要，进化使得人类防御动机系统比欲求动机系统反应更加强烈（Peeters and Czapinski，1990；Taylor，1991）。基于时距知觉的情绪效应使得个体有更充分时间做出反应，而积极效价和消极效价对于生存意义不同，所以效价可能会和唤醒度共同调节时距知觉的情绪效应。

（三）情绪材料类型

情绪材料类型调节时距知觉的情绪效应。亚组分析表明，面孔图片、风景图片、声音刺激均导致显著的时间高估，而文字则没有。这些结果表明相比其他刺激，文字诱发情绪效应的效果较弱。面孔图片、风景图片、声音、文字是人类接收信息的主要形式。它们的一个差异在于情绪文字比其他情绪刺激的唤醒度更低（Bayer and Schacht, 2014；Hinojosa et al., 2009；Liu et al., 2010）。在本研究中，方差分析也发现文本材料的唤醒度更低。因为唤醒度的增加是情绪影响时距知觉的主要原因，所以文本材料未能有效诱发该效应。

然而，情绪材料类型在唤醒度上的差异并不能充分解释情绪刺激的调节作用。唤醒度的方差分析表明声音刺激的唤醒度比其他刺激更大，但是声音刺激诱发的时距扭曲与面孔图片和视觉刺激并没有显著差异。这一现象可能是因为在进化过程中，人类对于视觉和听觉信息的依赖程度不同。面孔图片和风景图片是视觉刺激，然而声音是听觉刺激。尽管视觉和听觉都是人类接收情绪信息的主要通道（Royet et al., 2000），但是人类主要在日间活动，更加依靠视觉信息（Paulmann and Pell, 2011）。由于进化的塑造，视觉信息的生理反应更加强烈（Delaney-Busch et al., 2016）。因此，尽管声音刺激具有更强的唤醒度，其诱发的情绪效应和面孔图片和风景图片并没有差异。

（四）时间任务范式

时间任务范式调节时距知觉的情绪效应。结果表明估计法和辨别法均测量出稳定的情绪效应，而复制法没有。两两比较发现，估计法测量的情绪效应显著大于辨别法和复制法，表明估计法可能是最敏感的范式。这种调节作用可能是时间任务之间的反应差异造成的。估计法和辨别法的差异可能是因为信息丢失造成的。估计法要求被试报告刺激呈现的时长，辨别法要求被试比较当前刺激与标准刺激的时距。在辨别法中，被试的时间估计被化简为"长""短"之类的反应。例如，在时间估计法中，400 ms 和 800 ms 会被报告为具体的数字，然而在辨别法中，它们会被转换为"短于 1000 ms"。在这个转换过程中，发生了信息丢失。与估计法相比，辨别法丢失部分信息，使估计法测量到最显著的情绪效应。

复制法的效应量弱于其他两种范式，可能有两个原因。第一，复制法依赖动作反应，估计法和辨别法仅包括知觉判断，前者属于动作计时，后者属于知觉计时（Thoenes and Oberfeld, 2017）。研究发现同一效应在动作计时和知觉计时中具有不同的表现（Zhang et al., 2019）。我们认为时间复制法中的动作反应可能会掩盖情绪效应。在辨别法和估计法中更多依赖知觉判断，较少依赖动作反应。第二，在复试法中，被试往往需要在情绪刺激消失后复制时间（Lee et al.，2011）。虽然理论上认为情绪刺激的唤醒作用仅在时间编码阶段发挥作用，不影响复制阶段，但是在实际操作中，个体唤醒程度会随情绪刺激的消失逐渐下降，而复制法需要被试在情绪刺激消失后花费更长的时间完成反应，这很可能是复制法的效应量小于其他范式的原因。

二、基于分类观的元分析的思考

根据主效应检验结果，情绪对时距知觉的影响达到显著水平，平均效应量（Hedges' g）为 0.270，表明相比于中性条件，情绪条件的时距知觉更长。其与以往大量的实证研究结果一致（Bar-Haim et al.，2010；Droit-Volet et al.，2004；Fayolle and Droit-Volet，2014；Mioni et al.，2021；Tipples et al.，2015）。本研究通过元分析进一步证实：情绪影响时距知觉。在进化视角下，情绪对时距知觉的影响具有适应性功能，其帮助个体更灵活地适应环境的变化（Droit-Volet and Gil，2009；Harrington et al.，2011；Lake et al.，2016；Matthews and Meck，2014）。例如，面对负性威胁刺激时，在同样的物理时间内，个体感觉到的主观时间越长，就会有越多时间做出趋近、攻击或者逃跑等反应。

（一）年龄

亚组分析发现年龄调节情绪效应。表现为学前儿童的效应量大于成年早期和成年晚期的效应量；小学儿童的效应量大于成年早期的效应量。本研究发现，学前儿童和小学儿童已稳定表现出情绪效应，感觉情绪刺激的时距知觉比中性刺激更长。这和以往对儿童的研究结果一致（李丹等，2021；李丹，尹华站，2019；陶云，马谐，2010；Gil et al.，2007）。该结果支持情绪影响时距知觉的适应性：早在儿童时期，个体的时距知觉和情绪系统还未得到充分发育，个体已表现出情绪效应。

与以往研究不同，本研究发现儿童的效应量比成年人更大。以往研究只发现儿童和成年人在时间敏感性上存在差异，并未检测出高估大小的差异（李丹等，2021；李丹，尹华站，2019；陶云，马谐，2010；Gil et al.，2007）。本研究发现儿童和成年人在情绪效应大小上存在差异，这正是元分析的优势所在：元分析比任何单一实证研究具有更高的统计检验力（Borenstein et al., 2009)。儿童和成年人的差异可能是发展差异造成的。成年人的情绪加工系统更加完善,情绪调节能力更好,在抑制负性情绪方面更占优势。Silvers等(2015)比较了青少年和成年人在完成认知重评任务后,观看厌恶刺激的杏仁核激活情况,发现青少年的杏仁核激活更强,对于负性刺激的评价强度更强。成年人的激活减弱,可能是由于前额叶发展更完善,而前额叶可以抑制杏仁核的反应,参与情绪加工(伍泽莲等,2009;柳昀哲等,2013;Diano et al., 2017;Leppänen and Nelson, 2012)。简言之,与成年人相比,儿童的前额叶未发展成熟,不能较好地抑制杏仁核激活,造成儿童的情绪体验更强,从而导致儿童感觉情绪刺激的时距知觉更长。

(二)基本情绪类型

基本情绪类型对时距知觉的影响:相比于悲伤、厌恶、愤怒情绪,恐惧情绪导致更大的情绪效应;快乐、恐惧、厌恶、愤怒情绪均能导致稳定的情绪效应,但是悲伤情绪的效应不稳定。

与以往研究一致(Fayolle and Droit-Volet, 2014;Kliegl et al., 2015;Li and Yuen, 2015),元分析也发现悲伤情绪未稳定地诱发情绪效应。基于进化视角,悲伤不能稳定诱发情绪效应,可能因为悲伤情绪在"趋利避害"上的意义相对较弱。悲伤来自自身或亲近之人的损失,其可能转换为痛苦,痛苦可以导致激烈的抗议,阻止进一步的损失(Ekman and Cordaro, 2011)。情绪延长时距知觉是为帮助个体有更充分的主观时间对威胁刺激做出反应。造成悲伤情绪的损失并不伴随生命威胁,所以未能导致延长时距。

亚组分析还发现恐惧情绪的效应量大于其他负性情绪,可能因为恐惧情绪对"趋利避害"最为重要。基本情绪是自然选择塑造的,可以调整机体的生理、心理、认知和行为参数,从而提高个体能力,帮助个体更加适应性地对环境中的威胁和机遇做出反应(Nesse, 1990)。虽然愤怒、恐惧、厌恶情绪均是对威胁刺激的反应,但是它们具有不同的适应功能(Tracy, 2014)。恐惧帮助个体逃离威胁刺激(Tracy, 2014),厌恶帮助个体回避污染和疾病(Curtis et al., 2011;Oaten et al., 2009)。愤怒的来源既包括威胁刺激,也包括追求目标过程中的阻碍,其促进个体采取行动消除威胁或者障碍(Ekman and Cordaro, 2011)。从适应功能的视角,恐惧情绪对"趋利避害"最为重要,恐惧的诱发情境通常是猛兽、毒蛇等威胁动物,若不能及时做出反应,个体将会死亡。因此,恐惧情绪诱发的时距知觉长于其他负性情绪。

（三）情绪材料类型

视频的效应量仅有 4 个，且来自同一研究（Droit-Volet et al.，2011），其结果可能存在较大误差，因此仅关注其余三者对比。亚组分析显示，声音诱发的情绪效应小于风景图片和面孔图片。该差异可能是刺激通道不同造成的，风景图片和面孔图片均属于视觉刺激，而声音属于听觉刺激。虽然视觉和听觉都是人类接受信息的主要通道，但是人类进化的早期并没有语言（叶茂林，刘湘玲，2008），作为一种日间活动动物，人类更加依赖视觉信息。相应的，视觉通道对于情绪影响时距知觉敏感性更高。

进一步分析纳入文献，发现纳入的三项声音刺激研究均使用带有不同情绪色彩的语调朗读的某些单词（例如，"power"）或音节（例如，"ah"）来诱发情绪（Fallow and Voyer，2013；Schirmer et al.，2016；Voyer and Reuangrith，2015）。为产生不同长度的情绪刺激，三项研究均将声音刺激压缩或延长到特定时距。情绪刺激在压缩过程中的声学特点变化比中性刺激更大，由此可能造成了情绪声音的时距知觉比中性更短（Schirmer et al.，2016），从而造成了声音和图片之间的差异。

（四）时间任务范式

时间任务范式调节情绪对时距知觉的影响，估计法测量的情绪效应大于辨别法，辨别法大于复制法。估计法和辨别法的差异可能是信息丢失造成的。估计法要求被试报告刺激呈现的时长，辨别法要求被试比较当前刺激与标准刺激的时距（Gil and Droit-Volet，2011）。在辨别法中，被试的时间估计被化简为"长""短"之类的反应（翁纯纯，王宁，2020）。比如，标准时距为 1000 ms，无论是 400 ms，还是 600 ms，在辨别法中得到的只是"短"这一反应。因此，与估计法相比，辨别法丢失部分信息，使得估计法测量的效应量大于辨别法。

估计法和辨别法的效应量大于复制法可能有两个原因。第一，复制法依赖动作反应，估计法和辨别法仅包括知觉判断，前者属于动作计时，后者属于知觉计时（Thoenes and Oberfeld，2017）。研究发现同一效应在动作计时和知觉计时中具有不同的表现（Zhang et al.，2019）。我们认为时间复制法中的动作反应可能会掩盖情绪效应。在辨别法和估计法中更多依赖知觉判断，较少依赖动作反应。第二，在复制法中，被试往往需要在情绪刺激消失后，才开始复制时间（Lee et al.，2011）。虽然理论上认为情绪刺激的唤醒作用仅在时间编码阶段发挥作用，不影响复制阶段，但是在实际操作中，个体唤醒程度会随情绪刺激的消失逐渐下降，而复制法需要被试在情绪刺激消失后花费更长的时间完成反应，这很可能是复制法的效应量小于其他范式的原因。

（五）适应性假说

情绪的主要功能在于"趋利避害"，正性情绪指向"趋利"，负性情绪指向"避害"。情绪在"避害"上的重要性取决于具体功能。悲伤是对损失的反应，恐惧、愤怒和厌恶是对威胁的反应。相比于损失，个体面对丧生风险的威胁更高，所以悲伤情绪在"避害"上的重要性低于其他三种负性情绪。恐惧帮助个体逃离威胁刺激（Tracy，2014），厌恶帮助个体回避污染和疾病（Curtis et al.，2011；Oaten et al.，2009），愤怒促进个体采取行动消除威胁或者障碍（Ekman and Cordaro，2011）。未成功逃离威胁刺激（恐惧）导致丧生的风险高于被污染或感染疾病（厌恶）以及未能消除威胁或未能消除障碍（愤怒），因此恐惧情绪在"趋利避害"上的重要性高于愤怒和厌恶。综合来看，四种负性情绪在"避害"上的重要性顺序为：恐惧大于愤怒和厌恶，大于悲伤。

情绪在"避害"上的重要性体现为维度观视角下的愉悦度、唤醒度、动机维度。对"避害"越重要的情绪，其愉悦度越低，唤醒度越高，动机越接近高回避（Bradley et al.，2001；Cacioppo and Gardner，1999；Lang et al.，1993）。恐惧情绪在"避害"上的重要性最高，体现为高唤醒、低愉悦、高回避；"避害"重要性紧随其后的厌恶情绪，也体现为高唤醒、低愉悦、高回避；愤怒情绪体现为高唤醒、低愉悦，高趋近；"避害"重要性最低的悲伤体现为低唤醒、低愉悦，动机强度和方向取决于具体的情景。

"适应性假说"认为时距知觉扭曲是帮助个体更灵活地对环境做出反应。基于此，我们进一步认为，对"避害"越重要的负性情绪，其时距知觉越长。元分析发现，悲伤情绪不能稳定地扭曲时距知觉，恐惧情绪的时距知觉长于愤怒和厌恶，表明恐惧情绪的时距知觉长于厌恶和愤怒，长于悲伤。四种负性基本情绪的"避害"重要性与"时距知觉"对应。"避害"重要性体现于愉悦度、唤醒度、动机维度，这也与以往研究一致。以往研究发现，负性刺激的时距知觉长于正性刺激（Li and Tian，2020）；随着唤醒度升高，时距知觉延长（Zhou et al.，2021）；相比于高趋近动机，高回避动机导致时距知觉延长（尹华站等，2021）。这也间接支持"避害"重要性越高，时距知觉越长。

综上，本研究基于元分析结果，补充了"适应性假说"，认为"避害"重要性越高，情绪诱发的时距知觉越长。

（六）研究局限与展望

本研究存在以下局限。第一，由于未能从原作者处取得平均数与标准差的数据，几个效应量是根据 p 和样本量计算的（Gil and Droit-Volet, 2011; Grommet et al., 2011）。它们仅仅提供了显著性（如 $p<0.05$, 0.01, 0.001），没有提供精确的数值。为避免高估效应量，该数值被分别假定为 0.05, 0.01, 0.001，这会导致轻微低估效应量。第二，鉴于时间产生法的研究数量过少，会增加 I-型错误的风险，以及时间产生法具有特殊性，本研究未纳入时间产生法的研究。未来的研究需要更多关注时间产生法。第三，本书虽然识别出情绪影响时距知觉的调节因素，但是受元分析方法限制，并未探讨调节变量之间的相互关系。未来研究可针对此问题，进一步探讨变量之间的关系。第四，元分析基于效应量，合并多个小样本研究，是一种有效的统计方法。但是，其并不能取代实证研究。未来的研究可以使用更大的样本去验证本书的结果。

三、小结

首先，本研究基于维度观，通过元分析探讨情绪影响时距知觉的稳定性，并澄清效价（积极、消极）、唤醒（高、低）、情绪材料类型（风景图片、面孔图片、声音、文本）和时间任务范式（辨别法、估计法、复制法）如何调节该效应。结果表明，情绪会导致高估时距；该效应受效价、唤醒、情绪材料类型、时间任务范式调节。具体来说，相比于积极刺激，消极效价导致更大的时间高估；随着唤醒增加，时间高估更大；相比于文本刺激，风景图片、面孔图片、声音刺激在诱发时间高估上更有效；相比于复制法，辨别法和估计法测量时距知觉更有效。

其次，本研究基于分类观，通过元分析澄清情绪影响时距知觉的稳定性，以及潜在的调节因素。情绪影响时距知觉具有一定稳定性，年龄阶段、情绪材料类型、基本情绪类型、时间任务范式会调节该效应。具体来说，恐惧情绪的平均效应量大于悲伤、厌恶、愤怒情绪，而悲伤情绪的平均效应量不显著；估计法的平均效应量大于辨别法，辨别法的平均效应量大于复制法，而复制法的平均效应量不显著；面孔图片和风景图片的平均效应量大于声音刺激；学前儿童和小学儿童的平均效应量大于成年早期个体，而成年晚期个体的平均效应量不显著。本研究支持适应性假说，认为情绪延长时距知觉是适应性的产物，并将该假说具体化，认为对"避害"越重要的情绪，其诱发的时距知觉越长。

参考文献

[1] ADESOPE O O, NESBIT J C. Verbal redundancy in multimedia learning environments: A meta-analysis [J]. Journal of educational psychology, 2012, 104 (1): 250.

[2] ANGRILLI A, CHERUBINI P, PAVESE A et al. The influence of affective factors on time perception [J]. Perception and psychophysics, 1997, 59 (6): 972-982.

[3] BAR-HAIM Y, KEREM A, LAMY D et al. When time slows down: The influence of threat on time perception in anxiety [J]. Cognition and emotion, 2010, 24 (2): 255-263.

[4] BAYER M, SCHACHT A. Event-related brain responses to emotional words, pictures, and faces-a cross-domain comparison [J]. Frontiers in psychology, 2014, 5 (12): 1-10.

[5] BEGG C B, MAZUMDAR M. Operating Characteristics of a Rank Correlation Test for Publication Bias [J]. Biometrics, 1994, 50 (4): 1088.

[6] BENAU E M, ATCHLEY R A. Time flies faster when you're feeling blue: sad mood induction accelerates the perception of time in a temporal judgment task [J]. Cognitive processing, 2020, 21 (3): 479-491.

[7] BORENSTEIN M, HEDGES L V, HIGGINS J P T et al. Introduction to Meta-Analysis [J]. Wiley, 2009.

[8] BRADLEY M M, CODISPOTI M, CUTHBERT B N et al. Emotion and motivation I: Defensive and appetitive reactions in picture processing [J]. Emotion, 2001, 1 (3): 276-298.

[9] BUETTI S, LLERAS A. Perceiving Control Over Aversive and Fearful Events

Can Alter How We Experience Those Events: An Investigation of Time Perception in Spider Fearful Individuals [J]. Frontiers in psychology, 2012, 3 (9): 1-17.

[10] BUHUSI C V, MECK W H. What makes us tick? Functional and neural mechanisms of interval timing [J]. Nature reviews neuroscience, 2005, 6 (10): 755-765.

[11] CACIOPPO J T, BERNTSON G G. Relationship between attitudes and evaluative space: A critical review, with emphasis on the separability of positive and negative substrates [J]. Psychological bulletin, 1994, 115 (3): 401-423.

[12] CACIOPPO J T, GARDNER W L. Emotion [J]. Annual Review of Psychology, 1999, 50 (1): 191-214.

[13] CAMPBELL L A, BRYANT R A. How time flies: A study of novice skydivers [J]. Behaviour research and therapy, 2007, 45 (6): 1389-1392.

[14] CHENG R-K, MACDONALD C J, MECK W H. Differential effects of cocaine and ketamine on time estimation: Implications for neurobiological models of interval timing [J]. Pharmacology biochemistry and behavior, 2006, 85 (1): 114-122.

[15] CHENG R-K, ALI Y M, MECK W H. Ketamine "unlocks" the reduced clock speed effects of cocaine following extended training: Evidence for dopamine glutamate interactions in timing and time perception [J]. Neurobiology of learning and memory, 2007, 88 (2): 149-159.

[16] CHURCH R M. Properties of the Internal Clock [J]. Annals of the new york academy of sciences, 1984, 423 (1 Timing and Ti): 566-582.

[17] COY A L, HUTTON S B. The influence of hallucination proneness and social threat on time perception [J]. Cognitive neuropsychiatry, 2013, 18 (6): 463-476.

[18] CRUZ J F, VIDAUD-LAPERRIÈRE K, BRECHET C et al. Emotional Context Distorts Both Time and Space in Children [J]. Journal of behavioral and brain science, 2020, 10 (9): 371-385.

[19] CURTIS V, DE BARRA M, AUNGER R. Disgust as an adaptive system for disease avoidancebehaviour [J]. Philosophical transactions of the royal soci-

ety B: biological sciences, 2011, 366 (1563): 389-401.

[20] DELANEY-BUSCH N, WILKIE G, KUPERBERG G. Vivid: How valence and arousal influence word processing under different task demands [J]. Cognitive, Affective and behavioral neuroscience, 2016, 16 (3): 415-432.

[21] DIANO M, CELEGHIN A, BAGNIS A et al. Amygdala Response to Emotional Stimuli without Awareness: Facts and Interpretations [J]. Frontiers in psychology, 7 (1), 2017.

[22] DIRNBERGER G, HESSELMANN G, ROISER J P et al. Give it time: Neural evidence for distorted time perception and enhanced memory encoding in emotional situations [J]. Neuro Image, 2012, 63 (1): 591-599.

[23] DOI H, SHINOHARA K. The perceived duration of emotional face is influenced by the gaze direction [J]. Neuroscience letters, 2009, 457 (2): 97-100.

[24] DROIT-VOLET S, BRUNOT S, NIEDENTHAL P. Perception of the duration of emotional events [J]. Cognition and emotion, 2004, 18 (6): 849-858.

[25] DROIT-VOLET S, FAYOLLE S, GIL S. Emotion and Time Perception: Effects of Film-Induced Mood [J]. Frontiers in integrative neuroscience, 2011, 5 (8): 1-9.

[26] DROIT-VOLET S, FAYOLLE S, GIL S. Emotion and Time Perception in Children and Adults: The Effect of Task Difficulty [J]. Timing and time perception, 2016, 4 (1): 7-29.

[27] DROIT-VOLET S, GIL S. The time-emotion paradox [J]. Philosophical transactions of the royal society B: biological sciences, 2009, 364 (1525): 1943-1953.

[28] DROIT-VOLET S, LAMOTTE M, IZAUTE M. The conscious awareness of time distortions regulates the effect of emotion on the perception of time [J]. Consciousness and cognition, 2015, 38 (12): 155-164.

[29] DROIT-VOLET S, MECK W H. How emotionscolour our perception of time [J]. Trends in cognitive sciences, 2007, 11 (12): 504-513.

[30] DROIT-VOLET S, MERMILLOD M, COCENAS-SILVA R et al. The effect of expectancy of a threatening event on time perception in human adults [J]. Emotion, 2010, 10 (6): 908-914.

[31] DUVAL S, TWEEDIE R. A Nonparametric "Trim and Fill" Method of Accounting for Publication Bias in Meta-Analysis [J]. Journal of the american statistical association, 2000, 95 (449): 89-98.

[32] EBERHARDT L V, PITTINO F, SCHEINS A et al. Duration Estimation of Angry and Neutral Faces: Behavioral and Electrophysiological Correlates [J]. Timing and time perception, 2020, 8 (3-4): 254-278.

[33] EFFRON D A, NIEDENTHAL P M, GIL S et al. Embodied temporal perception of emotion [J]. Emotion, 2006, 6 (1): 1-9.

[34] EGGER M, SMITH G D, SCHNEIDER M et al. Bias in meta-analysis detected by a simple, graphical test [J]. BMJ, 1997, 315 (7109): 629-634.

[35] EKMAN P. An argument for basic emotions [J]. Cognition and emotion, 1992, 6 (3-4): 169-200.

[36] EKMAN P. Facial expression and emotion [J]. American psychologist, 1993, 48 (4): 384-392.

[37] EKMAN P, CORDARO D. What is Meant by Calling Emotions Basic [J]. Emotion review, 2011, 3 (4): 364-370.

[38] ERDO AN E, & BARAN Z. Effect of Basic Emotional Facial Expressions on Time Perception [J]. Psikiyatride Guncel Yaklasimlar-Current Approaches in Psychiatry, 2019, 11 (Suppl 1): 176-191.

[39] FALK J L, BINDRA D. Judgment of time as a function of serial position and stress [J]. Journal of experimental psychology, 1954, 47 (4): 279-282.

[40] FALLOW K M, VOYER D. Degree of handedness, emotion, and the perceived duration of auditory stimuli [J]. Laterality: asymmetries of Body, brain and cognition, 2013, 18 (6): 671-692.

[41] FAYOLLE S L, DROIT-VOLET S. Time Perception and Dynamics of Facial Expressions of Emotions [J]. PLoS ONE, 2014, 9 (5), e97944.

[42] FRAISSE P. Perception and Estimation of Time [J]. Annual review of psychology, 1984, 35 (1): 1-37.

[43] GABLE P A, NEAL L B, POOLE B D. Sadness speeds and disgust drags: Influence of motivational direction on time perception in negative affect [J]. Motivation science, 2016, 2 (4): 238-255.

[44] GABLE P A, POOLE B D. Time Flies When You're Having Approach-Moti-

vated Fun [J]. Psychological science, 2012, 23 (8): 879-886.

[45] GABLE P, HARMON-JONES E. The motivational dimensional model of affect: Implications for breadth of attention, memory, and cognitivecategorisation [J]. Cognition and emotion, 2010, 24 (2): 322-337.

[46] GIBBON J, CHURCH R M, MECK W H. Scalar Timing in Memory [J]. Annals of the new york academy of sciences, 1984, 423 (1 Timing and Ti): 52-77.

[47] GIL S, DROIT-VOLET S. "Time flies in the presence of angry faces" … depending on the temporal task used! [J]. Acta psychologica, 2011, 136 (3): 354-362.

[48] GIL S, DROIT-VOLET S. Emotional time distortions: The fundamental role of arousal [J]. Cognition and emotion, 2012, 26 (5): 847-862.

[49] GIL S, NIEDENTHAL P M, DROIT-VOLET S. Anger and time perception in children [J]. Emotion, 2007, 7 (1): 219-225.

[50] GIL S, ROUSSET S, DROIT-VOLET S. How liked and disliked foods affect time perception [J]. Emotion, 2009, 9 (4): 457-463.

[51] GROMMET E K, DROIT-VOLET S, GIL S et al. Time estimation of fear cues in human observers [J]. Behavioural processes, 2011, 86 (1): 88-93.

[52] GROMMET E K, HEMMES N S, BROWN B L. The Role of Clock and Memory Processes in the Timing of Fear Cues by Humans in the Temporal Bisection Task [J]. Behavioural processes, 2019, 164 (1): 217-229.

[53] GRONDIN S, LAFLAMME V, GONTIER É. Effect on perceived duration and sensitivity to time when observing disgusted faces and disgusting mutilation pictures [J]. Attention, perception, and psychophysics, 2014, 76 (6): 1522-1534.

[54] GRONDIN S, LAFLAMME V, BIENVENUE P et al. Sex Effect in the Temporal Perception of Faces Expressing Anger and Shame [J]. International journal of comparative psychology, 2015 (28): 0-12.

[55] GULLIKSEN H. The influence of occupation upon the perception of time [J]. Journal of Experimental Psychology, 1927, 10 (1): 52-59.

[56] HARE R D. The estimation of short temporal intervals terminated by shock [J]. Journal of clinical psychology, 1963, 19 (3): 378-380.

[57] HARRINGTON D L, CASTILLO G N, FONG C H et al. Neural Underpinnings of Distortions in the Experience of Time Across Senses [J]. Frontiers in integrative neuroscience, 2011, 5 (7): 1-14.

[58] HIGGINS J P T. Measuring inconsistency in meta-analyses [J]. BMJ, 2003, 327 (7414): 557-560.

[59] HINOJOSA J A, CARRETIÉ L, VALCÁRCEL M A et al. Electrophysiological differences in the processing of affective information in words and pictures [J]. Cognitive, affective, and behavioral neuroscience, 2009, 9 (2): 173-189.

[60] HUANG S, QIU J, LIU P, LI Q et al. The Effects of Same and Other Race Facial Expressions of Pain on Temporal Perception [J]. Frontiers in psychology, 2018, 9 (11): 1-9.

[61] JAMES W. The Principles of Psychology [J]. Dover publications, 1890.

[62] JOHNSON L W, MACKAY D G. Relations between emotion, memory encoding, and time perception [J]. Cognition and emotion, 2019, 33 (2): 185-196.

[63] JONES C R G, LAMBRECHTS A, GAIGG S B. Using Time Perception to Explore Implicit Sensitivity to Emotional Stimuli in Autism Spectrum Disorder [J]. Journal of autism and developmental disorders, 2017, 47 (7): 2054-2066.

[64] KLIEGL K M, LIMBRECHT-ECKLUNDT K, DÜRR L et al. The complex duration perception of emotional faces: effects of face direction [J]. Frontiers in psychology, 2015, 6 (3): 1-11.

[65] KRESS L, AUE T. The link between optimism bias and attention bias: A neurocognitive perspective [J]. Neuroscience and biobehavioral reviews, 2017, 80 (12): 688-702.

[66] LAKE J I, LABAR K S, MECK W H. Emotional modulation of interval timing and time perception [J]. Neuroscience and biobehavioral reviews, 2016 (64): 403-420.

[67] LAM C L M, LEUNG C J, YIEND J, LEE T M C. The implication of cognitive processes in emotional bias [J]. Neuroscience and Biobehavioral Reviews, 2020, 114 (3): 156-157.

[68] LANG P J, BRADLEY M M, CUTHBERT B N. International affective picture system (IAPS): Technical manual and affective ratings [J]. NIMH Center for the Study of Emotion and Attention, 1997: 39-58.

[69] LANG P J, BRADLEY M M, CUTHBERT B N. Emotion, motivation, and anxiety: brain mechanisms and psychophysiology [J]. Biological psychiatry, 1998, 44 (12): 1248-1263.

[70] LANG P J, GREENWALD M K, BRADLEY M M et al. Looking at pictures: Affective, facial, visceral, and behavioral reactions [J]. Psychophysiology, 1993, 30 (3): 261-273.

[71] LANGER J, WAPNER S, WERNER H. The Effect of Danger upon the Experience of Time [J]. The american journal of psychology, 1961, 74 (1): 94.

[72] LEE K-H, SEELAM K, O BRIEN T. The relativity of time perception produced by facial emotion stimuli [J]. Cognition and emotion, 2011, 25 (8): 1471-1480.

[73] LEHOCKEY K A, WINTERS A R, NICOLETTA A J et al. The effects of emotional states and traits on time perception [J]. Brain informatics, 2018, 5 (2): 9.

[74] LEPPÄNEN J M, NELSON C A. Early Development of Fear Processing [J]. Current directions in psychological science, 2012, 21 (3): 200-204.

[75] LEVENSON R W. Basic Emotion Questions [J]. Emotion review, 2011, 3 (4): 379-386.

[76] LI L, TIAN Y. Aesthetic Preference and Time: Preferred Painting Dilates Time Perception [J]. SAGE Open, 2020, 10 (3), 215824402093990.

[77] LI W O, YUEN K S L. The perception of time while perceiving dynamic emotional faces [J]. Frontiers in psychology, 2015, 6 (8): 1-11.

[78] LIU B, JIN Z, WANG Z, HU Y. The interaction between pictures and words: evidence from positivity offset and negativity bias [J]. Experimental brain research, 2010, 201 (2): 141-153.

[79] LUI M A, PENNEY T B, SCHIRMER A. Emotion Effects on Timing: Attention versus Pacemaker Accounts [J]. PLoS ONE, 2011, 6 (7), e21829.

[80] MATSUDA I, MATSUMOTO A, NITTONO H. Time Passes Slowly When

You Are Concealing Something [J]. Biological psychology, 2020, 155 (5), 107932.

[81] MATTHEWS W J, MECK W H. Time perception: the bad news and the good [J]. Wiley interdisciplinary peviews: cognitive science, 2014, 5 (4): 429-446.

[82] MECK W H. Selective adjustment of the speed of internal clock and memory processes [J]. Journal of experimental psychology: animal behavior processes, 1983, 9 (2): 171-201.

[83] MEHRABIAN A, RUSSELL J A. An approach to environmental psychology [J]. MIT, 1974.

[84] MELLA N, CONTY L, POUTHAS V. The role of physiological arousal in time perception: Psychophysiological evidence from an emotion regulation paradigm [J]. Brain and cognition, 2011, 75 (2): 182-187.

[85] MEREU S, LLERAS A. Feelings of control restore distorted time perception of emotionally charged events [J]. Consciousness and cognition, 2013, 22 (1): 306-314.

[86] MIONI G, GRONDIN S, MELIGRANA L et al. Effects of happy and sad facial expressions on the perception of time in Parkinson,s disease patients with mild cognitive impairment [J]. Journal of clinical and experimental neuropsychology, 2018, 40 (2): 123-138.

[87] MIONI G, GRONDIN S, STABLUM F. Do I dislike what you dislike? Investigating the effect of disgust on time processing [J]. Psychological research, 2020, 85 (7): 2742-2754.

[88] MONDILLON L, NIEDENTHAL P M, GIL S et al. Imitation of in-group versus out-group members, facial expressions of anger: A test with a time perception task [J]. Social neuroscience, 2007, 2 (3-4): 223-237.

[89] MROCZEK D K, KOLARZ C M. The effect of age on positive and negative affect: A developmental perspective on happiness [J]. Journal of personality and social psychology, 1998, 75 (5): 1333-1349.

[90] NESSE R M. Evolutionary explanations of emotions [J]. Human nature, 1990, 1 (3): 261-289.

[91] NICOL J R, TANNER J, CLARKE K. Perceived Duration of Emotional

Events: Evidence for a Positivity Effect in Older Adults [J]. Experimental aging research, 2013, 39 (5): 565-578.

[92] NOULHIANE M, MELLA N, SAMSON S et al. How emotional auditory stimuli modulate time perception [J]. Emotion, 2007, 7 (4): 697-704.

[93] OATEN M, STEVENSON R J, CASE T I. Disgust as a disease avoidance mechanism [J]. Psychological bulletin, 2009, 135 (2): 303-321.

[94] OGDEN R S, HENDERSON J, MCGLONE F et al. Time distortion under threat: Sympathetic arousal predicts time distortion only in the context of negative, highly arousing stimuli [J]. PLoS ONE, 2019, 14 (5), e0216704.

[95] OGDEN R S, MOORE D, REDFERN L, MCGLONE F. The effect of pain and the anticipation of pain on temporal perception: A role for attention and arousal [J]. Cognition and Emotion, 2015, 29 (5): 910-922.

[96] OGDEN R S, TURNER F, PAWLING R. An Absence of a Relationship between Overt Attention and Emotional Distortions to Time: an Eye Movement Study [J]. Timing and time perception, 2021, 9 (2): 127-149.

[97] ÖZGÖR C, ŞENYER ÖZGÖR S, DURU A D et al. How visual stimulus effects the time perception? The evidence from time perception of emotional videos [J]. Cognitive neurodynamics, 2018, 12 (4): 357-363.

[98] PAULMANN S, PELL M D. Is there an advantage for recognizing multi-modal emotional stimuli? [J]. Motivation and emotion, 2011, 35 (2): 192-201.

[99] PEETERS G, CZAPINSKI J. Positive Negative Asymmetry in Evaluations: The Distinction Between Affective and Informational Negativity Effects [J]. European review of social psychology, 1990, 1 (1): 33-60.

[100] PIOVESAN A, MIRAMS L, POOLE H et al. The relationship between paininduced autonomic arousal and perceived duration [J]. Emotion, 2019, 19 (7): 1148-1161.

[101] QIAN Y, JIANG S, JING X et al. Effects of 15 Day Head-Down Bed Rest on Emotional Time Perception [J]. Frontiers in psychology, 2021, 12 (12): 1-10.

[102] RANKIN K, SWEENY K, XU S. Associations between subjective time perception and well being during stressful waiting periods [J]. Stress and health, 2019, 35 (4): 549-559.

[103] ROSENTHAL R. The file drawer problem and tolerance for null results [J]. Psychological bulletin, 1979, 86 (3): 638-641.

[104] ROSENZWEIG S, KOHT A G. The experience of duration as affected by need-tension [J]. Journal of experimental psychology, 1933, 16 (6): 745-774.

[105] ROYET J-P, ZALD D, VERSACE R et al. Emotional Responses to Pleasant and Unpleasant Olfactory, Visual, and Auditory Stimuli: a Positron Emission Tomography Study [J]. The Journal of Neuroscience, 2000, 20 (20): 7752-7759.

[106] RUSSELL J A. A circumplex model of affect [J]. Journal of personality and social psychology, 1980, 39 (6): 1161-1178.

[107] SARIGIANNIDIS I, GRILLON C, ERNST M et al. Anxiety makes time pass quicker while fear has no effect [J]. Cognition, 2020, 197 (10), 104116.

[108] SCHIRMER A, NG T, ESCOFFIER N et al. Emotional Voices Distort Time: Behavioral and Neural Correlates [J]. Timing and time perception, 2016, 4 (1): 79-98.

[109] SCHUPP H T, STOCKBURGER J, CODISPOTI M et al. Selective Visual Attention to Emotion [J]. Journal of neuroscience, 2007, 27 (5): 1082-1089.

[110] SHI Z, JIA L, MÜLLER H J. Modulation of tactile duration judgments by emotional pictures [J]. Frontiers in integrative neuroscience, 2012, 6 (5): 1-9.

[111] SIEDLECKA E, DENSON T F. Experimental Methods for Inducing Basic Emotions: A Qualitative Review [J]. Emotion review, 2019, 11 (1): 87-97.

[112] SILVERS J A, SHU J, HUBBARD A D et al. Concurrent and lasting effects of emotion regulation on amygdala response in adolescence and young adulthood [J]. Developmental science, 2015, 18 (5): 771-784.

[113] SMITH S D, MCIVER T A, DI NELLA M S J et al. The effects of valence and arousal on the emotional modulation of time perception: Evidence for multiple stages of processing [J]. Emotion, 2011, 11 (6): 1305-1313.

[114] STERNE J A, EGGER M. Funnel plots for detecting bias in meta-analysis

[J]. Journal of Clinical Epidemiology, 2001, 54 (10): 1046-1055.

[115] TAYLOR S E. Asymmetrical effects of positive and negative events: The mobilization minimization hypothesis [J]. Psychological bulletin, 1991, 110 (1): 67-85.

[116] THAYER R E. Toward a psychological theory of multidimensional activation (arousal) [J]. Motivation and Emotion, 1978, 2 (1): 1-34.

[117] THAYER S, SCHIFF W. Eye-Contact, Facial Expression, and the Experience of Time [J]. The journal of social psychology, 1975, 95 (1): 117-124.

[118] THOENES S, OBERFELD D. Meta-analysis of time perception and temporal processing in schizophrenia: Differential effects on precision and accuracy [J]. Clinical psychology review, 2017, 54 (6): 44-64.

[119] TIAN Y, LIU P, HUANG X. The Role of Emotion Regulation in Reducing Emotional Distortions of Duration Perception [J]. Frontiers in psychology, 2018, 9 (3): 1-10.

[120] TIPPLES J. Negative emotionality influences the effects of emotion on time perception [J]. Emotion, 2008, 8 (1): 127-131.

[121] TIPPLES J. Time flies when we read taboo words [J]. Psychonomic bulletin and review, 2010, 17 (4): 563-568.

[122] TIPPLES J. When time stands still: Fearspecific modulation of temporal bias due to threat [J]. Emotion, 2011, 11 (1): 74-80.

[123] TIPPLES J. Increased temporal sensitivity for threat: A Bayesian generalized linear mixed modeling approach [J]. Attention, perception, psychophysics, 2019, 81 (3): 707-715.

[124] TIPPLES J, BRATTAN V, JOHNSTON P. Facial Emotion Modulates the Neural Mechanisms Responsible for Short Interval Time Perception [J]. Brain topography, 2015, 28 (1): 104-112.

[125] TOMAS J, ŠPANIĆ A M. Angry and beautiful: The interactive effect of facial expression and attractiveness on time perception [J]. Psychological topics, 2016, 25 (2): 299-315.

[126] TRACY J L. An Evolutionary Approach to Understanding Distinct Emotions [J]. Emotion review, 2014, 6 (4): 308-312.

[127] TREISMAN M. Temporal discrimination and the indifference interval: Implica-

tions for a model of the "internal clock" [J]. Psychological monographs: general and applied, 1963, 77 (13): 1-31.

[128] VAN ELK M, ROTTEVEEL M. Experimentally induced awe does not affect implicit and explicit time perception [J]. Attention, perception, psychophysics, 2020, 82 (3): 926-937.

[129] VANVOLKINBURG H, BALSAM P. Effects of emotional valence and arousal on time perception [J]. Timing and time perception, 2014, 2 (3): 360-378.

[130] VIAU-QUESNEL C, SAVARY M, BLANCHETTE I. Reasoning and concurrent timing: a study of the mechanisms underlying the effect of emotion on reasoning [J]. Cognition and emotion, 2019, 33 (5): 1020-1030.

[131] VOYER D, REUANGRITH E. Perceptual asymmetries in a time estimation task with emotional sounds [J]. Laterality: asymmetries of body, brain and cognition, 2015, 20 (2): 211-231.

[132] WACKERMANN J, MEISSNER K, TANKERSLEY D et al. Effects of emotional valence and arousal on acoustic duration reproduction assessed via the "dual klepsydra model." [J]. Frontiers in neurorobotics, 2014, 8 (2): 1-10.

[133] WATSON D, TELLEGEN A. Toward a consensual structure of mood [J]. Psychological bulletin, 1985, 98 (2): 219-235.

[134] WEARDEN J H. Applying the scalar timing model to human time psychology: Progress and challenges [J]. Time and mind II: information processing perspectives, 2003: 21-39.

[135] WEARDEN J H, LEJEUNE H. Scalar Properties in Human Timing: Conformity and Violations [J]. Quarterly journal of experimental psychology, 2008, 61 (4): 569-587.

[136] WEARDEN J H, PENTON-VOAK I S. Feeling the heat: body temperature and the rate of subjective time, revisited [J]. The quarterly journal of experimental psychology section B, 1995, 48 (2): 129-141.

[137] WÖLLNER C, HAMMERSCHMIDT D, ALBRECHT H. Slow motion in films and video clips: Music influences perceived duration and emotion, auto-nomic physiological activation and pupillary responses [J]. PLoS ONE, 2018, 13

(6), e0199161.

[138] YAMADA Y, KAWABE T. Emotion colors time perception unconsciously [J]. Consciousness and cognition, 2011, 20 (4): 1835-1841.

[139] YIN H, CUI X, BAI Y et al. The Effects of Angry Expressions and Fearful Expressions on Duration Perception: An ERP Study [J]. Frontiers in psychology, 2021, 12 (6): 1-10.

[140] YOUNG L N, CORDES S. Time and number under the influence of emotion [J]. Visual cognition, 2012, 20 (9): 1048-1051.

[141] YUAN J, LI L, TIAN Y. Automatic suppression reduces anxiety related overestimation of time perception [J]. Frontiers in physiology, 2020, 11 (10): 1-12.

[142] YUAN J, TIAN Y, HUANG X et al. Emotional bias varies with stimulus type, arousal and task setting: Meta-analytic evidences [J]. Neuroscience and biobehavioral reviews, 2019, 107 (8): 461-472.

[143] ZAKAY D, BLOCK R A. Temporal cognition [J]. Current directions in psychological science, 1997, 6 (1): 12-16.

[144] ZHANG D, LIU Y, WANG X et al. The duration of disgusted and fearful faces is judged longer and shorter than that of neutral faces: the attention-related time distortions as revealed by behavioral and electrophysiological measurements [J]. Frontiers in behavioral neuro-science, 2014, 8 (8): 1-9.

[145] ZHANG M, ZHANG L, YU Y et al. Women over-estimate temporal duration: evidence from chinese emotional words [J]. Frontiers in psychology, 2017, 8 (10): S352.

[146] ZHANG M, ZHAO D, ZHANG Z et al. Time perception deficits and its dose dependent effect in methamphetamine dependents with shortterm abstinence [J]. Science advances, 2019, 5 (10).

[147] ZHOU S, LI L, WANG F et al. How facial attractiveness affects time perception: increased arousal results in temporal dilation of attractive Faces [J]. Frontiers in psychology, 2021, 12.

[148] 傅小兰. 情绪心理学 [M]. 上海: 华东师范大学出版社, 2015.

[149] 甘甜, 罗跃嘉, 张志杰. 情绪对时间知觉的影响 [J]. 心理科学, 2009, 32 (4): 836-839.

[150] 黄顺航, 刘培朵, 李庆庆, 等. 疼痛表情对秒下及秒上时距知觉的影响 [J]. 心理科学, 2018, 41 (2): 278-284.

[151] 黄希庭. 时距信息加工的认知研究 [J]. 西南师范大学学报（自然科学版）, 1993 (2): 207-215.

[152] 贾丽娜, 王丽丽, 臧学莲, 等. 情绪性时间知觉: 具身化视角 [J]. 心理科学进展, 2015, 23 (8): 1331-1339.

[153] 乐国安, 董颖红. 情绪的基本结构: 争论、应用及其前瞻 [J]. 南开学报（哲学社会科学版）, 2013 (1): 140-150.

[154] 李丹, 刘思格, 白幼玲, 等. 恐惧面孔影响不同年龄个体时距知觉: 任务难度的调节作用 [J]. 中国临床心理学杂志, 2021, 29 (6): 1119-1126.

[155] 李丹, 尹华站. 恐惧情绪面孔影响不同年龄个体时距知觉的研究 [J]. 心理科学, 2019, 42 (5): 1061-1068.

[156] 林崇德. 发展心理学 [M]. 北京: 人民教育出版社, 2018.

[157] 柳昀哲, 张丹丹, 罗跃嘉. 婴儿社会和情绪脑机制的早期发展 [J]. 科学通报, 2013, 58 (9): 753-761.

[158] 马谐, 陶云, 胡文钦. 时距知觉中的情绪效应 [J]. 心理科学进展, 2009, 17 (1): 29-36.

[159] 任维聪, 马将, 张志杰. 时间认知的年老化及其神经机制 [J]. 生物化学与生物物理进展, 2019, 46 (1): 63-72.

[160] 陶云, 马谐. 面孔情绪下3~8岁儿童时距知觉的实验研究 [J]. 心理发展与教育, 2010 (3): 225-232.

[161] 翁纯纯, 王宁. 时距知觉的动物研究范式及相关神经机制 [J]. 心理科学进展, 2020, 28 (9): 1478-1492.

[162] 伍泽莲, 何媛媛, 李红. 灾难给我们的心理留下了什么？——创伤心理的根源及创伤后应激反应的脑机制 [J]. 心理科学进展, 2009, 17 (3): 639-644.

[163] 谢和平, 王福兴, 周宗奎, 等. 多媒体学习中线索效应的元分析 [J]. 心理学报, 2016, 48 (5): 540-555.

[164] 叶茂林, 刘湘玲. 正确记忆与错误记忆中的感觉通道效应研究 [J]. 心理科学, 2008, 31 (5): 1104-1107.

[165] 尹华站, 白幼玲, 刘思格, 等. 情绪动机方向和强度对时距知觉的影

响 [J]. 心理科学, 2021, 44 (6): 1313-1321.

[166] 张锋, 赵国祥. 情绪对聋哑大学生时距知觉的影响 [J]. 心理科学, 2019, 42 (4): 861-867.

[167] 郑璞, 刘聪慧, 俞国良. 情绪诱发方法述评 [J]. 心理科学进展, 2012, 20 (1): 45-55.

[168] 郑玮琦, 张亦晨, 马佳欣, 等. 运动对时距知觉的影响及其神经机制 [J]. 生物化学与生物物理进展, 2021, 48 (7): 758-767.

[169] 周萍, 陈琦鹂. 情绪刺激材料的研究进展 [J]. 心理科学, 2008, 31 (2): 424-426.

第四章
时距知觉情绪效应理论与研究：离身观

20世纪60年代，早期认知心理学学派在拒绝行为主义学派的刺激——行为机制假说之后，将认知类比为计算机对信息的加工过程，主要依托符号表征来实现，因而也决定了认知过程具有"离身"（Disembodiment）性质，即心智和身体符合"可分离原则"（Separability Principle）。这一原则主张心智和身体具有因果交感关系，但是心智在某种意义上是自主的，独立于身体；心智性质不依赖于承载它的生物实体的生理性质（Dempsey and Shani, 2013）。"胸怀喜悦时光飞逝"（Simen and Matell, 2016），"心有忧愁度日如年"（Fayolle, Gil and Droit-Volet, 2015），这是从离身观角度描述情绪对时距知觉的影响模式（Lake et al., 2016）。当然，研究者不但可以从这一视角揭示时距知觉情绪效应的变化趋势及其调节因素，而且可以基于关联理论解释这一效应。下文主要是从离身观视角阐述时距知觉情绪效应的关联理论及实证研究。

第一节 时距知觉情绪效应中的关联理论

一、基于起搏器—累加器模型的时距知觉理论

20世纪60年代以来，认知心理学家尝试在起搏器—累加器框架内（Pacemaker-Accumulator models, PA）描述时距判断的内部机制（Gibbon et al., 1984）。PA模型假定时间判断涉及时钟、记忆和决策阶段。首先，时钟阶段起搏器以一定频率发放脉冲，然后经由注意资源控制的开关，进入累加

器中进行脉冲累加。当开关闭合时，脉冲传输至累加器中。开关断开时，阻止脉冲通过。累加器脉冲数量表示在特定时间间隔之内流逝的时间长度（Meck，1984）。记忆阶段，脉冲从工作记忆可以传输至长时记忆。最后，决策阶段将工作记忆中的脉冲表征与长时记忆（参照记忆）中的脉冲表征比较，以确定当前时距与参照时距的关系。由此可见，时距判断主要变异源涉及起搏器，连接起搏器和累加器的开关及工作记忆过滤器，衍生出唤醒效应、开关效应及过滤器效应。

唤醒效应是指因起搏器速率变化而发生的时距知觉相对改变。任何改变起搏器速率的操作被概念化为唤醒。研究认为增加唤醒度等同增加起搏器速率，而改变起搏器速率会导致时距知觉随目标时距成正比例偏移（Gibbon，1977；Gibbon et al.，1984）。譬如，动物服用含多巴胺的药物会产生与起搏器速率变化相一致的效应，表现出计时功能呈比例变化（Meck，1996）。可卡因、甲基苯丙胺（冰毒）、精神兴奋剂会增加时钟速度，导致高估时间（Maricq et al.，1981；Matell et al.，2006；Williamson et al.，2008），而氟哌啶醇会降低时钟速度，导致低估时间（Maricq and Church，1983；Meck，1996）。人体研究表明，操纵多巴胺水平会导致计时性能发生变化，这与唤醒引起起搏器速率变化趋势相一致（Arushanya et al.，2003；Coull et al.，2011；Lake and Meck，2013）。体温升高也导致时间成比例高估，而体温降低导致时间成比例低估（Wearden and Penton-Voak，1995）。最后，时间判断之前出现视觉闪烁或听觉咔嗒声也会增加起搏器速率（Droit-Volet and Wearden，2002；Repp et al.，2013）。尽管任何可提高起搏器速率的操作均可视作唤醒的操作定义（Droit-Volet and Meck，2007），然而它们与情感和认知科学领域所界定唤醒之间的关系仍有待澄清。

注意被定义为对计时与其他加工之间的选择或资源分配，并被概念化为开关或闸门功能（Lejeune，1998；Zakay，2000），通过在开启与闭合之间的变换而调节流向累加器的脉冲数量（Buhusi and Meck，2009）。开关效应可能会导致时距知觉加法式或乘法式偏估，这取决于开关活动的性质。启动/停止潜伏期假说假定情绪刺激导致时间偏估是恒定的，与刺激物理时间无关（Lejeune，1998；Meck and Benson，2002）。启动/停止潜伏期假设得到证据的支持。一项以大鼠模型的研究发现，当计时刺激与警告信号属于不同通道时会导致时间低估（Meck，1984），研究者推断计时刺激与警告信号通道不同，需要重新定位注意朝向，以致增加开关闭合的潜伏期，导致时间低估。药理干预研究为开关潜伏期假设进一步提供证据。当给接受顶峰程序训练的大鼠注射可乐定时，要求在学会间隔时间之后按下杠杆，结果发现大鼠按杆反应晚于已学会的间隔时间。这种效应在不同间隔时间条件下是恒定的，支持了开关启动/停止潜伏期假设。应该注意的是，尽管启动/停止潜伏期差异会影响时间估计长度，但是通常不会影响时间敏感度（Gibbon and Church，1984）。

如果注意资源在整个计时过程中进行分配，那么开关会在打开和关闭状态之间"闪烁"（Droit-Volet et al.，2007；Lui et al.，2011；Lustig and Meck，2001）。开关闪烁会导致时间偏估，像起搏器效应一样，与刺激物理时间成比例。支持开关闪烁假设的证据在于发现了注意在时间任务和非时间任务之间的分配会导致低估时间（Coull et al.，2004）。PA模型前提假设是，正常状况下注意资源完全专注于计时，因此，只会出现注意从计时上分心，从而缩短感知时间的情况。这一前提假设是因为PA模型最初是基于以动物为受试个体的研究成果而构建。这些研究中动物通常会因计时表现而获得奖励，从而表现出高水平动机，进而导致注意资源极大投入，因此在后续注意分配研究中不太可能观察到注意资源继续增加的情况，而只能观察到注意成比例减少的情况。

工作记忆衰减速率效应是指工作记忆衰减速率与计时任务和其他进程之间的资源分配关系成比例变化。这种效应是基于PA模型的最新版本——工作记忆和注意资源共享模型进行解释的。根据这一模型，共享过程调节工作记忆阶段而不是累加脉冲阶段。工作记忆/注意资源投入其他过程的数量可以预测间隔时间的工作记忆衰减速率（Buhusi and Meck，2009；Macar et al.，1994）。工作记忆衰减效应和"闪烁开关"注意效应之间的主要区别在于：工作记忆衰减表明个体可以准确感知刺激的时间，偏估是由工作记忆滤波器的"泄漏"引起的，而闪烁开关表明注意分散会缩短刺激的感知时间。然而，研究者认为，工作记忆和注意分别由内部表达或外部表达的相同心理过程提供认知基础（Awh and Jonides，2001；Chun，2011；Gazzaley and Nobre，2011；Kiyonaga and Egner，2013）。基于此，无论作用于累加阶段还是工作记忆阶段，资源共享对时间感知的影响可能涉及相同认知基础。

二、其他理论模型

除了PA理论框架之外，研究者还通过其他模型对时距知觉潜在机制进行过描述。譬如，Walsh（2003；Bueti and Walsh，2009）提出时间、空间以及数量被表征为位于大脑顶叶皮层的一个共同的"度系统"（也见 Aagten-Murphy, Iversen, Williams and Meck, 2014; Dallal, Yin, Nekovárová, Stuchlík, and Meck, 2015）。在这种观点下，数值、长度或数字尺寸会对时间判断产生影响，因为这些维度共享一个统一的度量——这意味着这些维度中任何一个的测量都涉及其他维度的测量，因此持续时间的测量部分是基于数字、空间范围、数值等的测量。这一观点可以被视为一个具体的神经解剖学上特定的版本，即一个维度上的强度/幅度会影响其他维度上的感知强度。根据这一"共同度"的理论框架，非时间维度之间互相干扰，也会影响到时间判断。譬如，Dormal 和 Pesenti（2007）用 Stroop 任务验证了长度和数量加工存在共同机制，他们将 36 名被试分为两组，一组被试进行数量比较任务，这个任务中点数是变化的，点数组成的队列长度是固定的（100 毫米），一组被试进行长度比较任务，这个任务中点数组成的队列长度是变化的，而点数是固定的（6 个点），实验中的点是各种大小不一的黑色圆点，由这些圆点组成一个队列，被试的任务就是对队列中的长度和点数进行比较。结果发现，当数量和空间长度一致时（即当数量更多的点也分布在更长的空间阵列中时），有利于进行数量比较。Hurewitz, Gelman 和 Schnitzer（2006）报告了圆圈的尺寸也会干扰数值的判断，他们使用干扰范式进行了三个实验，实验 1 使用大小不一的圆圈，要求被试报告图片中圆圈的数量；实验 2 考察了圆圈总圆面积的变化是否会影响图片中对圆圈数的判断；实验 3 考察圆圈数量的变化是否会干扰对圆圈所占面积的大小的判断。结果发现，被试很容易判断出两组圆圈中哪一组的总面积更大，但当他们进行比较时，他们也会不由自主地比较两组圆圈的数量，数字比较干扰面积比较的力度取决于数字之间的数值差距：差距越大，干扰越大。这表明个体对两张图片中的点的数量、大小或面积的比较判断是自动化的过程，且圆圈的面积会干扰对于圆圈数量的判断。Pinel, Piazza, Le Bihan 和 Dehaene（2004）使用 fMRI 技术探讨人类大脑中比较判断是如何进行的，以三个标准来识别刺激的比较，分别是任务相关的激活程度、是否存在距离效应以及一个维度对另一个维度的干扰，结果发现神经基础的重叠和刺激尺寸及明度判断之间的行为相互干扰。此外，顶叶皮层损伤的患者经常表现出时间加工、空间加工和数字加工任务上的同步性缺陷，且研究也经常发现脑成像需要时间表征、数字表征以及其他度表征的任务上出现重叠性脑区激活（Bueti and Walsh, 2009; Dormal and Pesenti, 2012）。譬如，一项近来的研究呈现给被试成对的点图案，要求被试辨别出它们的持续时间或数值（Hayashi et al., 2013）。功能磁共振成像显示，这两项任务都激活了一个共同的网络，其中包括顶内皮层（intraparietal cortex, IPC）。此外，对右侧顶内皮层（IPC）应用经颅磁刺激（TMS）可以增强数量对随后时距复制任务的影响。然而，也存在一些局限，经验上来说，相对量，而不是绝对量影响主观时距的结果模式表明如果真正一种"共同度系统"，那么就不可能在不同维度的特定度量之间存在硬连接映射。此外，尽管时间、空间以及数字判断之间存在干扰，但是非时间维度对主观时距影响似乎要比反向关系更为强烈。譬如，Dormal 和 Pesenti（2013）呈现在时距、数量以及覆盖的距离（长度）上变化的点配对序列。结果发现，长度和数量均干扰了时距判断，而时距判断对数量或空间距离判断没有影响。上述结果表明，在目标时距的编码过程中，数量和物理面积可能只影响时间复制，这很难与真正的"共享度量"思想相一致，因为这样的度量也意味着在逐渐呈现的复制时距中，更大的度量与更长主观持续时间不可避免地关联。也许更为重要的是，这个共同度量的框架存在一些理论上的局限。首先，究竟哪些维度可以在这个共同系统进行表征是不清楚的。Walsh（2003）最初强调的数字、空间以及时间在共同度量系统中进行表征主要是基于它们的联结对于行为的重要性，尽管也提到了亮度和声音强度等其他感知维度（Bueti and Walsh, 2009；Walsh, 2003），而且许多影响主观时间的感知维度显然不能归类为"度"（例如，感觉通道、空间频率和音调都不是持续的）。此外，尚不清楚该理论所指的共享表征实际上由什么组成：从信息加工角度而言，谈论时间、空间和数量的"共同度量"意味着什么？Walsh（2003）提出的理论框架并不能提供一个清晰的回答，尽管研究内部时钟范式的人员已经验证了一种共同累加机制如何成为时间、数字和长度表征的基础（Aagten–Murphy et al., 2014；Droit–Volet, 2010a；Meck and Church, 1983）。

Eagleman 和 Pariyadath（2009）提出编码效率假设（coding efficiency hypothesis），认为主观时距是神经编码效率的结果，具体而言，唤起神经反应越大，知觉时距越长。这种观点最初是用来解释刺激重复性对时距知觉影响效应的影响。但是，Eagleman 和 Pariyadath 同样指出延长标准时距的非时间特征也唤起更大的神经反应。譬如，Roitman, Brannon 和 Platt（2007）发现屏幕上点的数量增加会导致猴子侧顶内皮层（lateral intraparietal cortex, LIPC）神经元冲动发放频率加快。这种编码效能假说存在较多优势：首先，它没有局限特定类型的非时间因素，所有类型的变量，不完全是"度"，能够影响到神经反应的强度。事实上，该框架提供了一种方法来预测哪些刺激变量会影响主观时间，以及影响方向，这与内部时钟和共同度理论解释是不同的。其次，该框架并没有要求一种单调的时间延展随着非时间变量变化。Eagleman 和 Pariyadath（2009）指出，视觉闪烁对主观时间的影响在约 8Hz 时达到顶峰，而纹状体皮层对闪烁的 BOLD 反应也存在类似的顶峰。最后，正如我们在上面所看到的，相同的物理量值可以唤起不同的主观持续时间，Ono 和 Kawahara（2007）运用大小对比错觉来研究对中心圆的时间知觉，结果表明当刺激的实际大小不变时，感觉上大的刺激的知觉持续时间比小的刺激的知觉持续时间长，这取决于其感知大小在局部背景下如何形成的。当感知到的局部刺激较大时，时间知觉就会变长，反之，时间知觉就会变短，这主要是因为时间感知会受到更高层次的视觉系统中的大小对比错觉的影响，以往研究将错觉产生的机制分为两类：一类是由光学和神经机制产生的错觉；另一类是由认知判断产生的错觉，后者是更高层次的视觉系统，这项研究的结果表明，时间知觉会受到后者的影响，这种更高层次上的由于认知判断而产生的错觉会导致个体错误估计中心圆出现的时间，从而导致时间知觉偏差。同时，Murray、Boyaci 和 Kersten（2006）使用 fMRI 技术来研究大脑在定位与感知物体角度大小变化时相对应的活动差异，他们为被试提供了一个三维的场景，以走廊和墙壁为背景，以球体为对象，球体在走廊中的远近位置能为被试提供不同的大小和位置信息，在实验过程中，所有被试都报告有大小错觉：后面的球体似乎比前面的球体更大。结果表明，即使实际视角相同，被感知为较大的刺激也会在 V1 中引起更多的激活（较大的皮层区域），因此编码效率观点可能兼容非时间的背景信息对持续时间的影响。尽管该理论框架可以做出很多有价值的预测，但是也存在局限性。首先，研究人员尚未验证特定试次中给定刺激的主观持续时间是否与该试次中诱发反应的大小呈正相关。其次，Eagleman 和 Pariyadath（2009）强调了编码效率反映内隐预测和主观时间的观点，但是正如我们在下文所见，现有可得数据反对可预测性和主观持续时间之间的简单联系。最后，更为重要的是，刺激的处理涉及多个时间尺度上的多个皮层前和皮层神经元，正如 Eagleman 和 Pariyadath（2009）所指出的，"我们目前还不能确定哪种神经活动是至关重要的"。事实上，给定的刺激变量可能会在某些区域/时间点增加神经活动，而在其他区域/时间点将减少神经活动。神经处理的丰富性意味着寻找时间感知的简单、宏观的神经基础是徒劳的。

第二节 维度观下的时距知觉情绪效应

目前的研究者一般从维度观和分类观等两大取向探讨情绪的本质（乐国安，董颖红，2013）。Russell（2003）与 Lang 等（1990）为代表提出的情绪维度理论（Dimensional Model of Emotion）认为核心情绪（Core Affect）在大脑中是连续的，由快感（愉悦—非愉悦）和唤醒（激活—非激活）两大维度构成（Russell，2003）。Lang 等（2005）进一步认为，情绪根本上来源于欲求动机系统和防御动机系统的激活，由愉悦（Pleasure）和唤醒（Arousal）两个维度组成，愉悦表明这一动机系统被情绪刺激激活，而唤醒表明这一动机系统的激活程度。愉悦维度又称为效价（Valence），在愉悦（积极）与非愉悦（消极）之间变化；唤醒维度则在平静与兴奋之间变化。时距知觉因情绪而发生扭曲现象被称为时距知觉情绪效应。早期研究者主要集中从唤醒和效价角度探索时距知觉情绪效应的产生机理。近些年，Gable 等引入"动机"因素作为情绪独立的维度来解释时距知觉的情绪效应的产生过程（Gable and Poole，2012；Gable，Neal and Poole，2016；Gable，Wilhelm and Poole，2022；尹华站等，2021）。

一、唤醒和效价维度对时距知觉的影响

早期研究主要从唤醒度和效价两个维度探索时距知觉情绪效应的产生机制。Angrilli 等（1997）的研究是探索视觉情绪刺激时距知觉表现的开创性工作。这项工作要求被试完成时距复制任务和口头估计任务，旨在系统操纵情绪刺激的效价和唤醒度的基础上，考察其对 2~6 s 时距知觉的影响。为此，研究要求 27 名被试和 26 名被试分别完成 2 s、4 s 及 6 s 的时距复制任务和模拟尺度估计任务。研究基本流程是：通过指导语告知被试需要通过按键完成一项时距复制任务或者在模拟尺度上标记一个时间数值。测试开始，首先在屏幕上投影出 1 个幻灯片，待幻灯片消失，被试必需通过按键完成一项时距复制任务或者在模拟尺度上标记一个时间数值。完成时距任务之后，要求被试采用自我评定量表评定幻灯片的效价和唤醒度。为了避免期望效应，幻灯片之间随机间隔一段时间（25~40 s），告知被试这段时间是用来进行放松的。正式实验之前，每一名被试完成 4 次中性幻灯片的时距评定任务（时距复制

任务或者模拟尺度标记任务）以熟悉实验流程。练习结束并休息 5 分钟之后，随机播放 18 个幻灯片，并要求被试完成时间任务。正式实验结束之后，通过问卷调查被试是否理解指导语。因变量指标包括时间估计值、皮肤电、心率及自我评定的效价和唤醒度，自变量包括估计方法、效价、唤醒度以及标准时距。对于时间估计值而言，以 T 分数（估计时距减去标准时距之后再除以标准时距）为因变量，作效价和唤醒对时距评定的方差分析。结果发现，估计方法主效应显著，时距复制长度显著短于模拟尺度设定长度（-0.364 和-0.369）。这就意味着时距复制条件较模拟尺度设定条件显示出更显著的低估。其他变量的主效应不显著，p_s>0.05。最为重要的结果是，效价和唤醒度交互作用显著，高唤醒条件下，正性刺激较负性刺激的时距的低估幅度显著更大（-0.277 和-0.220）；低唤醒条件下，正性刺激较负性刺激的时距的低估幅度显著更小（-0.222 和-0.287）。对于皮肤电（Skin Conductance Responses，SCR）而言，估计方法主效应显著，时距复制条件下皮肤电显著高于模拟尺度条件下皮肤电（0.27μΩ 和 0.11μΩ）；唤醒度主效应显著，高唤醒度下皮肤电显著高于低唤醒度下皮肤电（0.22μΩ 和 0.16μΩ）。其他效应均不显著，p_s>0.05。这就意味着皮肤电表征刺激的情绪反应主要集中在最初的 2 s。对于 2 s 之内的心率（Heart rate，HR）而言，效价主效应显著，正性幻灯片诱发出的心率以每分钟 0.32 beats 速率增加；负性幻灯片诱发出的心率以每分钟 0.75 beats 速率减少。时距主效应不显著，时距与效价的交互效应也不显著。这就意味着幻灯片的持续时间不会影响前 2 s 之内诱发的心理生理反应。

Droit-Volet 和 Meck（2007）的研究是探索听觉情绪刺激时距知觉表现的开创性工作。这项工作要求被试完成时距复制任务和口头估计任务，旨在考察情绪对 2~6 s 时距知觉的影响。这项研究包括三个实验。实验 1 要求 24 名被试完成 2 s、4 s 及 6 s 的时距复制任务。实验的基本流程是：首先指导语告知被试要完成一个时距复制任务，在这个过程中不要采用计数策略。测试开始，随机呈现一个由听觉刺激的标准时距（2 s、4 s 或 6 s 之一），要求被试记住这个时距；待这个刺激消失之后，出现一个 500Hz 的纯音，被试按键复制刚才的标准时距。编码阶段与复制阶段之间间隔 2~3 s；测试与测试之间的间隔时间随机。正式实验之前，每名被试完成 5 次中性声音的时距复制任务以熟悉实验流程。以 T 分数（复制时距减去标准时距之后再除以标准时距）为因变量指标，作效价和唤醒对时距复制的方差分析，结果发现，标准时距、效价以及唤醒度的主效应均显著。效价与标准时距的交互效应显著，简单效应分析发现2s的标准时距条件下，复制正性刺激短于负性刺激。唤醒度与标准时距交互效应显著，简单效应分析发现2s的标准时距条件下，复制的高唤醒刺激短于低唤醒刺激。其他效应不显著。为了避免编码阶段和复制阶段的记忆提取过程干扰研究结果，实验2采用口头估计任务重新探索情绪声音刺激对时距知觉的影响。实验2要求17名被试完成2s、3s、4s、5s、6s的口头估计任务。实验基本流程是：首先指导语告知被试要完成一个口头估计任务，这个过程中不要采用计数策略。测试开始，随机呈现一个听觉刺激的标准时距（2s、3s、4s、5s或6s之一），要求被试对这个时距长度尽可能准确地估计为一个数值（秒为单位），可以保留小数。正式实验之前，每名被试完成3次中性声音的口头估计任务以熟悉实验流程。以 T 分数（估计时距减去标准时距之后再除以标准时距）为因变量指标，作效价和唤醒对时距估计的方差分析，结果发现，标准时距、效价主效应均显著。效价和标准时距交互效应不显著，但是事前多重比较发现，2s标准时距条件下，负性声音刺激时距估计较正性声音刺激更长。唤醒度和标准时距交互效应显著，简单效应分析发现2s标准时距条件下，估计高唤醒刺激短于低唤醒刺激。实验3随机抽取12名被试采用自我评定量表验证所有标准时距条件下诱发出的情绪唤醒度和效价。结果发现，无论在哪种标准时距条件下（2s，$r=0.78$；3s，$r=0.77$；4s，$r=0.77$；5s，$r=0.77$ 及 6s，$r=0.80$。$p_s<0.001$），效价的自我评定量表数据与国际情感数据声音刺激库效价数据之间的肯德尔系数相关显著。无论在哪种标准时距条件下（2s，$r=0.61$；3s，$r=0.60$；4s，$r=0.63$；5s，$r=0.61$ 及 6s，$r=0.61$。$p_s<0.001$），唤醒度的自我评定量表数据与国际情感数据声音刺激库的唤醒度数据之间的肯德尔系数相关显著。然后，以自我评定量表效价或唤醒度得分为因变量指标，标准时距为自变量作方差分析，结果发现，不管在效价指标上还是在唤醒度指标上，标准时距均没有发现显著主效应。具体而言，在效价指标上，高唤醒愉悦听觉刺激 $p=0.66$；低唤醒愉悦听觉刺激 $p=0.08$；高唤醒不愉悦听觉刺激 $p=0.07$；低唤醒不愉悦听觉刺激 $p=0.97$；中性刺激 $p=0.24$。在唤醒度指标上，高唤醒愉悦听觉刺激 $p=0.38$；低唤醒愉悦听觉刺激 $p=0.20$；高唤醒不愉悦听觉刺激 $p=0.68$；低唤醒不愉悦听觉刺激 $p=0.48$；中性刺激 $p=0.07$。综上所述，2s标准时距条件下，知觉高唤醒刺激长于低唤醒刺激，但是正性刺激长于或短于负性刺激受任务范式调节。

二、动机维度对时距知觉的影响

Gable 和 Harmon-Jones（2010）引入"动机"因素作为情绪独立的维度，试图操纵动机方向和强度来观测时距知觉情绪效应的产生趋势（Gable and Poole, 2012; Gable, Neal, and Poole, 2016）。在动机方向上，Gable 等（2016）通过 5 个实验发现趋近动机积极情绪会导致时距知觉缩短，回避动机消极情绪会导致时距知觉延长。实验 1 中，研究者随机选取 73 名被试研究悲伤状态下的趋近动机积极情绪，采用回顾性的方法来测量时间知觉，即让被试报告在看电影后评价时间是"飞逝"还是"拖延"来测量时间流逝的感知。若评价时间是"飞逝"表明被试低估了时间，若评价时间是"拖延"则表明被试高估了时间。此外，使用一种自我报告的动机测量方法来评估被试感知到的动机方向（趋近或回避）。结果表明，与中性情绪相比，电影诱发的悲伤状态缩短了时间的感知，悲伤电影相比中性电影主要表现为接近动机。实验 2 采用被试内设计考察悲伤和中性情绪的时间知觉，研究者随机选取了 109 名被试参加时间二分任务，其中长时距为 1600 ms，短时距为 400 ms，实验材料为悲伤和中性的情绪图片。结果表明悲伤情绪图片的时间知觉更短，进一步支持了实验 1 中的结论。实验 3 中，研究者随机选取 62 名被试，考察了回避动机消极情绪对时间知觉的影响，实验材料为 189 张中性图片、低回避动机消极情绪图片和高回避动机消极情绪图片，实验程序与实验 2 相似。结果表明，相比于低回避动机的消极情绪图片或中性图片，高回避动机的消极情绪图片延长了对时间的感知，其结果与实验 1、实验 2 相反，这证明了回避动机消极情绪会导致时间知觉延长。实验 4 考察被试在回顾性任务中高趋近或低趋近悲伤情绪下的时间知觉，研究者随机选取 137 名被试，把被试分为高趋近组和低趋近组，根据主试不同的写作提示，两组被试被要求写下动机趋近强度不同的悲伤经历，之后被试需要观看实验 1 中的悲伤电影，并评估观看电影时时间是如何流逝的。结果表明，悲伤状态下，高趋近动机导致了时间流逝更快。实验 5 则考察不同趋近动机下愤怒情绪的时间知觉，研究者随机选取 93 名被试，实验流程与实验 4 相似，只是评估时间流逝的电影为引起愤怒情绪的电影。结果表明，在愤怒状态下，接近动机的增强会导致时间加快。综合上面 5 个实验结果表明，不同动机方向的负性情感状态对时间感知的影响是不同的。悲伤和愤怒的状态缩短了对时间的感知，而厌恶的状态延长了对时间的感知。同时这些结果也表明是动机方向，而不是情感效价，影响时间感知，回避动机的情绪延长了时间知觉，而趋近动机的情绪缩短了时间知觉。在动机强度上，Gable 和 Poole（2012）通过 3 个实验研究了积极情绪的趋近动机对时间知觉的影响，结果发现相较于低趋近动机积极情绪，高趋近动机积极情绪下时间估计更短。实验 1 考察了个体观看食物图片时趋近动机的差异对时间知觉的影响，研究者随机选取 140 名被试，实验材料为 189 幅中性图片、低趋近动机积极情绪图片和高趋近动机积极情绪图片，通过时间二分法（长时距：1600 ms，短时距：400 ms）来判断每张图片呈现的时间是长还是短。结果表明，相比低趋近动机积极情绪或中性情绪，在高趋近动机积极情绪下，被试感觉时间过得更快。实验 2 进一步考察趋近动机是否与时间缩短有关，通过实验改变行为期望来操纵不受图片类型影响的趋近动机强度。研究者随机选取 84 名被试，在练习阶段要求被试观看 6 张中性的练习图片，之后被试被随机分配到两种强度的趋近动机下。在这两种情况下，被试都看了 36 张甜点图片，但有一半的参与者被告知"在实验结束时，你会看到一个大托盘，里面装着你在图片中看到的大部分食物，你想拿多少就拿多少。"从而引起被试吃掉图片上食物的期望。另一半的被试没有得到任何额外的信息。实验中每张图片显示 12 s，看完照片后，被试回答一个问题："当你看照片时，时间似乎是如何流逝的？"使用李克特量表，从 1 到 7 进行选择。在离开实验室之前，所有条件下的被试都拿到了一盘甜点。结果表明，与图片类型无关，直接操纵期望的高趋近动机的被试组感觉时间过得更快。实验 3 扩展实验 1 和实验 2 的发现，考察高趋近动机的积极情绪是否相对高回避动机的消极情绪缩短时间知觉。研究者随机选取 129 名被试，参加与实验 1 相似的时间二分任务，实验材料为 126 张高趋近动机积极情绪图片和高回避动机消极情绪图片。结果表明，相对于高趋近动机消极情绪来说，高趋近动机积极情绪缩短时间知觉。综合以上三个研究表明，积极情绪的趋近动机缩短时间知觉，高趋近动机的积极情绪是由高愉悦与高趋近的目标引起。在这种情况下，减少个体对时间的感知有助于减少延迟或阻碍目标获得的不相关过程，并且这种影响是相互的：在食欲状态下，趋近动机会缩短时间感知，而感知到的时间缩短会导致刺激被感知为更有食欲。总而言之，相较于低趋近动机积极情绪，高趋近动机积极情绪下时间估计更短。

但是这两项研究并没有在排除效价和唤醒度混淆效应之后考察动机强度或方向对时距知觉的影响（Gable and Poole, 2012; Gable, Neal, and Poole, 2016）。为此，尹华站等（2021）借鉴张光楠和周仁来（2013）的做法，设计三个实验在同时控制效价和唤醒度之后,采用时距复制任务,以平均复制时距为指标分别考察积极情绪和消极情绪状态下趋近动机强度对时距知觉的影响。此外,还单独考察消极情绪状态下动机方向(高趋近动机、高回避动机及无明确动机方向)对时距知觉的影响。尹华站等(2021)在开始正式实验之前评定图片材料。首先有偿招募有效被试30人。在正式评定图片各项得分之前,先邀请三位大学生对300张国际情绪图片系统(IAPS)中的图片[其中愉悦图片50张(低趋近动机情绪图片)、欲求图片50张(高趋近动机情绪图片)、悲伤图片50张(低趋近动机情绪图片)、愤怒图片(高趋近动机情绪图片)50张、厌恶图片(高回避动机情绪图片)50张及中性图片50张]所诱发出的具体情绪进行归类(询问该张图片会让你产生何种情绪体验,以其中两位以上大学生达成一致的结果为准),之后再让上述30位被试对归类情绪图片采用区组设计进行图片情绪状态评定,每一个组块只呈现一种情绪图片。评定过程要求每名被试观看所有图片,图片评定均在计算机上进行,且每名被试独立完成,互不干扰。实验程序采用Eprime2.0编制。评定测试的具体流程:首先呈现一个"+"200 ms,然后出现一张情绪图片,持续6 s,接着相继连续出现三个问题界面。如果被试在10 s之内没做出反应,则进入下一个问题。三个问题依次是:一是请评价您现在的愉悦程度(1~9,非常愉悦—非常不愉悦);二是请评价您现在的兴奋程度(1~9,平静—兴奋);三是请评价您是否想靠近这张图片(1~9,非常想靠近—非常想远离)。根据评定结果,在每种情绪图片中选出40张用于下一步的实验1、实验2、实验3。实验1的目的是在控制积极情绪刺激效价和唤醒度的基础上,探讨高、低趋近动机积极情绪刺激对时距知觉的影响。以平均复制时距为因变量指标,进行趋近动机强度刺激(欲求图片、愉悦图片及中性图片)和目标时距(1.5 s和2.5 s)的重复测量方差分析。结果表明,目标时距主效应显著,2.5 s平均复制时距显著长于1.5 s平均复制时距。趋近动机强度刺激主效应显著,进一步多重比较发现,中性情绪图片平均复制时距显著长于低动机强度情绪图片(愉悦图片)($p=0.006$),低动机强度情绪图片平均复制时距显著长于高动机强度情绪图片(欲求图片)($p=0.022$)。实验1结果发现了中性情绪图片、低动机强度积极情绪图片(愉悦图片)及高动机强度积极情绪图片(欲求图片)的平均复制时距依次显著递减。这与Gable和Poole(2012)研究结果一致,即趋近动机强度越高,知觉时距越短。实验2的目的是在控制消极情绪刺激效价和唤醒度的基础上,探讨高、低趋近动机消极情绪对时距知觉的影响。以平均复制时距为因变量指标，进行趋近动机强度刺激（高趋近：愤怒图片；低趋近：悲伤图片，中性图片）和目标时距（1.5 s 和 2.5 s）的重复测量方差分析。结果表明，目标时距主效应显著，2.5 s 平均复制时距显著长于 1.5 s。动机强度主效应显著，进一步多重比较发现，中性情绪图片平均复制时距显著长于低动机强度消极情绪图片（$p=0.007$），低动机强度消极情绪图片平均复制时距显著长于高动机强度消极情绪图片（$p=0.036$）。实验 2 结果发现了中性情绪图片、低动机强度消极情绪图片及高动机强度消极情绪图片的平均复制时距依次显著递减。这与 Gable, Neal 和 Poole（2016）的研究结果一致，即趋近动机强度越高，知觉时距越短。联合实验 1 和实验 2 可知，不管是在积极情绪还是在消极情绪下趋近动机强度越高，知觉时距越短。实验 3 目的在于同时控制效价和唤醒度混淆作用，之后探讨在高趋近和高回避动机下消极情绪图片的时距知觉。以平均复制时距为因变量指标，进行动机方向（高趋近：愤怒图片；高回避：厌恶图片；不确定：中性图片）和目标时距（1.5 s 和 2.5 s）的重复测量方差分析。结果表明，目标时距主效应显著，2.5 s 的平均复制时距显著长于 1.5 s 的。动机方向主效应显著，进一步多重比较发现，愤怒情绪图片的平均复制时距短于中性情绪图片，中性情绪图片平均复制时距显著短于厌恶情绪图片（$p<0.001$）。目标时距与动机方向交互作用显著。进一步分析简单效应可知，2.5 s 较 1.5 s 目标时距的平均复制时距的增幅在愤怒图片（442 ms）和厌恶图片（416 ms）条件显著大于中性图片（273 ms）条件（$p<0.001$）。实验 3 发现高趋近动机消极情绪图片（愤怒）、中性情绪图片、高回避动机消极情绪图片（厌恶）的平均复制时距依次显著延长（$p_s<0.001$），这与 Gable, Neal 和 Poole（2016）结果基本一致。

上述尹华站等（2021）的三项实验虽然探索情绪动机方向和强度对时距知觉的影响，但是对于这些影响趋势是否发生在不同计时任务范式中仍然没有得到澄清。Gil 和 Droit-Volet（2011a）曾经以愤怒和中性面孔为实验材料，考察了计时任务范式对愤怒和中性面孔的时距知觉的调节。结果发现时距知觉情绪效应仅发生在时距二分任务、口头估计任务和时距产生任务中，而在时距复制任务和时间泛化任务中没有发现。剖析这项研究发现：这项研究主要是围绕效价和唤醒度视角来考察情绪效应是否依赖特定任务范式，并没有从动机因素（方向和强度）视角探讨该问题。为此，张丽和尹华站（2024）采用多种时距判断任务（时距二分任务、时距泛化任务、口头估计任务、时距复制任务以及时距产生任务），探讨在高回避动机情绪与低回避动机情绪下时距判断的差异，以此考察回避动机强度对时距知觉的影响是否依赖特定时距判断任务。该研究假设在高回避动机情绪较低回避动机情绪下会出现更显著时距高估效应，同时这一高估效应会受时距判断任务的调节。结果如下：

时距二分法：对长反应比例作 2（情绪：高回避，低回避）×7（时距：400 ms，600 ms，800 ms，1000 ms，1200 ms，1400 ms，1600 ms）重复测量方差分析。结果发现，情绪主效应显著，其中高回避动机情绪显著高于低回避动机情绪的长反应比例。时距主效应显著，多重比较发现，7 个时距之间的两两差异显著。情绪与时距的交互效应显著，简单效应检验发现，在呈现时距为 1000 ms 和 1200 ms 时，情绪的主效应显著，高回避动机情绪显著高于低回避动机情绪的长反应比例。此外，比较高回避动机情绪和低回避动机情绪在时距知觉上的 PSE 和 WR 差异。分别以 PSE 和 WR 为因变量指标，对高、低回避动机情绪作配对样本 t 检验，结果发现高回避动机情绪的 PSE 显著低于低回避动机情绪，表明高回避动机情绪相较低回避动机情绪来说相对高估。高回避动机情绪的 WR 与低回避动机情绪差异不显著。

时距泛化法：对"相等"反应比例作 2（情绪：高回避，低回避）×7（时距：400 ms，600 ms，800 ms，1000 ms，1200 ms，1400 ms，1600 ms）重复测量方差分析。结果发现，情绪主效应不显著；时距主效应显著，进一步多重比较发现，其中 400 ms 与 1600 ms 时距、800 ms 与 1400 ms 时距的"相等"反应比例差异不显著，其余的时距之间差异均两两显著。而情绪与时距的交互效应不显著。此外，比较高回避动机情绪和低回避动机情绪在时距知觉上的 PSE 和 WR 差异。分别以 PSE 和 WR 为因变量，对高、低回避动机情绪作配对样本 t 检验，结果发现高回避动机情绪的 PSE 与低回避动机情绪差异不显著。高回避动机情绪的 WR 与低回避动机情绪差异不显著。

口头估计法：对口头估计时间作 2（情绪：高回避，低回避）×7（时距：400 ms，600 ms，800 ms，1000 ms，1200 ms，1400 ms，1600 ms）重复测量方差分析。结果发现，情绪主效应显著，其中高回避动机情绪的估计时间显著大于低回避动机情绪。时距主效应显著，进一步多重比较发现，除 1000 ms 与 1200 ms 时距之间差异不显著之外，其余两两时距之间的估计时间差异显著（$p<0.001$）。情绪与时距的交互效应不显著。对相对误差作 2（情绪：高回避，低回避）× 7（时距：400 ms，600 ms，800 ms，1000 ms，1200 ms，

1400 ms，1600 ms）重复测量方差分析。结果发现，情绪主效应显著，其中高回避动机情绪相对误差高于低回避动机情绪，高回避动机情绪比低回避动机情绪更加高估；时距主效应显著，多重比较发现，除 800 ms 与 1000 ms 时距之间、1400 ms 与 1600 ms 时距之间差异不显著之外，其余两两时距之间的相对误差差异显著，其中 1000 ms 以下时距时，相对误差均大于 1，1000 ms 以上时距时，相对误差均小于 1，被试呈现高估短时距、低估长时距的现象。同时情绪与时距的交互效应不显著。

时距复制法：对复制时距作 2（情绪：高回避，低回避）×7（时距：400 ms，600 ms，800 ms，1000 ms，1200 ms，1400 ms，1600 ms）重复测量方差分析。结果发现，情绪主效应显著，其中高回避动机情绪复制时距长于低回避动机情绪。时距主效应显著，进一步多重比较发现，两两时距之间的主观复制时距差异显著。情绪与时距的交互效应不显著。此外，对相对误差作 2（情绪：高回避，低回避）×7（时距：400 ms，600 ms，800 ms，1000 ms，1200 ms，1400 ms，1600 ms）重复测量方差分析。结果发现，情绪主效应显著，其中高回避动机情绪相对误差高于低回避动机情绪，高回避动机情绪比低回避动机情绪更加高估。时距主效应显著，进一步多重比较发现，除 1400 ms 与 1600 ms 时距之间差异不显著之外，其余两两时距之间差异显著，其中 1000 ms 以下时距时，相对误差均大于 1，1000 ms 以上时距时，相对误差均小于 1，被试呈现高估短时距、低估长时距的现象。同时情绪与时距的交互效应不显著。

时距产生法：对产生时距作 2（情绪：高回避，低回避）×7（时距：400 ms，600 ms，800 ms，1000 ms，1200 ms，1400 ms，1600 ms）重复测量方差分析。结果发现，情绪主效应不显著。时距主效应显著，进一步多重比较发现，除了 1000 ms 与 1200 ms 时距之间、1400 ms 与 1600 ms 时距之间差异不显著之外，其余时距之间的差异均两两显著；情绪与时距的交互效应不显著。此外，对相对误差作 2（情绪：高回避，低回避）×7（时距：400 ms，600 ms，800 ms，1000 ms，1200 ms，1400 ms，1600 ms）重复测量方差分析。结果发现，情绪主效应边缘显著，高回避动机情绪相对误差高于低回避动机情绪，高回避动机情绪比低回避动机情绪更加高估。时距的主效应显著，其中 1000 ms 以下时距时，相对误差均大于 1，1000 ms 以上时距时，相对误差均小于 1，被试呈现高估短时距、低估长时距的现象。情绪与时距的交互效应不显著。本研究结果表明相较低回避动机情绪，高回避动机情绪较低回避动机情绪出现相对高估时距的现象。然而，这种高估效应仅发生在二分法、复制法与口头估计法中；而在泛化法和产生法中并未观察到。

上述几项研究是探索时距知觉情绪效应的动机的作用模式及其在各种任务范式中的表现。张丽和尹华站（2023）进一步著文（研究1和研究2）探索注意机制的中介和调节作用。这两项研究是在控制唤醒度和效价的前提下，探究情绪动机维度对时距知觉的影响，以及注意控制和注意偏向的中介作用。研究1和研究2均以消极情绪为例，分别从动机方向和动机强度的视角，通过四个研究任务：情绪自评任务（情绪动机）、点探测任务（注意偏向）、Flanker任务（注意控制）以及时距复制任务（时距知觉），运用中介测量设计，探测动机方向/强度如何通过注意控制和注意偏向的作用影响时距知觉。

研究1旨在探讨动机方向对时距知觉的影响：注意控制和注意偏向的中介作用。该研究招募了湖南某高校62名在校大学生，其中男性30名，平均年龄为（18.97±0.92）岁。从波鸿情绪刺激集（Bochum Emotional Stimulus Set，BESST）中姿势表情情绪库图片选出回避动机情绪、趋近动机情绪和中性图片各10张作为研究刺激（Thoma，Bauser，and Suchan，2013），并经过统计分析表明，该研究成功地在控制唤醒度和愉悦度的前提下，操纵了图片的情绪动机方向。研究1的主要发现：

第一，动机方向对时距知觉的影响。首先对复制时距作3（情绪：趋近、回避、中性）×3（时距：700 ms、1700 ms、2700 ms）重复测量方差分析。结果发现，情绪主效应显著，进一步多重比较发现，回避动机情绪图片的复制时距显著高于趋近动机情绪和中性图片；趋近动机情绪图片的复制时距显著高于中性图片。时距主效应显著，进一步多重比较发现，被试主观复制2700 ms标准时距显著长于主观复制1700 ms标准时距和700 ms标准时距，主观复制1700 ms标准时距显著长于主观复制700 ms标准时距。而情绪与时距的交互效应不显著。其次对TPI指数作2（情绪：趋近、回避）×3（时距：700 ms、1700 ms、2700 ms）重复测量方差分析。结果发现，情绪主效应显著，其中回避动机情绪的TPI指数显著高于趋近动机情绪的TPI指数。时距主效应不显著。情绪与时距的交互效应边缘显著，进一步进行简单效应检验发现，在700 ms标准时距下，情绪主效应显著，其中回避动机情绪的TPI指数显著高于趋近动机情绪的TPI指数；在1700 ms标准时距和2700 ms标准时距下，情绪主效应也显著。

第二，动机方向对注意偏向的影响。删除点探测任务中错误试次，对正确试次反应时作 2（情绪：趋近、回避）×2（探测点类型：同侧、异侧）重复测量方差分析。结果发现，情绪主效应显著，其中趋近动机情绪的反应时显著长于回避动机情绪。探测点类型主效应显著，其中异侧反应时显著长于同侧。情绪与探测点类型的交互效应显著，进一步进行简单效应检验发现，在同侧条件下，情绪主效应不显著；在异侧条件下，情绪主效应显著，其中趋近动机情绪的反应时显著大于回避动机情绪。此外，本研究区分不同注意偏向的成分，将中性图片反应时减去各情绪探测点同侧位置的反应时得到注意警觉的成分，将中性图片反应时减去各情绪探测点异侧位置的反应时得到注意解除的成分，将探测点异侧位置反应时减去探测点同侧位置反应时得到总体注意偏向分数，分别将这 3 个指标在趋近动机情绪和回避动机情绪之间进行配对样本 t 检验。结果发现，在注意警觉成分上，趋近动机情绪与回避动机情绪相较中性图片均出现一定程度的注意警觉，探测速度加快，但两者差异不显著；在注意解除成分上，趋近动机情绪相较回避动机情绪出现了注意解除困难现象，并且两者差异显著；在总体注意偏向上，趋近动机情绪与回避动机情绪相较于中性图片均出现了注意偏向的现象，两者差异显著。

第三，动机方向对注意控制的影响。删除在 Flanker 任务中错误试次，对正确试次反应时作 3（情绪：趋近、回避、中性）×2（箭头方向：一致、不一致）重复测量方差分析。结果发现，情绪主效应显著，进一步多重比较发现，回避动机情绪图片的反应时显著短于趋近动机情绪和中性图片，趋近动机情绪图片的反应时显著短于中性图片。箭头方向主效应显著，其中不一致反应时显著长于一致条件。情绪与箭头方向的交互效应显著，进一步进行简单效应检验发现，在一致条件下，情绪主效应显著；在不一致条件下，情绪主效应也显著，且在不一致条件下，情绪主效应更大。随后，分别将不一致条件减去一致条件下反应时得到各种情绪的冲突干扰效应，再将情绪条件的干扰效应减去中性的干扰效应得到各情绪类型的注意控制水平。对趋近动机情绪和回避动机情绪的注意控制水平作配对样本 t 检验，结果发现，回避动机情绪和趋近动机情绪两者差异显著，其中趋近动机情绪比回避动机情绪的冲突效应更大，抑制注意控制加工。

第四，动机方向对时距知觉的影响：注意控制和注意偏向的链式中介作用。考虑到注意资源加工包含注意偏向和注意控制，同时在注意偏向成分上，两种情绪类型在注意解除成分上差异显著而非注意警觉成分。由此，将注意解除成分和注意控制成分纳入中介模型，尝试构建链式中介模型，以期考察这两个成分作用的中介效应量的大小。在 700 ms 标准时距上，Bootstrap 分析结果表明，总中介检验的间接效应没有包含 0（*Effect* = 0.2621，*SE* = 0.1043，95% CI =［0.0898，0.4960］）。其中以注意控制成分为中介变量的路径间接效应未包含 0（*Effect* = 0.1233，*SE* = 0.0749，95% CI =［0.0056，0.2937］）；以注意解除成分为中介变量的路径间接效应未包含 0（*Effect* = 0.1073，*SE* = 0.0584，95% CI =［0.0158，0.2388］）；以注意控制成分和注意解除成分为中介变量的路径间接效应也未包含 0（*Effect* = 0.0314，*SE* = 0.0193，95% CI =［0.0047，0.0784］）。此外，控制了中介变量注意控制成分和注意解除成分之后，自变量情绪类型对因变量 700 ms 时距知觉的直接效应不显著，区间包含 0（*Effect* = 0.2496，*SE* = 0.1811，95% CI =［-0.1091，0.6082）。这也表明注意控制成分和注意解除成分在情绪动机方向对 700 ms 标准时距知觉的影响中存在链式中介作用（模型图见 4-1）。

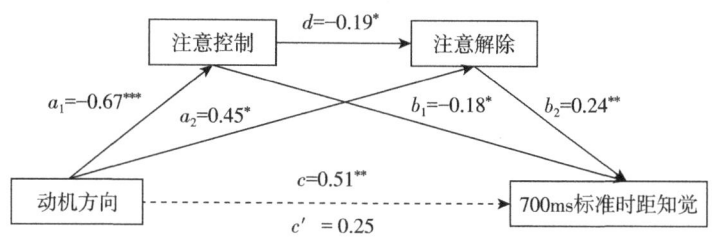

图 4-1 注意控制成分与注意解除成分在情绪动机方向影响 700 ms 标准时距知觉中的链式中介作用

在 1700 ms 标准时距上，Bootstrap 分析结果表明，总中介检验的间接效应没有包含 0（*Effect* = 0.3292，*SE* = 0.1128，95% CI =［0.1379，0.5827］）。其中以注意控制成分为中介变量的路径间接效应未包含 0（*Effect* = 0.2329，*SE* = 0.0941，95% CI =［0.0787，0.4414］）；以注意解除成分为中介变量的路径间接效应未包含 0（*Effect* = 0.0745，*SE* = 0.0427，95% CI =［0.0027，0.1668］）；以注意控制成分和注意解除成分为中介变量的路径间接效应也未包含 0（*Effect* = 0.0218，*SE* = 0.0146，95% CI =［0.0011，0.0571］）。此外，控制了中介变量注意控制成分和注意解除成分之后，自变量情绪类型对因变量 1700 ms 时距知觉的直接效应不显著，区间包含 0（*Effect* = 0.1198，*SE* = 0.1770，95% CI =［-0.2306，0.4702）。这也表明注意控制成分和注意解除成分在情绪动机方向对 1700 ms 标准时距知觉的影响中存在链式中介作用（模型图见图 4-2）。

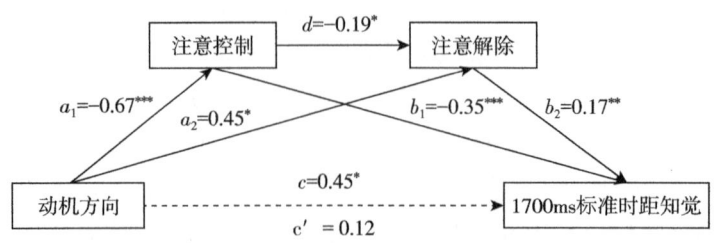

图 4-2 注意控制成分与注意解除成分在情绪动机方向影响
1700 ms 标准时距知觉中的链式中介作用

在 2700 ms 标准时距上，Bootstrap 分析结果表明，总中介检验的间接效应没有包含 0（$Effect = 0.2650$，$SE = 0.1050$，95% CI = [0.0876, 0.4994]）。其中以注意控制成分为中介变量的路径间接效应未包含 0（$Effect = 0.1392$，$SE = 0.0759$，95% CI = [0.0103, 0.3131]）；以注意解除成分为中介变量的路径间接效应未包含 0（$Effect = 0.0973$，$SE = 0.0615$，95% CI = [0.0039, 0.2363]）；以注意控制成分和注意解除成分为中介变量的路径间接效应也未包含 0（$Effect = 0.0285$，$SE = 0.0209$，95% CI = [0.0016, 0.0831]）。此外，控制了中介变量注意控制成分和注意解除成分之后，自变量情绪类型对因变量 700 ms 时距知觉的直接效应不显著，区间包含 0（$Effect = 0.1124$，$SE = 0.1845$，95% CI = [−0.2529, 0.4776]）。这也表明注意控制成分和注意解除成分在情绪动机方向对 2700 ms 标准时距知觉的影响中存在链式中介作用（模型图见图 4-3）。

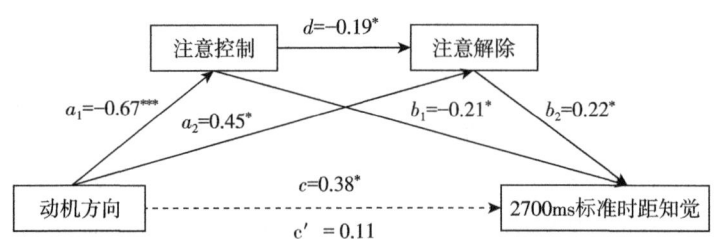

图 4-3 注意控制成分与注意解除成分在情绪动机方向影响
2700 ms 标准时距知觉中的链式中介作用

研究 2 旨在探讨动机强度对时距知觉的影响：注意偏向和注意控制的中介作用。从 BESST 姿势表情情绪库选出高回避动机情绪图片、低回避动机情绪图片和中性图片各 10 张作为研究刺激（Thoma, Bauser, and Suchan,

2013)。对采集数据进行分析来表明成功操纵情绪动机强度。该研究被试进入实验室后，按如下顺序进行研究：（1）情绪的前测，排除掉焦虑、抑郁等被试；（2）注意偏向的测量；（3）注意控制的测量；（4）时距知觉的测量；（5）情绪图片的测量。其中各研究任务的程序同研究1不同，在注意偏向的测量任务中，正式研究的情绪刺激对包含高回避—中性情绪图片对和低回避—中性情绪图片对各40对、中性—中性图片对20对，面孔对各呈现1次，共100个试次。研究2的主要发现：

第一，动机强度对时距知觉的影响。首先对复制时距作3（情绪：高回避、低回避、中性）×3（时距：700 ms、1700 ms、2700 ms）重复测量方差分析。结果发现，情绪主效应显著，进一步多重比较发现，复制高回避动机情绪图片的时距显著长于复制低回避动机情绪图片和中性图片；复制低回避动机情绪图片的时距显著长于复制中性图片。时距主效应显著，进一步多重比较发现，被试主观复制2700 ms标准时距显著长于1700 ms标准时距和700 ms标准时距，主观复制1700 ms标准时距显著长于700 ms标准时距。而情绪与时距的交互效应不显著。对TPI指数作2（情绪：高回避、低回避）×3（时距：700 ms、1700 ms、2700 ms）重复测量方差分析。结果发现，情绪主效应显著，高回避动机情绪的TPI指数显著高于低回避动机情绪。时距主效应显著，进一步多重比较发现，700 ms标准时距下被试的TPI指数显著高于2700 ms标准时距下被试的TPI指数。情绪与时距交互效应显著。进一步进行简单效应检验发现，在700 ms标准时距下，高回避动机情绪的TPI指数显著高于低回避动机情绪的TPI指数；在1700 ms标准时距和2700 ms标准时距下，情绪主效应不显著。

第二，动机强度对注意偏向的影响。首先，删除掉在点探测任务中错误的试次，对正确试次的反应时作2（情绪：高回避、低回避）×2（探测点类型：同侧、异侧）重复测量方差分析。结果发现，情绪主效应显著，高回避动机情绪的反应时显著短于低回避动机情绪的反应时。探测点类型主效应显著，其中异侧的反应时显著长于同侧的反应时。情绪与探测点类型的交互效应不显著。其次，区分不同注意偏向的成分。将中性图片反应时减去各个情绪探测点同侧位置反应时得到注意警觉的成分，将中性图片反应时减去各个情绪探测点异侧位置反应时得到注意解除的成分，将探测点异侧位置反应时减去探测点同侧位置反应时得到总体注意偏向的成分。最后分别将在高回避动机情绪和低回避动机情绪下的3个指标进行配对样本t检验。结果发现，在注意警觉成分上，高回避动机情绪与低回避动机情绪相较中性图片均出现一定程度的注意警觉，探测速度加快，但高回避动机情绪比低回避动机情绪出现更高的注意警觉；在注意解除成分上，高回避动机情绪与低回避动机情绪相较于中性图片均未出现注意解除的成分，但两者差异不显著；在总体注意偏向上，高回避动机情绪与低回避动机情绪相较于中性图片均出现注意偏向的成分，但两者差异不显著。

第三，动机强度对注意控制的影响。删除掉 Flanker 任务中错误的试次，对正确试次的反应时作 3（情绪：高回避、低回避、中性）×2（箭头方向：一致、不一致）重复测量方差分析。结果发现，情绪主效应显著，进一步多重比较发现，中性图片的反应时显著低于高回避动机情绪图片与低回避动机情绪图片的反应时，高回避动机情绪与低回避动机情绪呈边缘显著。箭头方向主效应显著，其中不一致条件下的反应时显著长于一致条件下的反应时。情绪与箭头方向的交互效应不显著。随后，分别将不一致条件减去一致条件下的反应时得到各个情绪干扰效应，之后再将情绪条件干扰效应减去中性干扰效应得到各情绪类型的注意控制水平。对高回避动机情绪和低回避动机情绪的注意控制水平作配对样本 t 检验。结果发现，高回避动机情绪图片与低回避动机情绪图片较中性图片冲突减弱，促进注意控制水平，但两者差异不显著。

第四，动机强度对时距知觉的影响：注意偏向的中介作用。研究仅发现不同的动机强度在注意警觉成分上的差异，且仅在 700 ms 标准时距上情绪主效应显著，由此，以注意警觉成分为中介变量，700 ms 标准时距为因变量构建中介模型。Bootstrap 分析结果表明，中介检验的间接效应未包含 0（*Effect* = 0.1298，*SE* = 0.0545，95% CI = ［0.0295，0.2441］）。此外，控制了中介变量注意警觉之后，自变量情绪类型对因变量 700 ms 标准时距知觉的直接效应显著，区间未包含 0（*Effect* = 0.3503，*SE* = 0.1746，95% CI = ［0.0046，0.6960］）。这也表明注意警觉在情绪动机强度对 700 ms 标准时距下知觉的影响中存在中介作用（模型图见 4-4）。

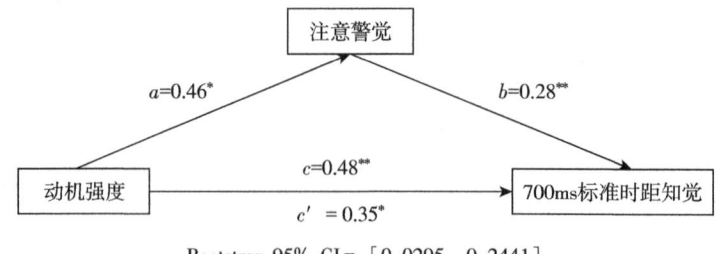

图 4-4　情绪动机强度与时距知觉的中介模型

基于此，首先依据本研究和前人研究结果，将情绪动机维度模型进行扩展，情绪动机维度对注意加工产生影响，不仅表现在动机强度上，也表现在动机方向上。其中动机强度影响自下而上的注意加工，如动机强度越大，注意焦点越窄化。动机方向影响自上而下的注意加工，如趋近动机导致控制水平降低。更重要的是，本研究将注意闸门模型和情绪动机维度模型相结合，尝试提出情绪动机维度驱动时距知觉模型假说（见图4-5）。

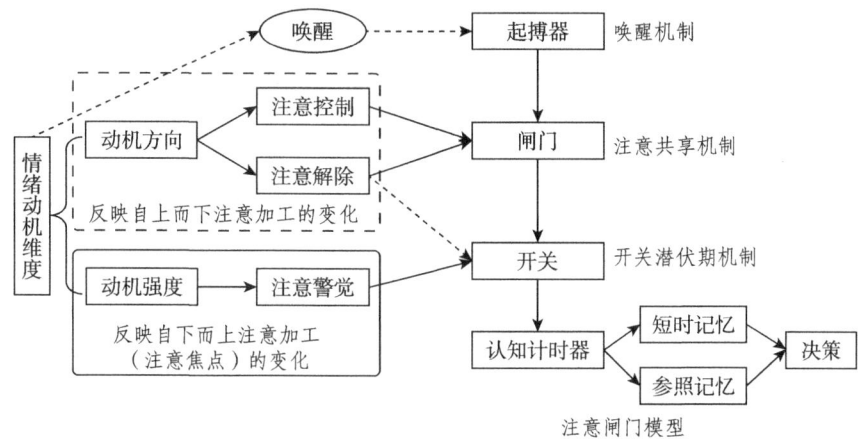

图4-5 情绪动机维度驱动时距知觉模型假说

第三节 分类观下的时距知觉情绪效应

情绪分类观源于进化论，认为情绪是个体对外部刺激的适应性反应（傅小兰，2015）。基本情绪（Basic Emotions）是指与人的生理需要相联系的内心体验。例如，恐惧、焦虑、满足、悲哀等。基本情绪形成于幼年时期，更多地受先天遗传因素影响。自我意识情绪（Self-Conscious Emotions，SCE）是个体情绪系统的重要方面，如害羞、自豪。相对于基本情绪，自我意识情绪近些年越来越多得到研究者的关注。

一、基本情绪对时距知觉的影响

目前，大多数情绪理论认为情绪表达是交流情绪状态信息，促进个体更好地适应社会的有效方式（Ekman，2004）。譬如，当动物知觉到攻击信号时，会逃离或者防卫。知觉情绪的意义在于做出适应环境的行为，当感知时间较快时，个体面对攻击性情景时会反应得更早（Frijda，1986）。研究发现，6个月婴儿可以区分愤怒和中性表情（Striano，Brennan，and Vanman，2002），7个月婴儿能够区分恐惧和中性眼神（Jessen and Grossmann，2016）。研究还发现，3岁儿童可以精确地时距知觉（Droit-Volet, Delgado, and Rattat，2006）。研究曾探讨人类面临负性刺激（危险刺激）时的时距知觉适应性问题。譬如，Gil，Niedenthal和Droit-Volet（2007）探讨3岁、5岁及8岁儿童识别在愤怒表情条件下的时距知觉特点，结果发现，所有年龄组被试在愤怒表情下的时距知觉均长于中性表情下，且这种延长效应不随年龄而变化。Droit-Volet，Fayolle和Gil（2016）还探讨5岁、8岁儿童及成年人在识别愤怒表情条件下的时距知觉特点，结果也发现，所有年龄组被试在愤怒表情下时距知觉均长于中性表情下，且这种延长效应也不随年龄而变化。这就说明随着年龄增长，愤怒对时距知觉影响效应没有显著变化，且具有适应性。研究发现，当个体面对愤怒面孔，产生的不止是愤怒情绪，可能也产生恐惧情绪（Ohman and Soares，1998）。另有研究发现，愤怒诱发出时间知觉的相对高估水平比其他负性情绪更明显，这可能是一种特定恐惧反应系统在起作用（Tipples，2008）。Tipples（2008）采用了Droit-Volet et al.，（2004）提出的时间二分任务来检验消极情绪的面部表情和个体差异对时间感知的影响。研究者随机选取了42名被试，实验材料为16张人脸图片，包括愤怒、恐惧、快乐和中性四种面部表情，其中恐惧和愤怒的愉悦度和兴奋度相似，且都比快乐和中性的兴奋度更高。被试在完成时间二分任务之后，还需要进行EAS成人气质测验。结果表明，负面情绪的个体差异与愤怒和恐惧表情导致的高估水平的增加有关，而不是快乐的表情。研究者认为这是因为负面情绪的唤醒效应导致的时间扭曲。同时研究者还发现，与恐惧和快乐的表情相比，愤怒的面部表情会导致更大的时间高估，这有可能是一种特定恐惧反应系统在其中起作用。根据进化论的观点，对威胁性刺激（如愤怒的面部表情）的强烈唤醒有利于个体快速适应环境，提高生存概率。愤怒的面孔一般表明攻击意图，与其他表情相比，个体对愤怒的面部表情更加敏感，能够在很大程度上影响个体对时间的感知，加快心跳频率和肌肉活动水平，以保证在威胁情境中人类的生存。为此，李丹和尹华站（2019）采用时间二分任务探讨恐惧对5岁、8岁儿童及成年人的时距知觉的影响。这项研究采用三因素混合设计。年龄为被试间变量，包括5岁组、8岁组及成年组等；情绪刺激的效价和探测时距为被试内变量,其中情绪效价包括恐惧和中性等,探测时距包括 400 ms、600 ms、800 ms、1000 ms、1200 ms、1400 ms、1600 ms 等。因变量指标为长反应比例(Proportion of "long" responses,P(long))、二分点(Bisection point,BP)及韦伯系数(Weber ratio,WR)。

首先以恐惧面孔和中性面孔的平均唤醒得分为因变量指标,对情绪类型(恐惧和中性)和年龄(5 岁组、8 岁组及成年组)作重复测量方差分析可知,情绪类型主效应显著,恐惧面孔较中性面孔具有更高唤醒度。情绪类型与年龄交互作用显著,进一步简单效应分析发现,不管哪个年龄组被试均表现出知觉恐惧面孔唤醒度显著高于中性面孔唤醒度。然而,5 岁组判断恐惧面孔与中性面孔之间的唤醒度等级差异显著小于在 8 岁组,8 岁组显著小于成年组。其他效应均不显著($p>0.05$)。然后对时间二分任务的指标分析:

第一,"长"反应比例。以长反应比例"p(long)"为因变量,探测时距和情绪类型为被试内变量,年龄为被试间变量进行方差分析可知,探测时距主效应显著。这就表明随着探测时距增加,"长"反应比例增多。年龄主效应不显著,但是探测时距与年龄交互作用显著。这就意味着随着年龄增长,两分函数陡度增加,对时间的敏锐性越强。然而,最为有趣的结果是,情绪类型的主效应显著,这就表明恐惧面孔的"长"反应比例显著大于中性面孔;情绪类型与年龄没有显著交互作用,这就表明不管年龄多大,延长效应均会同等程度出现;探测时距与情绪类型的交互作用不显著,且探测时距、情绪类型及年龄三者交互效应不显著,这就表明不管哪个年龄组恐惧情绪的延长效应均不受探测时距调节。

第二,二分点。为了对时间二分任务的表现进行更详细分析,根据 Church 和 Deluty(1977)的方法计算了每个被试在每种条件下的二分点(Bisection Point,BP)。所谓二分点是指一种主观上的相等点,即对于数据拟合伪随机函数的每个被试做出 50%p(long)判断所对应的刺激时距的长度。二分点是从每个被试的斜率和截距参数计算获得,而这一斜率和截距是从个体两分函数的线性回归曲线所获得。经过测算,共有 11 位 5 岁儿童、15 位 8 岁儿童及 17 位成年人的线性回归曲线是显著的,所以被纳入下面的数据分析。以二分点为因变量,情绪类型为被试内变量,年龄为被试间变量进行方差分析可知,年龄主效应显著,进一步多重比较发现,5 岁组与 8 岁组无显著差异,均显著大于成年组。情绪主效应显著,这就意味着恐惧面孔的时距估计二分点较中性面孔要低,因此支持了前面"长"反应比例的结果。二分点转折偏左证实了恐惧面孔时距估计较长,这种趋势在所有年龄组均得以出现。情绪类型和年龄之间没有显著交互作用。

第三,韦伯比例。韦伯比例是一个衡量时间感受性的指标。韦伯系数越小,二分函数越陡,对时间的感受性越高。韦伯系数的计算方法是将时间二分任务中的差别阈限$\{D[p(\text{long})=0.75]-D[p(\text{long})=0.25]\}/2$除以二分点的指数。由于韦伯比例是根据二分点计算而来的,与二分点分析的纳入被试相同。以韦伯系数为因变量,情绪类型为被试内变量,年龄为被试间变量进行方差分析可知,年龄主效应显著,进一步多重比较发现,5岁组显著大于8岁组,8岁组显著大于成年组。这就意味着年龄越小,时间感受性越低。情绪主效应显著,这就意味着恐惧面孔的时距估计的韦伯系数较中性面孔要低。情绪和年龄之间显著交互作用,进一步简单效应分析可知,5岁组恐惧面孔的时距估计的韦伯系数与中性面孔无显著差异,8岁组恐惧面孔的时距估计的韦伯系数较中性面孔显著低,成年组恐惧面孔的时距估计的韦伯系数较中性面孔低。这就意味着8岁组和成年组在进行恐惧面孔的时距估计感受性高于对中性组面孔。李丹和尹华站(2019)发现,对于所有被试,相比中性面孔,恐惧面孔时距知觉的心理物理函数偏左,伴随二分点显著下降,且这种趋势不受年龄因素调节。这就意味着恐惧面孔的时距估计相对中性面孔的时距估计仍存在延长效应,且这种效应不受年龄因素的调节。

目前,虽然时距知觉高估效应的研究丰富,但是直接探讨个体可获得认知资源与高估效应关系仅有少量研究(Droit-Volet, Fayolle and Gil, 2016;尹华站等,2022)。Droit-Volet等(2016)研究以愤怒面孔和中性面孔为实验刺激,要求被试完成三种难度下(1∶4,1∶2,2∶3)时间二分任务,同时还通过神经心理学测验评定被试一般认知能力(短时记忆能力和工作记忆能力以及注意抑制能力)。结果发现,仅在1∶4任务难度下,不管哪个年龄阶段,知觉愤怒面孔刺激的时距长于中性刺激的时距,但是高估程度与认知能力没有显著相关,工作记忆能力的个体差异仅能解释时间敏锐度的部分变异。在1∶2和2∶3任务难度下,5岁和8岁儿童被试没有完成时间二分任务;成年被试虽然能完成时间二分任务,但是没有观察到高估效应。这项研究可以发现尚需进一步澄清之处:时间二分任务难度通过短标准时距和长标准时距之间的比率来调节。譬如,1∶4(300 ms∶1200 ms)、1∶2(300 ms∶600 ms)及2∶3(300 ms∶450 ms)的难度依次增大。Droit-Volet和Zélanti(2013)研究发现正确完成时间二分任务所需要认知资源,随任务难度增大而增多。因此，Droit-Volet, Fayolle 和 Gil（2016）研究中的 5 岁和 8 岁儿童在 1：2 和 2：3 任务难度下，很可能由于个体总体认知资源不足以完成时间二分任务，出现地板效应，也就无法探讨 5 岁和 8 岁儿童个体在完成 1：2 和 2：3 任务难度下时距加工表现。因此，李丹等（2021）采用不同任务难度（1：8、1：6、1：4）时间二分任务探讨恐惧情绪面孔对 5 岁、8 岁儿童及成年人时距知觉的影响，旨在初步探讨个体可得认知资源对相对高估恐惧面孔时距程度的调节。这个研究为 3×2×3×7 的混合设计。年龄为被试间变量，包括 5 岁组、8 岁组及成年组三个水平。情绪面孔、任务难度及探测时距为被试内变量，其中情绪面孔包括恐惧面孔和中性面孔两个水平，任务难度包含三个水平：①两个标准时距之间的比率为 1：8（300 ms：2400 ms）；②两个标准时距之间的比率为 1：6（300 ms：1800 ms）；③两个标准时距之间的比率为 1：4（300 ms：1200 ms）。探测时距包含 7 个水平：①1：8 任务难度下包括：300 ms、650 ms、1000 ms、1350 ms、1700 ms、2050 ms、2400 ms；②1：6 任务难度下包括：300 ms、550 ms、800 ms、1050 ms、1300 ms、1550 ms 和 1800 ms；③1：4 任务难度下包括：300 ms、450 ms、600 ms、750 ms、900 ms、1050 ms 和 1200 ms。因变量指标为长反应比例［proportion of "long" responses, p（long）］、二分点（bisection point, BP）及韦伯系数（Weber ratio, WR）。长反应比例是每位被试在每种实验条件下将探测时距判断为接近"长"标准时距的比例，比例越高，意味着相对高估时距越多。二分点是一种主观上相等点，即对于每位被试在每种实验条件下做出 50% p（long）判断所对应刺激的时距长度，二分点越靠左，意味着相对高估时距越多。韦伯系数是一个衡量时间感受性的指标，数值越小，感受性越高。结果发现：

第一，面孔表情平均唤醒得分。以面孔表情平均唤醒得分为因变量，对情绪刺激（恐惧和中性）、任务难度（1：4，1：6，1：8）及年龄（5 岁组、8 岁组及成年组）等自变量进行多因素方差分析可知，情绪刺激主效应显著，恐惧面孔较中性面孔具有更高唤醒度。情绪刺激与年龄交互作用显著。进一步简单效应分析发现，5 岁组儿童、8 岁组儿童及成年组均表现出被恐惧面孔较中性面孔诱发出更高唤醒度。然而，5 岁组被恐惧面孔与中性面孔诱发出的唤醒度差异小于较 8 岁组和成年组，8 岁组也显著小于成年组。情绪刺激与任务难度交互作用显著。进一步简单效应分析发现，在 1：4、1：6 及 1：8 任务难度下恐惧面孔均诱发出较中性面孔更高的唤醒度。然而，在 1：4 任务难度下恐惧面孔与中性面孔诱发出的唤醒度差异较小于在 1：6 任务难度下和

1∶8任务难度下,在1∶6任务难度下也显著小于在1∶8任务难度下。这表明了当面孔呈现时间为750 ms标准时距时,恐惧面孔会有相对较大的唤醒度,随着呈现递增为1050 ms标准时距和1350 ms标准时距时,相对唤醒度升高。其余效应不显著。

第二,长反应比例。以"p(long)"为因变量,任务难度、情绪刺激及探测时距为被试内变量,年龄为被试间变量进行方差分析。任务难度主效应显著,进一步多重比较发现,在1∶6任务难度下较1∶4任务难度下的p(long)显著降低($p=0.003$),但在1∶8任务难度下较1∶6任务难度下的p(long)无显著差异($p=0.775$)。探测时距主效应显著,进一步多重比较发现,随着探测时距增加,p(long)依次显著增加,$p_s<0.001$。情绪刺激主效应显著,恐惧面孔条件下p(long)显著高于中性面孔条件,$p<0.001$。年龄主效应显著,进一步多重比较发现,5岁组、8岁组及成年组p(long)依次显著降低($p<0.001$)。情绪刺激与任务难度交互作用显著,进一步简单效应分析可知,在1∶4任务难度下恐惧面孔与中性面孔p(long)之差显著小于在1∶6任务难度下恐惧面孔与中性面孔p(long)之差;在1∶6任务难度下恐惧面孔与中性面孔p(long)之差小于在1∶8任务难度下恐惧面孔与中性面孔p(long)之差。情绪刺激与探测时距交互作用显著,进一步简单效应分析可知,随着探测时距增加,恐惧面孔与中性面孔p(long)之差逐渐增大。年龄与探测时距交互作用显著,进一步简单效应分析可知,5岁组p(long),8岁组p(long)及成年组p(long)均随着探测时距增加依次显著增加,但是成年组趋势更为明显。任务难度与探测时距交互作用显著,进一步简单效应分析可知。1∶4任务难度下p(long),1∶6任务难度下p(long),1∶8任务难度下p(long)均随着探测时距的增加依次显著增加,但是1∶8任务难度下的趋势更为明显。其余效应均不显著($p_s>0.05$)。

第三,二分点。经过测算,除了2名5岁儿童和1名8岁儿童在1∶4任务难度下的累加高斯函数拟合曲线不显著之外,其余被试在1∶4、1∶6及1∶8任务难度下的累加高斯函数拟合曲线均显著。因此,将45名5岁儿童、39名8岁儿童及45名成年人的数据纳入下一步分析。以BP为因变量指标,情绪刺激、任务难度及年龄为自变量进行方差分析可知,任务难度主效应显著,多重比较发现,在1∶4、1∶6、1∶8三种任务难度下的BP依次显著增大($p_s<0.001$),情绪刺激主效应显著,多重比较发现,恐惧面孔条件下BP显著小于中性面孔条件下BP。情绪刺激与任务难度存在交互效应,进一步简

单效应分析可知,在1:4、1:6、1:8三种任务难度下均存在显著差异。但是,情绪刺激与年龄交互效应及情绪刺激、任务难度与年龄交互效应均不显著。

第四,韦伯系数。由于 WR 是差别阈限与 BP 的商,所以这部分数据分析纳入人数与上述对 BP 的分析相同。为此,以 WR 为因变量,情绪刺激、任务难度及年龄为自变量进行方差分析可知,年龄主效应显著,进一步多重比较发现,5岁组、8岁组及成年组依次显著降低(p_s<0.001)。任务难度主效应显著,进一步多重比较发现,5岁组、8岁组及成年组依次显著降低(p_s<0.001)。年龄与任务难度交互作用显著,进一步简单效应分析发现,成年大学生随着任务难度降低韦伯系数依次减小;8岁组儿童任务难度降低韦伯系数依次减小;5岁组儿童任务难度降低韦伯系数依次减小。其余效应均不显著(p_s>0.05)。

第五,神经心理学测试得分及与时距两分任务指标的相关。分别以短时记忆测试、工作记忆测试及注意抑制测试的原始得分为因变量指标,年龄为被试间变量进行方差分析。结果发现,短时记忆测试得分主效应显著,进一步多重比较发现,5岁组、8岁组及成年组的得分依次显著增高,p_s<0.001;工作记忆测试得分主效应显著,进一步多重比较发现,5岁组、8岁组及成年组的得分依次显著增高,p_s<0.001;同时还发现,8岁组注意抑制测试得分显著高于5岁组的注意抑制测试得分。由于在实验中,任务难度作为被试内变量,在实验中要求每一位被试在所有三种难度下的累加高斯函数拟合曲线达到显著才有资格进行下一步的 BP 和 WR 的计算。因此,仅有45位5岁儿童、39位8岁儿童及45位成年人的累加高斯函数拟合曲线在三种任务难度下均显著,进行过 BP 和 WR 的计算,这些被试的数据才纳入下面相关分析和多元回归分析。于是,第一步计算这些被试在年龄、短时记忆测试得分的 Z 分数、工作记忆测试得分的 Z 分数、注意抑制测试得分的 Z 分数及六种时距二分任务的测量指标得分[恐惧面孔与中性面孔情境下时距二分任务 p(long)的差值、恐惧面孔与中性面孔情境下时距二分任务 p(long)的平均值、恐惧面孔与中性面孔情境下时距二分任务 BP 的差值、恐惧面孔与中性面孔情境下时距二分任务 BP 的平均值、恐惧面孔与中性面孔情境下时距二分任务 WR 的差值及恐惧面孔与中性面孔情境下时距二分任务 WR 的平均值]之间的相关系数。结果发现,虽然情绪刺激效应不会影响 WR 的值,但是皮尔逊积差相关显示,恐惧面孔与中性面孔情境下时距二分任务 BP 的差值与 WR 之间存在显著正相

关。这就表明当被试知觉恐惧面孔而不是知觉中性面孔时，相对高估效应会随着时距加工敏感度的改善而增加。相关分析还表明，恐惧面孔与中性面孔的时距判断[p (long)、BP、WR]之间的差异与个体认知能力或者个体年龄不存在显著相关（p_s>0.05）。只有 WR 与记忆测验得分之间（短时记忆和工作记忆，p_s<0.001）、WR 与年龄之间（p<0.001）发现了显著负相关。为此，进一步做了多元层次回归分析，以工作记忆测试得分作为第一个预测变量，随后短时记忆测试得分和年龄相继进入方程。结果发现，工作记忆测试得分是一个影响 WR 值变化的显著预测变量，并且解释了 26% 的 WR 变异。这与大部分发展心理学研究相吻合（Droit-Volet et al.，2013），意味着工作记忆能力越大，对时间加工的敏感度越高。然而，当年龄因素进入方程式之后，提升了 WR 变异的解释率，同时也减小了工作记忆测试得分的预测作用，这就意味着在实验中，工作记忆容量并不能解释个体时间敏感度上的所有变异。

二、自我意识情绪对时距知觉的影响

自我意识情绪（self-conscious emotions）最早表述出现在 Darwin（1872）《人类和动物的情绪表达》（*The expression of the emotions in man and animals*）一书中。刘鹏玉等（2023）结合冯晓杭和张向葵（2007）提出的概念内涵及 Tracy 和 Robins（2004）提出的概念外延，即自我意识情绪是个体在具有一定自我评价的基础上，通过自我反思而产生的情绪（冯晓杭，张向葵，2007），包含自豪、羞愧、尴尬、内疚等类型（Tracy and Robins，2004）。其中，自豪是以自身内化的标准对归因于自己的成就进行评估时产生的积极情绪体验（沈蕾等，2021）。羞愧是个体运用内化的标准、规则、目标对情境和总体自我进行评价后产生的消极感受（Lewis，1992）。尴尬是个体在社会交互过程中出现的一种不自然的状态，当个体出现与所处情景规则不一致的行为时，就会导致自我身份一致性受损；当正常社交活动受阻时，会出现的一种消极情绪（Goffman，1956）。目前，文献查阅可知五项研究考察自我意识情绪中的羞愧情绪对时距知觉的影响（Droit-Volet et al.，2015；Gil and Droit-Volet，2011b；Grondin et al.，2015；Mioni and Meligrana et al.，2016；刘鹏玉等，2023）。

第一项研究由 Gil 和 Droit-Volet（2011b）考察羞愧情绪影响 5 岁和 8 岁儿童及成年大学生时距知觉的效应，这种效应被作为个体识别羞愧情绪表达能力的函数。首先，研究被试从多种情绪面孔中具备识别羞愧情绪面孔的能力；其次，要求被试完成时间二分任务（短标准时距：400 ms、长标准时距：

1600 ms）。实验材料全部为蒙特利尔情绪面部表情系统中的女性图片。结果发现，从 8 岁儿童开始，具备羞愧情绪面孔识别能力的被试估计羞愧情绪面孔的时距短于中性面孔；相反，未能识别出羞愧情绪面孔的 5 岁儿童或可识别出羞愧情绪面孔的 5 岁儿童，没有表现出上述低估时间现象。研究者提出两种可能的原因，一是个体在知觉羞愧情绪面孔时诱发了羞愧情绪，并伴随着有关羞愧自我的思想，而这种认知活动将消耗注意资源，导致从时距加工中转移，从而导致传递到累加器中一定数量的脉冲丢失，导致时距的低估。二是羞愧情绪表达使传递者和知觉者之间存在一定的安抚作用，这一安抚作用将降低唤醒水平，从而减慢内部时钟，导致时距低估。

第二项研究是 Droit-Volet 等（2015）考察与情绪相关的时距扭曲的意识是如何改变情绪对时距知觉的影响。首先，被试（女大学生）阅读一篇科学文本，文本提供了关于情绪与时距之间关系的虚假信息（羞愧表达会主观地延长时距知觉）或没有收到任何消息。然后，被试完成时间二分任务（短标准时距：400 ms、长标准时距：1600 ms），呈现女性羞愧情绪图片，完成后对图片进行唤醒度 9 点评分。实验材料选择与上述第一项研究中同一个图片系统里的女性羞愧情绪图片。结果发现，羞愧表达被评定为与中性一样具有低唤醒（3.43 vs 3.23，$p>0.05$），羞愧与中性的时距知觉不存在显著差异。

第三项研究是 Grondin 等（2015）考察性别调节情绪刺激（面孔）的时距知觉。20 名男大学生和 20 名女大学生被试完成时间二分任务（短标准时距：400 ms、长标准时距：1600 ms），呈现男性和女性愤怒情绪面孔、羞愧情绪面孔和中性面孔共分为 2 天实施，其中一天只呈现女性情绪面孔，另一天只呈现男性情绪面孔，顺序平衡。结果发现，与愤怒情绪面孔相比，羞愧情绪面孔会导致时距低估。然而，与中性面孔相比，愤怒情绪面孔、羞愧情绪面孔下的时距都没有被显著高估或低估。更关键的是，只有当男性面孔出现时，与羞愧情绪面孔相比，女性被试高估愤怒情绪面孔的时距。研究者认为注意和唤醒两个因素共同起作用，观看羞愧情绪图片需要更多注意资源，会减少对时距加工的注意，因此导致较愤怒情绪面孔下的时距低估，而观看愤怒情绪图片会增加唤醒，增加起搏器发出的脉冲数量，时距加工会较观看羞愧情绪图片出现高估。

第四项研究是 Mioni 和 Meligrana 等（2016）采用时间二分任务（短标准时距：400 ms、长标准时距：1600 ms）考察帕金森患者（轻度认知障碍、无轻度认知障碍）和正常老年对照组中情绪对时距知觉的影响。帕金森的老年患者有 25 名，在医院进行实验，正常老年组有 17 名，在家中进行实验。两组被试都要进行一个时间二分任务和一个神经心理学评估，其中神经心理学评估主要用来测试被试的认知能力，包括注意和工作记忆测验、执行功能测验、语言测验、记忆测验以及视觉空间测验。结果发现，与中性面孔相比，羞愧情绪面孔导致时距的低估；愤怒情绪面孔导致时间间隔被高估。研究者认为这是因为羞耻感是一种次级情感，前文所述中愤怒具有适应意义，高估愤怒情绪有利于个体面对威胁情景，这有助于个体生存与发展，而羞耻感并不具有相同的适应作用，它会随着社会交往和社会规则的内化而发展（Tangney and Dearing，2002）。作为一种自我意识情绪，羞耻涉及对自己的一种反思，羞耻情绪面孔会吸引注意力资源，从而导致对时间的低估。同时，该研究还发现，帕金森患者在 400 ms 时情绪面孔的时间知觉与中性面孔的时间知觉具有显著差异，表现为帕金森患者的时间知觉更加扭曲。研究者认为这是因为帕金森患者有更大的颞叶功能的障碍而不是内部时钟的问题，记忆的检索和存储问题导致帕金森患者不稳定的时间表征，容易被情绪刺激所扭曲。

刘鹏玉等（2023）采用时间复制法考察三种自我意识情绪对时距知觉的影响。三个实验选择自编的 16 名表演者（8 名女生）四种类型图片，能有效地诱发自我意识情绪，并且对图片中表演者的性别进行平衡，能有效地控制性别对时距知觉的影响。实验1、实验2、实验3分别采用时距复制任务探究羞愧情绪、自豪情绪以及尴尬情绪对 700 ms、1700 ms、2700 ms 时距知觉的影响。实验1、实验2、实验3假设相对于中性，羞愧情绪、自豪情绪以及尴尬情绪均导致时距短估。实验1采用2（情绪：羞愧、中性）×3（目标时距：700 ms、1700 ms、2700 ms）两因素被试内设计。因变量指标为平均复制时距（Reproduction duration，R_d）、绝对误差（Absolute error，AE）、相对误差（Relative error，Ratio）和变异系数（Coefficient of variation，CV）（Mioni and Stablum et al.，2016）。实验1由练习阶段和正式实验阶段两部分组成。实验前提醒被试在实验过程中不要刻意使用计数或打节拍进行时间复制。在练习阶段，首先，出现 500~800 ms 的"+"注视点。然后，屏幕中央出现一个灰色矩形，呈现目标时距 700 ms 或 1700 ms 或 2700 ms。随后，屏幕中央出现"开始计时"，被试开始第一次按键，按键后屏幕中央出现一个灰色矩形，当个体觉得灰色矩形呈现时距与目标时距一致时，第二次按键，两次按键的时距即被试的复制时距。最后，呈现 1000~2000 ms 空屏，再进入下一个试次。正式实验阶段将练习阶段第一个灰色矩形替换为羞愧情绪图片。正式实验共

96个试次,每个水平16个试次,每张图片在每个时距上(700 ms、1700 ms、2700 ms)重复3次。两个block呈现刺激,一个block全部呈现羞愧情绪图片,一个block全部呈现中性图片,两个block在被试间平衡。

实验1对平均复制时距、绝对误差、相对误差和变异系数分别进行2(情绪:羞愧、中性)×3(目标时距:700 ms、1700 ms、2700 ms)的两因素重复测量方差分析。绝对误差的计算方法是将复制时距(R_d)和目标时距(T_d)之差的绝对值除以目标时距($AE = \frac{|R_d - T_d|}{T_d}$)。绝对误差越大表明时距复制越不准确,因为时距复制时距离目标时距越远。相对误差反映计时误差的方向,计算方法是复制时距长度除以目标时距长度($Ratio = \frac{R_d}{T_d}$),其中值为1反映时距准确估计,值高于1反映时距高估,值低于1反映时距低估。变异系数是衡量时间变异性的一个指标,能评估被试对相同目标时距的判断的一致性,计算每个被试的变异系数,方法是用复制时距的标准差除以平均值($CV = \frac{SD_{R_d}}{M_{R_d}}$),这遵循了Brown(1997)开发的程序。

结果分析程序是:首先,剔除复制时距过短或过长的试次(小于或大于对应条件下平均复制时距3个标准差,下同)。然后,对平均复制时距进行2(情绪:羞愧、中性)×3(目标时距:700 ms、1700 ms、2700 ms)的两因素重复测量方差分析。结果发现,情绪的主效应显著,进一步多重比较发现,羞愧平均复制时距显著长于中性。目标时距的主效应显著,进一步多重比较发现,2700 ms的平均复制时距显著长于1700 ms,1700 ms的平均复制时距显著长于700 ms,表明个体能准确地区分三种时距。情绪和目标时距的交互作用不显著。对绝对误差进行2(情绪:羞愧、中性)×3(目标时距:700 ms、1700 ms、2700 ms)的两因素重复测量方差分析。结果发现,情绪的主效应不显著;目标时距的主效应显著;进一步多重比较发现,700 ms的绝对误差显著大于1700 ms,700 ms的绝对误差显著大于2700 ms,1700 ms和2700 ms的绝对误差差异不显著,表明相较1700 ms和2700 ms,目标时距为700 ms时个体的准确性较低。情绪和目标时距的交互作用不显著。对相对误差进行2(情绪:羞愧、中性)×3(目标时距:700 ms、1700 ms、2700 ms)的两因素重复测量方差分析。结果发现,情绪的主效应不显著;目标时距的主效应显著;进一步多重比较发现,700 ms的相对误差显著大于1700 ms,1700 ms的相对误差显著大于 2700 ms，表明被试在 700 ms 和 1700 ms 标准时距上复制时距高估，在 2700 ms 标准时距上复制时距低估。情绪和目标时距的交互作用不显著。对变异系数进行 2（情绪：羞愧、中性）×3（目标时距：700 ms、1700 ms、2700 ms）的两因素重复测量方差分析。结果发现，情绪的主效应不显著；目标时距的主效应显著；进一步多重比较发现，700 ms 的变异系数显著大于 1700 ms，1700 ms 的变异系数显著大于 2700 ms，表明与较长目标时距相比，个体复制短目标时距存在不稳定的时距表征。情绪和目标时距的交互作用不显著。

实验 2 采用时距复制任务探究自豪情绪对 700 ms、1700 ms、2700 ms 时距知觉的影响。同实验 1，假设相对于中性，自豪情绪导致时距短估。最终招募了湖南某高校大学生 20 名，其中男生 10 名，女生 10 名，平均年龄为（18.60±0.88）岁。其他均同实验 1。本实验采用 2（情绪：自豪、中性）×3（目标时距：700 ms、1700 ms、2700 ms）两因素被试内设计，因变量指标同实验 1。实验程序同实验 1。

结果分析程序是：首先，剔除试次的标准同实验 1。然后，对平均复制时距进行 2（情绪：自豪、中性）×3（目标时距：700 ms、1700 ms、2700 ms）的两因素重复测量方差分析。结果发现，情绪的主效应不显著；目标时距的主效应显著；进一步多重比较发现，2700 ms 的平均复制时距显著长于 1700 ms，1700 ms 的平均复制时距显著长于 700 ms，表明个体能准确地区分三种时距。情绪和目标时距的交互作用不显著。

对绝对误差进行 2（情绪：自豪、中性）×3（目标时距：700 ms、1700 ms、2700 ms）的两因素重复测量方差分析。结果发现，情绪的主效应不显著；目标时距的主效应显著；进一步多重比较发现，700 ms 的绝对误差显著大于 1700 ms，1700 ms 的绝对误差显著大于 2700 ms，表明目标时距越短，个体的准确性较低。情绪和目标时距的交互作用不显著。对相对误差进行 2（情绪：自豪、中性）×3（目标时距：700 ms、1700 ms、2700 ms）的两因素重复测量方差分析。结果发现，情绪的主效应不显著；目标时距的主效应显著；进一步多重比较发现，700 ms 的相对误差显著大于 1700 ms，1700 ms 的相对误差显著大于 2700 ms，表明被试在 700 ms 和 1700 ms 上复制时距高估，2700 ms 上复制时距低估。情绪和目标时距的交互作用不显著。对变异系数进行 2（情绪：自豪、中性）×3（目标时距：700 ms、1700 ms、2700 ms）的两因素重复测量方差分析。结果发现，情绪的主效应不显著；目标时距的主效应显著；进一步多重比较发现，700 ms 的变异系数显著大于 1700 ms，1700 ms 的变异系数显著大于 2700 ms，表明与较长目标时距相比，个体复制短目标时距存在不稳定的时距表征。情绪和目标时距的交互作用不显著。

实验 3 采用时距复制任务探究尴尬情绪对 700 ms、1700 ms、2700 m 时距知觉的影响。假设相对于中性，尴尬情绪导致时距短估。实验 3 采用 2（情绪：尴尬、中性）×3（目标时距：700 ms、1700 ms、2700 ms）两因素被试内设计，因变量指标同实验 1。实验程序同实验 1。结果发现，首先，剔除试次的标准同实验 1。然后，对平均复制时距进行 2（情绪：尴尬、中性）×3（目标时距：700 ms、1700 ms、2700 ms）的两因素重复测量方差分析。结果发现，情绪的主效应不显著；目标时距的主效应显著；进一步多重比较发现，2700 ms 的平均复制时距显著长于 1700 ms，1700 ms 的平均复制时距显著长于 700 ms，表明个体能准确地区分三种时距。情绪和目标时距的交互作用不显著。对绝对误差进行 2（情绪：尴尬、中性）×3（目标时距：700 ms、1700 ms、2700 ms）的两因素重复测量方差分析。结果发现，情绪的主效应不显著；目标时距的主效应显著；进一步多重比较发现，700 ms 的绝对误差显著大于 1700 ms，700 ms 的绝对误差显著大于 2700 ms，1700 ms 和 2700 ms 的绝对误差差异不显著，表明相较 1700 ms 和 2700 ms，目标时距为 700 ms 时个体的准确性较低。情绪和目标时距的交互作用不显著。对相对误差进行 2（情绪：尴尬、中性）×3（目标时距：700 ms、1700 ms、2700 ms）的两因素重复测量方差分析。结果发现，情绪的主效应不显著；目标时距的主效应显著；进一步多重比较发现，700 ms 的相对误差显著大于 1700 ms，1700 ms 的相对误差显著大于 2700 ms，表明被试在 700 ms 和 1700 ms 上复制时距高估，2700 ms 上复制时距低估。情绪和目标时距的交互作用不显著。对变异系数进行 2（情绪：尴尬、中性）×3（目标时距：700 ms、1700 ms、2700 ms）的两因素重复测量方差分析。结果发现，情绪的主效应不显著；目标时距的主效应显著；进一步多重比较发现，700 ms 的变异系数显著大于 1700 ms，1700 ms 的变异系数显著大于 2700 ms，表明与较长目标时距相比，个体复制短目标时距存在不稳定的时距表征。情绪和目标时距的交互作用显著。进一步简单效应分析发现，在 700 ms 标准时距下尴尬情绪的变异系数显著低于中性；在 1700 ms 和 2700 ms 标准时距下的尴尬情绪和中性情绪在变异系数上不存在显著差异，表明尴尬情绪在目标时距为 700 ms 时存在稳定的时距表征。三个实验分别以刘鹏玉等（2023）自编的羞愧情绪、尴尬情绪、自豪情绪和中性图片为实验刺激材料,采用时间复制法探讨自我意识情绪对时距知觉的影响。首先,三个实验均发现个体对 2700 ms、1700 ms 和 700 ms 三个时距的平均复制时距依次显著减少,表明个体均能准确地区分三种时距;变异系数依次显著变大,表明与较长目标时距相比,个体复制短目标时距存在不稳定的时距表征;700 ms 的绝对误差显著大于 1700 ms 和 2700 ms,表明目标时距为 700 ms 时个体的准确性比 1700 ms 和 2700 ms 低。实验 1 结果发现,羞愧情绪平均复制时距显著长于中性;变异系数与中性不存在显著差异。这表明相比中性,羞愧情绪导致时距长估。实验 2 结果发现,自豪情绪平均复制时距和变异系数与中性均不存在显著差异。实验 3 结果发现,尴尬情绪平均复制时距与中性不存在显著差异;700 ms 标准时距下的尴尬情绪变异系数显著低于中性,1700 ms 和 2700 ms 标准时距下的尴尬情绪与中性不存在显著差异;这表明与中性相比,尴尬情绪在目标时距为 700 ms 时存在稳定的时距表征。

  人在羞愧情绪下对时间的知觉是更慢还是更快?这项研究发现个体在羞愧情绪下知觉时距更慢。在时距复制任务中,被试必须在编码阶段累积和存储脉冲,在复制过程中积聚新的脉冲,并在记忆中不断比较两个脉冲的数量。根据注意闸门模型(Zakay and Block,1997),本研究中的羞愧情绪图片在目标时距呈现时出现,即编码阶段呈现,羞愧情绪刺激为计时信号,驱动注意资源分配至计时过程,从而出现相对高估。这一结果可以用(Grout,2016)的研究结果进行推测,研究比较了低、中、高羞愧水平(问卷测量)个体的点探测成绩,结果发现高羞愧个体存在注意偏向,进而表现出知觉时距更慢。正如 Droit-Volet 和 Gil(2009)所指出的那样,与中性面孔相比,对基本情绪面孔的呈现时距的高估可能表明一种自动的、无意识的唤醒反应程序,这与内部时钟的加速有关。这种时钟加速的功能将使生物体做好准备,以尽可能快的速度对社会环境做出反应。对于自我意识情绪,Lewis(1971)认为羞愧情绪将注意分配在羞愧自我或羞愧原因的检查上。以往大量文献发现对他人情绪的知觉与面部表情模仿有关(Adolphs et al.,2000;Decety and Chaminade,2003)。根据该文献,个体会自发地模仿他人表达的情绪(Dimberg et al.,2000)。反过来,这种模仿在知觉者中诱发了相同情绪状态,尽管程度较小(Hess et al.,1992;McIntosh,1996;Strack et al.,1988)。两项研究通过考察抑制模仿的效果和模仿适应性,表明模仿他人面部表情在时间知觉中具有关键作用(Effron et al.,2006;Mondillon et al.,2007)。因此有理由假设,个体知觉羞愧非言语行为表达可能会通过模仿过程产生羞愧感,并伴随着有关羞愧自我的思想。如前所述，当羞愧情绪图片呈现在计时编码阶段，个体产生羞愧感进行计时，伴随着沉浸在羞愧自我和羞愧原因的检查上，导致注意解离困难从而出现长估现象。值得一提的是，刘鹏玉等（2023）研究并未发现相较于中性，自豪和尴尬情绪导致时距扭曲。也就是说，自我意识情绪对时距知觉影响并不一致，仅在羞愧情绪上发现时距长估，在自豪和尴尬情绪上未观察到。三种自我意识情绪中自豪的愉悦度为正性，本研究结果与以往两项研究结果一致（Mioni et al.，2018；Nicol et al.，2013），并未发现正性情绪和中性在时距知觉上存在显著差异。早期自我意识情绪研究者曾将羞愧和尴尬视为同一情绪，认为尴尬是强度较低的羞愧，随着研究深入，研究者已经发现两者为不同情绪（Tracy and Robins，2004；范文翼，杨丽珠，2015），从诱发事件的差异、认知归因的差异、旁观者的差异、神经生理基础及生理反应的差异、情绪体验及情绪表达的差异和应对方式的差异六个方面都可以区分羞愧和尴尬是两种不同的情绪。刘鹏玉等（2023）研究发现羞愧和尴尬情绪对时距知觉的影响不一致，可以在一定程度上支持两者为不同情绪的观点。以往研究发现时距知觉不随客观时间均匀流逝，受到情绪的影响产生变异（Gil and Droit-Volet，2011b；Lake et al.，2016）。本研究发现羞愧情绪会导致时距知觉长估，产生变异。有研究认为时距知觉的变异是其他认知加工的副产物（Cheng et al.，2008；Lake，2016），羞愧情绪引起时距长估可能与羞愧刺激的特性密切相关。本研究通过呈现羞愧情绪图片、中性图片刺激进行情绪的操纵，其中羞愧情绪图片较中性具有高唤醒度的特征，高唤醒会导致时距长估。另有研究认为时距知觉的变异是一种情绪下适应环境的机制之一（Lake et al.，2016）。在社交过程中，当个体感觉到羞愧时，时间沉浸在某个失败行为或错误决定的羞愧自我和羞愧原因的检查上，从而知觉到时距长估。这可以帮助个体努力提高外界对其评价，以免在人类进化过程中被筛选出去。Sznycer等人（2012）认为羞愧作为一种情绪，其进化是为了能降低损害声誉信息传播给他人的可能性或成本。其进化的根源是帮助个体延续他们的基因并在种族中很好地生存。实验2和实验3是一个探索性实验，以往研究从未探讨过自豪和尴尬两种自我意识情绪对时距知觉的影响。由研究1自编的自豪情绪图片可知，自豪情绪较中性情绪具有高唤醒、高趋近的特点，高趋近导致短估（尹华站等，2021），高唤醒导致的长估跟高趋近、占用一定注意资源导致的短估作用相互抵消，从而未发现自豪情绪较中性情绪存在时距扭曲现象。由研究1自编的尴尬情绪图片可知，尴尬情绪较中性情绪具有高唤醒、高回避的特点，其唤醒度和回避程度导致的长估跟注意资源分配导致的短估相互抵消。值得一提的是，尴尬和羞愧两种情绪较中性情绪均具有高唤醒、高回避的特点，但羞愧情绪的唤醒度和回避程度均显著高于尴尬情绪，所以在尴尬情绪上作用相互抵消，而在羞愧情绪上出现了高估时距。当时距复制以变异系数表示时，发现尴尬情绪较中性情绪有比较稳定的 700 ms 时距表征。这个指标代表了时距判断的可变性，为每个被试在同一目标时距内的复制的一致性系数。研究还发现，随着目标时距越短，变异性也明显增加，即与较长目标时距相比，个体复制短目标时距存在不稳定时距表征。在时距复制任务中观察到的可变性涉及运动动作成分（Mioni et al.，2014），研究中被试通过"复制开始和停止复制"两次按键的运动动作复制时距，准备和执行运动动作需要认知资源，这可能会导致额外的方差（Caldara et al，2004）。对于较短时距，恒定运动效应的作用要大得多；时距越长，基于时间来源造成的方差比例越重要。一般来说，变异系数被解释为潜在注意和工作记忆加工困难及无法完全关注时间信息的表现。通过三个实验考察羞愧、自豪和尴尬情绪对时距知觉的影响。结果表明，仅在羞愧情绪下发现时距长估，在自豪和尴尬情绪下未观察到；个体均能准确地区分三种时距；与较长目标时距相比，个体复制短目标时距存在不稳定的时距表征；目标时距为 700 ms 时个体准确性比 1700 ms 和 2700 ms 低；与中性情绪相比，尴尬情绪在目标时距为 700 ms 时存在稳定时距表征。总之，不管从维度观，还是分类观视角，时距知觉情绪效应的方向和大小均受到多重因素的影响，对于这一效应的探讨方兴未艾，更艰巨的任务正摆在我们面前。

参考文献

[1] AAGTEN-MURPHY D, IVERSEN J R, WILLIAMS C L et al. Novel inversions in auditory sequences provide evidence for spontaneous subtraction of time and number [J]. Timing and time perception, 2014, 2 (2): 188-209.

[2] ARUSHANYA E B, BAIDA O A, MASTYAGIN S S et al. Influence of caffeine on the subjective perception of time by healthy subjects in dependence on various factors [J]. Human physiology, 2003, 29 (4): 49-53.

[3] ADAM G, ANNA C N. Top-down modulation: bridging selective attention

and working memory [J]. Trends in Cognitive Sciences, 2011, 16 (2): 129-135.

[4] ADOLPHS R, DAMASIO H, TRANEL D et al. A role for somatosensory cortices in the visual recognition of emotion as revealed by three dimensional lesion mapping [J]. The Journal of Neuroscience, 2000, 20 (7): 2683-2690.

[5] ANGRILLI A, CHERUBINI P, PAVESE A et al. The influence of affective factors on time perception [J]. Perception and psychophysics, 1997, 59 (6): 972-982.

[6] BROWN S W. Attentional resources in timing: interference effects in concurrent temporal and nontemporal working memory tasks [J]. Perception and psychophysics, 1997, 59 (7): 1118-1140.

[7] BRUNO H R, HANNAH B M, MICHAEL J. Does Rapid Auditory Stimulation Accelerate an Internal Pacemaker? Don't Bet on It [J]. Timing and time perception, 2013, 1 (1): 65-76.

[8] BUETI D, WALSH V. The parietal cortex and the representation of time, space, number and other magnitudes [J]. Philosophical transactions of the royal society of london. series B, biological sciences, 2009, 364 (1525): 1831-1840.

[9] BUHUSI C V, MECK W H. Relativity theory and time perception: single or multiple clocks? [J]. PloS ONE, 2009, 4 (7): e6268.

[10] CALDARA R, DEIBER M P, ANDREY C et al. Actual and mental motor preparation and execution: a spatiotemporal ERP study [J]. Experimental brain research, 2004, 159 (3): 389-399.

[11] CHENG R K, MACDONALD C J, WILLIAMS C L et al. Prenatal choline supplementation alters the timing, emotion, and memory performance (TEMP) of adult male and female rats as indexed by differential reinforcement of low rate schedule behavior [J]. Learning and memory, 2008, 15 (3): 153-162.

[12] CHURCH R M, DELUTY M Z. Bisection of temporal intervals. Journal of experimental psychology: animal behavior processes, 1977, 3 (3): 216-228.

[13] CINDY L, WARREN H M. Paying attention to time as one gets older [J]. Psychological science, 2001, 12 (6): 478-484.

[14] COULL J T, MORGAN H, CAMBRIDGE V C et al. Ketamine perturbs per-

ception of the flow of time in healthy volunteers [J]. Psychopharmacology, 2011, 218 (3): 543-556.

[15] DARWIN C. The expression of the emotions in man and animals [M]. New York: oxford university press, 1872.

[16] DECETY J, CHAMINADE T. Neural correlates of feeling sympathy [J]. Neuropsychologia, 2003, 41 (2): 127-138.

[17] DIMBERG U, THUNBERG M, ELMEHED K. Unconscious facial reactions to emotional facial expressions [J]. Psychological science, 2000, 11 (1): 86-89.

[18] DORMAL V, PESENTI M. Numerosity-length interference: a stroop experiment [J]. Experimental psychology, 2007, 54 (4): 289-297.

[19] DORMAL V, DORMAL G, JOASSIN F et al. A common right frontoparietal network for numerosity and duration processing: an fMRI study [J]. Human brain mapping, 2012, 33 (6): 1490-1501.

[20] DROIT-VOLET S, WEARDEN J. Speeding up an internal clock in children? Effects of visual flicker on subjective duration [J]. The quarterly journal of experimental psychology B, Comparative and physiological psychology, 2002, 55 (3): 193-211.

[21] DROIT-VOLET S, GIL S. The time-emotion paradox [J]. Philosophical Transactions B Biological Sciences, 2009, 364 (1525), 1943-1953.

[22] DROIT-VOLET S, MECK W H. (2007). How emotions colour our perception of time [J]. Trends in cognitive sciences, 2011 (12): 504-513.

[23] DROIT-VOLET S, DELGADO M, RATTAT A C. The development of the ability to judge time in children [M] //J R Marrow (Ed.), Focus on child psychology research. New York: nova science, 2006.

[24] DROIT-VOLET S, FAYOLLE S, GIL S. Emotion and time perception in children and adults: the effect of task difficulty [J]. Timing and time perception, 2016, 4 (1): 1-24.

[25] DROIT-VOLET S, FAYOLLE S, LAMOTTE M et al. Time, emotion and the embodiment of timing [J]. Timing time perception, 2013 (1): 99-126.

[26] DROIT-VOLET S, LAMOTTE M, IZAUTE M. The conscious awareness of time distortions regulates the effect of emotion on the perception of time [J].

Consciousness and cognition, 2015, 38 (12): 155-164.

[27] DROIT-VOLET S, BRUNOT S, NIEDENTHAL P M. Perception of the duration of emotional events. Cognition and emotion, 2004 (18): 849-858.

[28] EAGLEMAN D M, PARIYADATH V. Is subjective duration a signature of coding efficiency? [J]. Philosophical transactions of the royal society of london. series B, Biological sciences, 2009, 364 (1525), 1841-1851.

[29] EDWARD A, JOHN J. Overlapping mechanisms of attention and spatial working memory [J]. Trends in cognitive sciences, 2001, 5 (3): 119-126.

[30] EFFRON D A, NIEDENTHAL P M, GIL S et al. Embodied temporal perception of emotion [J]. Emotion, 2006, 6 (1): 1-9.

[31] EKMAN P. Emotion revealed: Recognizing faces and feelings to improve communication and emotional life [M]. New York: owl books press, 2004.

[32] FRIJDA N H. The emotions [M]. New York: cambridge university press, 1986.

[33] GABLE P A, HARMON-JONES E. The effect of low versus high approach motivated positive affect on memory for peripherally versus centrally presented information [J]. Emotion (Washington, D. C.), 2010, 10 (4): 599-603.

[34] GABLE P A, WILHELM A L, POOLE B D. How does emotion influence time perception? a review of evidence linking emotional motivation and time processing [J]. Frontiers in psychology, 2022, 13: e848154.

[35] GABLE P A, NEAL L B, POOLE B D. Sadness speeds and disgust drags: influence of motivational direction on time perception in negative affect [J]. Motivationence, 2016, 2 (4): 238-255.

[36] GIBBON J. Scalar expectancy theory and weber's law in animal timing [J]. Psychological review, 1977, 84 (3): 279-3.

[37] GIBBON J, CHURCH R M, MECK W H. Scalar timing in memory [J]. Annals of the new york academy of sciences, 1984, 423 (1): 52-77.

[38] GIL S, DROIT-VOLET S. "time flies in the presence of angry faces" depending on the temporal task used! [J]. Acta psychologica, 2011a (3), 354-362.

[39] GIL S, DROIT-VOLET S. Time perception in response to ashamed faces in children and adults [J]. Scandinavian journal of psychology, 2011b, 52 (2), 138-145.

[40] GIL S, NIEDENTHAL P M, DROIT-VOLET S. Anger and time perception in children [J]. Emotion, 2007 (7): 219-225.

[41] GOFFMAN E. Embarrassment and social organization [J]. American journal of sociology, 1956, 62 (3): 264-271.

[42] GRONDIN S, LAFLAMME V, BIENVENUE P et al. Sex effect in the temporal perception of faces expressing anger and shame [J]. International journal of comparative psychology, 2015, 28 (1): 1-12.

[43] GROUT K M. Evaluating attentional bias in shame using the dot probe task [D]. The University of Wisconsin-Milwaukee, 2016.

[44] HAYASHI M J, KANAI R, TANABE H C et al. Interaction of numerosity and time in prefrontal and parietal cortex [J]. The Journal of neuroscience: the official journal of the Society for Neuroscience, 2013, 33 (3): 883-893.

[45] HELGA L. Switching or gating? The attentional challenge in cognitive models of psychological time [J]. Behavioural processes, 1998, 44 (2): 127-145.

[46] HESS U, KAPPAS A, MCHUGO G J et al. The facilitate effect of facial expression on the self-generation of emotion [J]. International Journal of Psychophysiology, 1992, 12 (3): 251-265.

[47] HUREWITZ F, GELMAN R, SCHNITZER B. Sometimes area counts more than number [J]. Proceedings of the national academy of sciences of the united states of america, 2006, 103 (51): 19599-19604.

[48] JENNIFER T C, FRANCK V, BRUNO N et al. Functional anatomy of the attentional modulation of time estimation [J]. Science, 2004, 303 (5663): 1506-1508.

[49] JESSEN S, GROSSMANN T. The developmental emergence of unconscious fear processing from eyes during infancy [J]. Journal of experimental child Psychology, 2016, 142 (2): 334-343.

[50] JESSICA I L, WARREN H M. Differential effects of amphetamine and haloperidol on temporal reproduction: Dopaminergic regulation of attention and clock speed [J]. Neuropsychologia, 2013, 51 (2): 284-292.

[51] KIYONAGA A, EGNER T. Working memory as internal attention: toward an integrative account of internal and external selection processes [J]. Psychonomic bulletin and review, 2013, 20 (2): 228-242.

[52] LAKE J I. Recent advances in understanding emotion-driven temporal distortions [J]. Current opinion in behavioral sciences, 2016, 8 (4): 214-219.

[53] LAKE J I, LABAR K S, MECK W H. Emotional modulation of interval timing and time perception [J]. Neuroscience and biobehavioral reviews, 2016, 64 (5): 403-420.

[54] LANG P J, BRADLEY M M, CUTHBERT B N. Emotion, attention, and the startle reflex [J]. Psychological review, 1990, 97 (3): 377-395.

[55] LANG P J, BRADLEY M M, CUTHBERT B N. International Affective Picture System (IAPS): Affective Ratings of Pictures and Instruction Manual [M]. 2005.

[56] LEWIS H B. Shame and guilt in neurosis [M]. New York: international universities press, 1971.

[57] LEWIS M. Shame: the exposed self [M]. Free press, 1992.

[58] LIAM P D, ITAY S. Stressing the Flesh: In Defense of Strong Embodied Cognition [J]. Philosophy and phenomenological research, 2013, LXXXVI (3): 590-617.

[59] LUI M A, PENNEY T B, SCHIRMER A. Emotion effects on timing: Attention versus pacemaker accounts [J]. PLoS ONE, 2011, 6 (7), e21829.

[60] MACAR F, GRONDIN S, CASINI L. Controlled attention sharing influences time estimation [J]. Memory and cognition, 1994, 22 (6): 673-686.

[61] MARICQ A V, CHURCH R M. The differential effects of haloperidol and methamphetamine on time estimation in the rat [J]. Psychopharmacology, 1983, 79 (1): 10-15.

[62] MARICQ A V, ROBERTS S, CHURCH R M. Methamphetamine and time estimation [J]. Journal of experimental psychology. Animal behavior processes, 1981, 7 (1): 18-30.

[63] MARVIN M C. Visual working memory as visual attention sustained internally over time [J]. Neuropsychologia, 2011, 49 (6): 1407-1409.

[64] MATELL M S, BATESON M, MECK W H. Singletrials analyses demonstrate that increases in clock speed contribute to the methamphetamine-induced horizontal shifts in peak-interval timing functions [J]. Psychopharmacology, 2006, 188 (2): 201-212.

[65] MCINTOSH D N. Facial feedback hypotheses: Evidence, implications, and directions [J]. Motivation and Emotion, 1996, 20 (2): 121-147.

[66] MECK W H, CHURCH R M. A mode control model of counting and timing processes [J]. Journal of experimental psychology. Animal behavior processes, 1983, 9 (3): 320-334.

[67] MECK W H. Attentional bias between modalities: effect on the internal clock, memory, and decision stages used in animal time discrimination [J]. Annals of the new york academy of sciences, 1984, 423 (5) 528-541.

[68] MECK W H. Neuropharmacology of timing and time perception [J]. Brain research. Cognitive brain research, 1996, 3 (3-4): 227-242.

[69] MIONI G, GRONDIN S, MELIGRANA L et al. Effects of happy and sad facial expressions on the perception of time in Parkinson,s disease patients with mild cognitive impairment [J]. Journal of clinical and experimental neuropsychology, 2018, 40 (2): 123-138.

[70] MIONI G, MELIGRANA L, GRONDIN S et al. Effects of emotional facial expression on time perception in patients with parkinson's disease [J]. Journal of the international neuropsychological society, 2016, 22 (9): 890-899.

[71] MIONI G, STABLUM F, MC CLINTOCK S M et al. Different methods for reproducing time, different results [J]. Attention, perception and psychophysics, 2014, 76 (3): 675-681.

[72] MIONI G, STABLUM F, PRUNETTI E et al. Time perception in anxious and depressed patients: A comparison between time reproduction and time production tasks [J]. Journal of affective disorders, 2016, 196 (2): 154-163.

[73] MONDILLON L, NIEDENTHAL P M, GIL S et al. Imitation of ingroup versus outgroup members, facial expressions of anger: A test with a time perception task [J]. Social neuroscience, 2007, 2 (3-4): 223-237.

[74] MURRAY S O, BOYACI H, KERSTEN D. The representation of perceived angular size in human primary visual cortex [J]. Nature neuroscience, 2006, 9 (3): 429-434.

[75] NANCY L D, BIN Y, TEREZA N et al. Impact of vestibular lesions on allocentric navigation and interval timing: The role of self initiated motion in spatial temporal integration [J]. Timing and time perception, 2015, 3 (3-4):

269-305.

[76] NICOL J R, TANNER J, CLARKE K. Perceived duration of emotional events: evidence for a positivity effect in older adults [J]. Experimental aging research, 2013, 39 (5): 565-578.

[77] OHMAN A, SOARES J J F. Emotional conditioning to masked stimuli: expectancies for aversive outcomes following nonrecognized fear-relevant stim-uli [J]. Journal of Experimental Psychology: General, 1998, 127 (1): 69-82.

[78] ONO F, KAWAHARA JUN-ICHIRO. The subjective size of visual stimuli af-fects the perceived duration of their presentation [J]. Perception & psycho-physics, 2007, 69 (6): 952-957.

[79] PATRICK S, MATTHEW M. Why does time seem to fly when we're having fun? [J]. Science, 2016, 354 (6317): 1231-1232.

[80] PHILIP A, GABLE, BRYAN D POOLE. Time flies when you're having Approach Motivated Fun [J]. Psychological science, 2012, 23 (8): 879-886.

[81] PINEL P, PIAZZA M, LE BIHAN D et al. Distributed and overlap cerebral representations of number, size, and luminance during comparative judgments [J]. Neuron, 2004, 41 (6), 983-993.

[82] ROITMAN J D, BRANNON E M, PLATT M L. Monotonic coding of numerosity in macaque lateral intraparietal area [J]. PLoS biology, 2007, 5 (8): 1672-1682.

[83] RUSSELL J A. Core affect and the psychological construction of emotion [J]. Psychological review, 2003, 110 (1): 145-172.

[84] SOPHIE FAYOLLE, SANDRINE GIL, SYLVIE DROIT-VOLET. Fear and time: Fear speeds up the internal clock [J]. Behavioural processes, 2015, 120 (11): 135-140.

[85] STRACK F, MARTIN L L, STEPPER S. Inhibiting and facilitating conditions of the human smile: Anonobstrusive test of the facial feedback hypothesis [J]. Journal of Personality and Social Psychology, 1988, 54 (5): 768-777.

[86] STRIANO T, BRENNAN P A, VANMAN E J. Maternal depressive symptoms and 6-monthold infants' sensitivity to facial expressions [J]. Infancy, 2002, 3 (1): 115-126.

[87] SYLVIE DROIT-VOLET, PIERRE S ZéLANTI, GEORGES DELLATOLAS et al. Time perception in children treated for a cerebellar medulloblastoma [J]. Research in developmental disabilities, 2013, 34 (1): 480-494.

[88] SYLVIE DROIT-VOLET. Speeding up a master clock common to time, number and length? [J]. Behavioural processes, 2010, 85 (2): 126-134.

[89] SZNYCER D, TAKEMURA K, DELTON A W et al. Cross cultural differences and similarities in proneness to shame: an adaptationist and ecological approach [J]. Evolu-tionary Psychology, 2012, 10 (2): 352-370.

[90] THOMA P, BAUSER D S, SUCHAN B. BESST (Bochum Emotional Stimulus Set) —A pilot validation study of a stimulus set containing emotional bodies and faces from frontal and averted views [J]. Psychiatry research, 2013, 209 (1): 98-109.

[91] TIPPLES J. Negative emotionality influences the effects of emotion on time perception. Emotion, 2008, 8 (1): 127-131.

[92] TRACY J L, ROBINS R W. Putting the self into selfconscious emotions: A theoretical model [J]. Psychological inquiry, 2004, 15 (2): 103-125.

[93] TANGNEY J P, DEARING R L. Shame and guilt [M]. New York: Guilford Press, 2002.

[94] VALÉRIE D, MAURO P. Processing numerosity, length and duration in a three dimensional Stroop like task: Towards a gradient of processing automaticity? [J]. Psychological research, 2013, 77 (2): 116-127.

[95] VINCENT W. A theory of magnitude: common cortical metrics of time, space and quantity [J]. Trends in cognitive sciences, 2003, 7 (11): 483-488.

[96] WARREN H M, AIMEE M B. Dissecting the brain's internal clock: how frontal striatal circuitry keeps time and shifts attention [J]. brain and cognition, 2002, 48 (1): 195-211.

[97] WEARDEN J H, PENTON VOAK I S. Feeling the heat: body temperature and the rate of subjective time, revisited [J]. The quarterly journal of experimental psychology. B, comparative and physiological psychology, 1995, 48 (2), 129-141.

[98] WILLIAMSON L L, CHENG RUEY-KUANG et al. "Speed" warps time: methamphetamine's interactive roles in drug a buse, habit formation, and the

biological clocks of circadian and interval timing [J]. Current drug abuse reviews, 2008, 1 (2): 203-212.

[99] ZAKAY D. Gating or switching? Gating is a better model of prospective timing (a response to "switching or gating?" by Lejeune) (1) [J]. Behavioural processes, 2000, 50 (1): 1-7.

[100] ZAKAY D, BLOCK R A. Temporal Cognition [J]. Current directions in psychological science, 1997, 6 (1): 143-164.

[101] 范文翼, 杨丽珠. 尴尬与羞耻的差异比较述评 [J]. 中国临床心理学杂志, 2015, 23 (2): 298-301.

[102] 冯晓杭, 张向葵. 自我意识情绪: 人类高级情绪 [J]. 心理科学进展, 2007, 15 (6): 878-884.

[103] 傅小兰, 王辉, 范伟. 抑郁症患者的面部表情识别研究 [J]. 心理与行为研究, 2015 (05): 691-697, 720.

[104] 乐国安, 董颖红. 情绪的基本结构: 争论、应用及其前瞻 [J]. 南开学报 (哲学社会科学版), 2013, 231 (1): 140-150.

[105] 李丹, 刘思格, 白幼玲, 等. 恐惧面孔影响不同年龄个体时距知觉: 任务难度的调节作用 [J]. 中国临床心理学杂志, 2021, 29 (6): 1119-1126.

[106] 李丹, 尹华站. 恐惧情绪面孔影响不同年龄个体时距知觉的研究 [J]. 心理科学, 2019, 42 (5): 1061-1068.

[107] 沈蕾, 江黛苔, 陈宁, 等. 自豪感的神经基础: 比较的视角 [J]. 心理科学进展, 2021, 29 (1): 131-139.

[108] 尹华站, 白幼玲, 刘思格, 等. 情绪动机方向和强度对时距知觉的影响 [J]. 心理科学, 2021, 44 (06): 1313-1321.

[109] 尹华站, 刘书瑜, 黎钰林, 等. 汉语发展性阅读障碍儿童的视听时距加工缺陷: 基于时距二分任务的证据 [J]. 中国临床心理学杂志, 2022 (4): 939, 979-984.

[110] 张光楠, 周仁来. 情绪对注意范围的影响: 动机程度调节作用 [J]. 心理与行为研究, 2013, 11 (1): 30-36.

第五章
时距知觉情绪效应的理论与研究：具身观

20 世纪 80 年代之后，认知科学领域研究者开始关注具身化思想，并逐渐围绕着这一主题从哲学思辨走向实证探讨（李恒威，盛晓明，2006；李其维，2008）。正是在这种宏大的学术背景下，具身化思想被传播至情绪研究领域，进而衍生出情绪具身观（Embodiment Emotion View）。所谓情绪具身观是指包括大脑在内的身体解剖学结构、身体活动方式、身体感觉和运动体验决定怎样加工情绪。研究发现，相对静态情绪刺激，蕴含身体运动信息的情绪刺激被知觉为更长（Nather, Bueno, Bigand and Droit-Volet, 2011），这是从情绪具身观角度阐述时距知觉情绪效应（Gil and Droit-Volet, 2011）。本章主要阐述时距知觉情绪效应的关联理论以及情绪具身观视角的时距知觉情绪效应的产生机制及其相关实证研究。

第一节 时距知觉情绪效应中的关联理论

一、基于起搏器—累加器框架的理论

20 世纪 60 年代以来，早期研究者提出了内部时钟模型，期待在起搏器—累加器框架内（Pacemaker-Accumulator Models，PA）描述人类计时的内部机制（Treisman，1963）。后来，大量研究者陆续以这一框架为基础，相继提出标量期望理论模型（Scalar Expectancy Model，SEM）、标量计时理论模型（Scalar Timing Theory，STT）、注意闸门模型（Attention gate model，AGM）。SEM 是基于顶峰程序的动物计时研究成果而得以提出，后续被扩展用来解释

人类计时的 STT 以及 AGM。标量计时模型（Scalar Timing Model，STM）最初假定时距判断涉及三个阶段（Church，1984；Gibbon et al.，1984）。内部时钟为第一阶段，假设大脑中存在一个包括起搏器（Pacemaker）、开关（Switch）和累加器（Accumulator）的内部时钟（Internal Clock），其功能是将客观物理时间转化为主观时距体验。具体而言，起搏器以恒定频率发送的脉冲，经由开关进入累加器，并在累加器中对脉冲计数。进而形成时距表征。脉冲计数越多，个体知觉时距越长。当被试觉察到时距开始的信号时，开关闭合，同时计时器中的脉冲值清零，然后累加器开始记录脉冲数；当被试觉察到时距结束的信号时，开关断开，同时累加器停止记录，最终累加器中脉冲数越多，知觉时距越长。起搏器速率受个体唤醒度的调节，随着唤醒度的增加，起搏器速率也随之变快；开关则受到个体注意资源的调控。当个体注意指向非时间信息加工时，开关断开，脉冲无法传输到累加器进行计数；当个体注意指向时间信息加工时，开关关闭，脉冲传输到累加器进行计数。第二阶段，包括存储第一阶段形成的时距表征的参照记忆（Reference Memory）或长时记忆（Long-Term Memory）和与当前任务相关时距表征的工作记忆（Working Memory）。第三阶段，假设大脑中存在一个比较器（Comparator），将工作记忆与参照记忆中的时距表征作比较，并进行判断。Zakay 和 Block（1997）提出的 AGM 强调注意资源的分配，即个体在执行计时加工任务时，分配一定注意资源给时间信息加工，将其他的资源分配给非时间认知信息加工，时距知觉的长短取决于分配给时间加工的注意资源。需要注意的是，AGM 中的"闸门"继承 STM 中"开关"对时间信息加工的注意控制，但又不同于只有断开和关闭两种状态的"开关"，"闸门"可变性更高，反映时间注意资源分配比例。具体而言，随着分配个体时间信息加工的注意资源越多，闸门打开程度越大，脉冲传送到累加器越多，个体知觉到的时距越长；反之，个体知觉时距越短。以往研究证明 AGM 对时距知觉表现具有较高解释性（Coull et al.，2004；陈有国等，2007）。

二、其他理论模型

除了 PA 理论框架之外，也有研究者通过其他理论模型对时距知觉过程机制进行过阐释。譬如，Eagleman 和 Pariyadath（2009）提出编码效率理论框架（Coding Efficiency Hypothesis），认为主观时距是神经编码效率的结果。具体而言，唤起神经反应越大，知觉时距越长。这种观点最初用来对刺激重复性引起时距知觉的效应进行解释。但是，Eagleman 和 Pariyadath 也谨慎地指出延长标准时距的非时间特征也同样唤起更大神经反应。譬如，Roitman，Brannon 和 Platt（2007）发现屏幕上点的数量增加会导致猴子顶侧内皮层（Lateral Intraparietal Cortex，LIPC）神经元冲动发放频率加快。因此，要辩证而全面地看待编码效率理论框架的解释力，弄清时间知觉独特的阐释机制。尽管编码效率理论框架似乎不纯粹是为了解释时间知觉机制而提出，但是编码效率理论框架依然存在较多优势值得关注：首先编码效率理论框架没有局限于特定类型的非时间因素，任何类型的因素，不完全是"度"，都能够影响到神经反应强度。编码效率理论框架提供了一种方法可以预测哪些刺激变量会影响主观时间以及如何影响，这与内部时钟理论框架是不同的。其次，编码效率理论框架并没有指出随着非时间维度上的变化，会出现一种单调性的时间延长或缩短。Eagleman 和 Pariyadath（2009）曾明确指出，视觉闪烁对主观时间的影响在约 8Hz 时达到顶峰，而纹状体皮层对闪烁的 BOLD 反应也存在类似顶峰。最后，正如上文所述，相同的物理量值可以唤起不同主观持续时间，这取决于局部背景下其感知大小是如何形成的（Ono and Kawahara，2007）。Murray、Boyaci 和 Kersten（2006）研究发现，即使实际视角相同，被感知为较大的刺激也会在 V1 皮层区域引起更多的激活（较大的皮层区域），因此编码效率理论观点可能兼容非时间的背景信息对持续时间的影响。当然，尽管编码效率理论框架可以做出很多有价值的预测，但是也存在不可忽视的局限性。首先，研究者尚未直接验证特定试次中给定刺激的主观持续时间是否与该试次中诱发反应的大小呈正相关。其次，Eagleman 和 Pariyadath（2009）强调编码效率理论框架暗示内隐预测与主观时间存在关联的观点，但是现有研究结果反对可预测性与主观持续时间之间的简单关联。最后，重要的是刺激处理涉及多个时间尺度上的多个皮层和皮层神经元。正如 Eagleman 和 Pariyadath（2009）所指出，"目前尚不能确定哪种神经活动是至关重要的"。事实上，给定的刺激变量可能会在某些区域/时间点增加神经活动，而在其他区域/时间点减少神经活动。神经处理的丰富性意味着寻找时间感知的简单、宏观的神经基础是徒劳的。当然，还有从情绪具身观视角提出的理论框架，譬如意识模型（Awareness Model）强调身体内部状态变化调节时间信息的加工（Craig，2009）。意识模型认为前脑岛皮层（Anterior Insula Cortex）可以统一身体内平衡感觉的元表征，这些表征随时间产生银幕电影般的自我镜头，表征越多，知觉时间越长。如果观察者对情绪刺激进行表征时速度加快，那么在一定的时间内个体能够表征情绪刺激的数量就会增多,而情绪刺激表征数量增多时个体对时间的估计就会表现出主观的延长。意识模型认为躯体所处的状态和身体的情绪意识共同导致主观时间知觉的扭曲。意识模型基于内源感受性,为人类感知和估计秒至亚秒范围内的时间间隔提供了基础,与时间知觉相关的功能成像证据相吻合。但是意识模型并没有描述时间机制,只是暗示了它与内感受性输入的关系。

第二节 具身观下的时距知觉情绪效应研究

在采用具身观因素的实验操纵情况中,研究者多采用标准化情绪刺激、身体姿势图片、电影片段和运动刺激等作为呈现材料来探讨被试的情绪性时间知觉(贾丽娜,王丽丽,臧学莲,等,2015)。大量研究者对具身观的实验操纵主要有两种情况:第一,刺激具身特征对时距知觉的影响,主要包括对刺激材料是否具有运动的趋势、刺激的运动量的大小、刺激运动是高速还是低速以及被试对刺激的运动特征是否熟悉进行实验控制。第二,被试身体状态对时距知觉的影响,主要是在实验中对被试的躯体状态(自由行动和限制行动)、躯体意识水平(对身体的关注程度)以及躯体与环境的相互作用进行控制。

一、刺激具身特征对时距知觉的影响

刺激具身特征包括刺激是否具有行动含义、刺激运动量多少、刺激运动速度快慢和刺激运动的熟悉度等。譬如,Gil 和 Droit-Volet(2011)曾经在一项研究中要求被试分别对厌恶和愤怒情绪的时距长度进行估计,这项研究是一个被试内研究设计,自变量为面孔的不同情绪类型,如厌恶情绪、愤怒情绪和中性面孔,因变量为时距估计的程度。结果发现,相对于中性面孔的时距,对愤怒情绪面孔时距的估计发生高估,而对厌恶情绪面孔时距的估计没有发生扭曲。然而,根据传统的情绪维度观,在唤醒度和愉悦度两个维度上无显著差异的厌恶和愤怒情绪面孔的时距估计应该也是不存在显著差异的。为了解释这种基于维度观的预期结果与实际结果之间的差异,Gil 和 Droit-Volet(2011)推断认为厌恶和愤怒情绪面孔虽然都引起相似的高唤醒度和不愉悦的体验,但是厌恶情绪面孔诱发的反应主要是拒绝品尝不利于健康的东西,

没有采取行动的含义（Rozin and Fallon，1987）；而愤怒情绪面孔诱发的反应则是作出反击或离开的行为准备，这种躯体感受、行为反应的差异会导致被试对两种情绪刺激的时间知觉有所不同，具体表现为对愤怒情绪刺激的时间估计出现扭曲，而观看恶心情绪图片时则没有影响。为此，Gil 和 Droit-Volet（2011）提出了具身化情绪观来解释上述结果。具体而言，根据情绪具身化观点，情绪刺激会通过扭曲时距知觉，进而诱发出合适的潜在行为反应以应对客观环境，高估愤怒情绪图片的时距是为了主观上留出充分的时间作出反击的行为准备，而对厌恶情绪图片的时距估计无扭曲是因为不需要做出任何行为反应。另外，个体还会根据以往经验和知识对具有特定运动含义的对象会产生（潜在）行为反应。例如，在 Alexopoulos 和 Ric（2007）的研究中，随机招募了 12 名被试，均是来自巴黎第五大学的自愿参加实验的心理学本科生。该研究为两因素被试内实验设计，自变量为词汇类型（悲伤、高兴）和动作类型（接近动作、逃避动作），因变量为作出相应动作的所用时间。在快速呈现的悲伤词或高兴词消失后，要求被试做接近动作（屈折胳膊）或逃避动作（伸展胳膊）。结果显示，高兴词之后的接近动作快于逃避动作，悲伤词则反之。研究者认为对情绪词的感知自动激活了与其对应的行为倾向：高兴词激活了接近运动的准备，而悲伤词激活了对逃避行为的准备。因此，当实验中要求的动作与情绪词引起的行为倾向一致时，被试的反应时较短。

Nather 等（2011）在一项研究中要求被试估计不同身体姿势的图片的时距长度，以探查这些图片的时距是否会随着这些身体姿势所蕴含的运动量而发生改变。研究者随机招募了 50 名被试，其中男生 22 名，女生 28 名，平均年龄为 21.90 岁，标准差为 3.73 岁。该研究为三因素混合实验设计，其中身体姿势图片和比较持续时间为被试内变量，持续时间范围为被试间变量，时间二分点和韦伯系数为因变量。研究中给被试呈现两类图片：一类是没有运动含义的低唤醒度的身体姿势，另一类是具有相当运动量的高唤醒度的身体姿势。这项研究中要求被试完成两个序列的时间二分任务（0.4/1.6 s 和 2/8 s），结果发现，持续时间的主效应显著，持续时间范围的主效应不显著，身体姿势的主效应不显著，但身体姿势和持续时间的交互作用存在显著效应，结果显示蕴含运动量较多的身体姿势图片被判断时距较长。同时对于较短序列的时间二分任务中，高估的幅度相对较大。Nather 等（2011）推断，被试可能对具有更多运动含义的刺激产生了更多努力和高唤醒度的模拟，较大运动信息的姿势图片的高唤醒导致内部时钟的加速，主观上认为需要更长的时间,即高估效应是情绪通过唤醒的中介作用而得以影响时间知觉的结果。被试对高运动组图片的高估在短时距范围内比长时距范围内更为显著,所以研究者认为,在较短的时间间距情况下即 2 s 以内,唤醒水平对内部时钟的影响占主导作用,而在 2 s 以上则是注意占主导作用。这种唤醒是源于被试对高唤醒图片所包含的运动信息的模拟。Yamamoto 和 Miura（2012）在一项研究中考察了来自静态图像的隐含运动信息是否会影响图像呈现时间的感知。实验 1 检验了隐含运动是否影响图像呈现的感知持续时间,使用的图像描绘了一个处于跑步姿势（暗示运动）和站立姿势（暗示很少运动）的人类角色。研究者随机招募了 10 名被试,其中 5 名男生,5 名女生,平均年龄在 22.6 岁,标准差为 3.81 岁。该研究为两因素被试内实验设计,任务图像（站立、奔跑）和持续时间（0.4 s、1.0 s）均为被试内变量,时间二分点和韦伯系数为因变量。结果表明,描绘奔跑姿势的图像的呈现持续时间被判断为比站立姿势图像的呈现持续时间长。实验 2 来检验这种效应是否可以在由非人类角色的动作图像诱导下产生。研究者随机招募了 8 名被试,其中 3 名男生,5 名女生,平均年龄在 23.63 岁,标准差为 3.42 岁。实验流程与实验 1 相同,只是刺激材料变成站立和奔跑的狼的图像。结果表明,与人类角色的情况一样,对狼角色的奔跑姿势图像的感知呈现持续时间比站立姿势图像长。实验 1 和实验 2 向被试呈现了奔跑和站立姿势下的人和动物的图像。结果表明,无论感知是人还是动物的奔跑图像的持续时间均比站立图像的要长。在实验 3 中,使用模拟实验 1 中使用的人类跑步和站立姿势图像的块状刺激,并比较它们之间的感知呈现持续时间。虽然这些块状刺激的细节与原始角色图像不同,但低级视觉属性——如刺激大小、形状和身体角度——是相似的。研究者随机招募了 14 名被试,其中 6 名男生,8 名女生,平均年龄在 22.43 岁,标准差为 3.27 岁。该研究为两因素被试内实验设计,块状图像（站立、奔跑）和持续时间（0.4 s、1.0 s）均为被试内变量,时间二分点为因变量。结果表明,在模仿实验 1 中使用的姿势图像的块状图像之间,感知的呈现持续时间没有差异。这一发现表明,在以前的实验中观察到的感知持续时间的差异不能归因于低水平的视觉差异。实验 4 的目的是检验如果观察者将实验 3 中使用的相同块状图像视为人类姿势图像,它们是否会影响感知持续时间。14 名被试参与这项实验,所有被试都参与了实验 3。研究者会向被试解释测试刺激代表人类角色的跑步和站立姿势。结果表明,与实验 1 和实验 2 一样,具有隐含运动的静态图像的感知呈现持续时间比具有少量隐含运动的图像的感知呈现持续时间长。然而应该注意的是，在实验 3 中，当告知被试呈现的图像是大葱（没有隐含运动的物体）时，被试认为刺激描绘了不暗示运动的物体，这种时间的高估效应减弱，相同刺激的感知持续时间没有什么不同。这些结果强烈表明，刺激之间的低水平视觉差异不能解释感知持续时间的差异。相比之下，如在实验 1 和实验 2 中一样，测试图像之间的韦伯比率没有差异，这表明时间灵敏度在明显隐含运动和几乎没有隐含运动的图像之间没有差异。结果还发现，感知男性奔跑图像的持续时间比男性静止不动图像的持续时间更长。这些结果表明隐含的运动量增加了图像的感知时间长度。实验 3 和实验 4 的研究可以看出，具有不同运动量含义的舞蹈姿势会导致被试产生不同长度的主观时间，即被试判断具有较多运动含义图片的时距长于较少运动含义的图片（Nather et al., 2011; Yamamoto and Miura, 2012）。Wittmann 等人（2010）以静止或移动物体作为刺激进行与事件相关的功能性磁共振成像研究发现被试产生时间扭曲的错觉是由于激活了对认知控制与主观意识都很重要的相同脑区，提供了时间知觉与自我参照处理的相关证据。

　　Reed 和 Vinson（1996）指出，客体的移动时或快或慢的速度会影响在进行心理模拟时的感知速度。Orgs, Bestmann, Schuur 和 Haggard（2011）开展了一项研究旨在探索明显的生物运动过程中的时间感知。在研究中呈现给被试单个动作的初始位置、中间位置以及最终位置的图片，在试次内部的刺激之间间隔时间是恒定的，而在试次之间的间隔时间是变化的。通过改变身体姿势的顺序来操纵运动路径，增加路径长度会增加感知到的移动速度。为了对明显的运动动力学参数进行内隐测量，研究还要求被试判断刺激外围框架的持续时间。在实验 1 中，研究者随机招募了 18 名被试，其中 13 名女性，5 名男性，16 名被试为右利手，平均年龄为 26 岁。结果发现，暗示较长运动路径的序列被认为比暗示较短路径的序列花费更少的时间，这种差异对于身体序列比非身体序列更为明显，但是身体和非身体刺激之间没有显著差异。在实验 2 中，研究者随机新招募了 18 名被试，其中 11 名女性，7 名男性，16 名被试为右利手，平均年龄为 25 岁。结果发现与实验 1 非常相似，与短路径序列相比，长路径姿势序列的主观时间缩短。基于在实验 1 中对身体特异性的发现，在实验 2 中预测了隐含运动路径和身体方向之间的相互作用，直立身体的时间偏差比倒立身体更明显。总的来说，研究发现被试从连续呈现姿势图片中所体验到的运动姿势变化的速度会扭曲主观时距（速度与主观时距成反比）。相对于非躯体（实验 1）和倒置躯体（实验 2）对照刺激，这种时间偏差会出现减弱。为了解释这些研究结果,提出了一种自动地自上而下的生物运动感知机制,将连续的身体姿势结合成连续的运动感知。证明了这种机制是与依赖于的速度的时间压缩机制存在关联。另外,语言中所暗示运动特征也会影响时间估计。Zhang 等(2014)开展了一项研究旨在探索移动刺激的速度是否会影响时间感知。在这项研究中,要求被试完成一项时间二分任务,任务中表征时间的刺激是按两种不同速度呈现的汉语词,旨在考察两种速度的汉语词是否会影响时间二分任务中的主观时间估计。研究者随机招募了 32 名被试,其中 14 名男性,18 名女性,平均年龄为 23.47 岁,标准差为 2.14 岁。结果发现,快速汉语词的时间二分点明显低于慢速汉语词,这表明与慢速汉语词相比,快速汉语词时间被高估。相反,快速词和慢速词在最小可觉差异和韦伯分数方面无显著差异,这表明汉语词的呈现速度不会影响持续时间估计的敏感性。Zhang 等推断这可能是因为被试对不同词语暗示的速度进行相应情绪具身观体验,最终影响时间信息加工的速度。该研究在一定程度上体现了认知内容是身体的,即身体在活动中的不同体验为语言提供内容(叶浩生,2010)。动机系统包括趋向性系统和防御性系统,一些情绪具身观因素通过激活相应的动机系统影响(潜在)行为应对(Lang, Bradley, and Cuthbert, 1997)。防御性系统伴随退缩、逃跑和攻击等行为反应;趋向性系统会导致摄食、交配和养育等行为反应(Bradley, Codispoti, and Cuthbert et al., 2001)。与防御性系统有关的行为反应将产生对时距判断的高估,而趋向性动机的行为反应往往导致时距低估。还有研究发现,情绪刺激运动含义和愉悦度影响动机系统的激活和方向性,进而操纵潜在行为应对的时间效应(Gable and Poole, 2012; Gil and Droit-Volet, 2011; Shi et al., 2012)。譬如,Shi 等(2012)检验厌恶和威胁性情绪图片对随后的非情绪性触觉时间估计的调节,要求被试在不同的情绪图片下对时间二分任务进行判断。在实验 1 中,为了检验感知持续时间的跨通道情绪调节是一种普遍的唤醒效应还是一种情绪特异性效应,研究者比较了三种类型的情绪图片(威胁、厌恶和中性)对随后的振动触觉持续时间判断的调节。研究者随机招募了 14 名被试,其中 6 名女性,8 名男性,平均年龄为 28 岁。结果发现,与威胁情绪和中性情绪图片相比,恶心情绪图片的平均效价较低(p_s<0.01),威胁情绪图片的平均效价低于中性情绪图片(p<0.01)。进一步的重复测量方差分析显示,不同情绪下的唤醒度也有显著差异,恶心情绪和威胁情绪图片的唤醒等级高于中性情绪图片(p_s<0.01),前者之间无差异(p>0.1)。在时间判断上,情绪图片对触觉持续时间判断的调节影响主要是由于威胁情绪，威胁情绪下被试判断持续时间高估。在实验 2 中，为了进一步研究生物钟系统跨通道情绪调节的潜在机制，研究者比较情绪图片和振动触觉刺激之间的短和长触觉持续时间。研究者随机招募了 15 名被试，其中 10 名女性，5 名男性，平均年龄为 25 岁。结果发现，威胁情绪图片的平均效价均显著低于中性情绪图片。此外，重复测量方差分析显示，威胁情绪图片的平均唤醒显著高于中性情绪图片。实验 2 旨在检验威胁情绪图片如何影响短程（300 ~ 900 ms）和远程（1000 ~ 1900 ms）触觉时间二分任务的表现。在短程任务中，威胁情绪图片的持续时间高估，但在远程任务中没有。因此，虽然来自短程条件的结果与实验 1 的结果一致，但没有证据表明在长程条件下跨通道持续时间延长。在实验 3 中，为了进一步研究生物钟系统跨通道情绪调节的潜在机制，研究者比较了情绪图片和振动触觉刺激之间的短和长刺激间隔（ISIs），在这个研究中，研究者随机招募了 16 名被试，其中 10 名女性，6 名男性，平均年龄为 25 岁。结果发现，威胁情绪图片的平均效价均显著低于中性图片。此外，重复测量方差分析显示，威胁情绪图片的平均唤醒显著高于中性图片。时间判断上，威胁情绪图片可能会增加随后触觉持续时间任务的时间平分的敏感性。总的来说，发现威胁情绪的图片延长触觉时距估计，而厌恶情绪图片则没有。该研究表明只有具有运动含义的刺激（如威胁性刺激）才可能激活防御性系统，进而影响时间判断。然而，与负性情绪相关的防御性反应导致时间延长不同，正性情绪激活的趋向性反应缩短主观时间。另一项研究要求被试对正性高趋向动机（诱人的甜点）、低趋向动机（鲜花）和中性（几何形状）图片的时距进行估计，结果发现对高趋向动机的图片时距估计短于其他两者（Gable and Poole, 2012）。研究者认为，接近动机缩短了时间感知，主观时距的缩短延长了对美味食物的潜在趋向，增加了被试得到食物的欲望。

  当然，除了上述考察刺激中蕴含的运动量对时间感知的影响之外，也有研究期待从刺激的其他维度探索时间感知的影响因素。颇具代表性的一项研究要求被试判断来自高加索和中国的愤怒情绪面孔（高加索和中国的愤怒情绪面孔各占一半）的时距长短。本研究使用时间估计任务，调查了组内和组外成员对愤怒情绪面孔的自动模仿。实验 1 要求被试对来自高加索和中国的女性愤怒和中性情绪面孔进行时间二分任务的判断，研究者随机招募了 41 名来自高加索的女性被试，都是从法国克莱蒙费朗的布莱士·帕斯卡大学招募的心理学一年级学生。该研究为三因素被试内实验设计，被试间变量为面孔

第五章　时距知觉情绪效应的理论与研究：具身观

种族，持续时间，情绪类型，因变量为时间估计。在对来自高加索和中国的女性愤怒和中性情绪面孔进行时间二分任务后，结果发现，愤怒情绪面孔只有在实验材料为来自高加索的被试时才体现出了时间高估；在实验2中，被试为41名来自中国的女性，实验材料与实验一相同，但结果发现，来自中国的被试对于愤怒情绪面孔的时间高估仅在实验材料为中国被试时才表现出来。结果显示，被试只高估与其同一国家的情绪面孔的时距，而对另一个国家情绪面孔的时距判断未发生扭曲（Mondillon, Niedenthal, and Gil et al., 2007）。然而，根据传统的情绪维度观，在唤醒度和愉悦度两个维度上无显著差异的两个国家的愤怒情绪面孔的时距估计应该也是不存在显著差异的。为了解释这种基于维度观的预期结果与实际结果之间的差异，Mondillon等推断来自高加索的被试只对自己国家的愤怒表情产生模拟，并不熟悉中国人愤怒表情肌肉的状态，因而没有激活对其进行同情性模拟的动机，这就表明对模拟目标的熟悉性是影响模拟的重要因素。由此看来，体验他人的情绪也需要我们的共情能力，共情使理解和回应他人的情绪成为可能。目标熟悉性对模拟的影响也反映在性别因素。Chambon, Droit-Volet和Niedenthal（2008）为了调查了老年人面孔或年轻人面孔对刺激持续时间的感知，要求被试在一项时间二分任务中，将中间持续时间分类为更类似于短参考持续时间或长参考持续时间。研究者随机招募了来自布莱士·帕斯卡大学的66名一年级本科生（其中33名女性）参加了实验。该实验为三因素被试内实验设计，被试内变量为持续时间、面孔性别和面孔年龄，因变量为时间估计。在时间二分任务的测试阶段，被试看到了代表7个比较持续时间的年轻人和老年人的面孔。他们的任务是判断每张脸的持续时间是更接近标准的短持续时间还是长持续时间。在年轻人和老年人的面孔中男女性别各半。结果发现，年轻被试对老年面孔图片的时距估计短于年轻面孔图片，但这一效应仅发生在被试性别和面孔图片中人的性别相同的条件下。这表明被试潜在模拟受性别（被表征的对象）限制，因其不能充分确认异性老年人的行为特征，从而无法模拟与异性有关的身体运动特征（如缓慢地走路）。这一点在Effron等人（2006）和Mondillon等人（2007）的研究中被忽视，他们的研究只采用了女性被试和女性表情图片。除了性别因素，年龄因素也影响着人们的时间知觉。譬如，Chambon等人（2008）使用不同年龄的面孔图片作为实验材料，实验采用时间知觉的二分实验任务，要求被试对老年人和年轻人的面孔图片的呈现时间进行时间估计。数据结果显示，参加实验的所有年轻大学生被试对老年人面孔图片的呈现时间做出了显著低估。研究者认为，被试在进行时间判断任务时，出现了对要认知加工的实验刺激材料所表征的信息的心理模拟，比如老年人动作缓慢、不灵活等。这种心理模拟的发生是由于观察老年人面孔图片使年轻被试的感觉运动神经与缓慢的老人相一致，根据时间知觉的内部时钟模型，由于起搏器速率适应了老年人运动神经的慢速度，减慢而形成了对时间估计的低估。由此，研究者推测，被试对老年人面孔图片的模拟有可能导致了唤醒水平的降低，使时间估计出现了偏差。这也同样证实了情绪具身观认知理论解释的合理性。这一结果与 Bargh 等人（1996）的经典社会心理学研究一致。在他的研究中，先让被试从一些词汇中形成句子，其中控制组的词汇是中性的，实验组的词汇则与老年人的特点有关（如"单调的""郁闷的"）。然后，让被试从实验室走到电梯口。结果发现，实验组被试的移动速度要比控制组被试慢。根据情绪具身观认知理论，这一结果可以用被试对老年人运动缓慢的表征的模拟来解释（Noulhiane et al, 2007; Barsalou et al, 2003）。由于知道老年人的运动缓慢，就会形成与他们年龄一致的感觉—运动神经知识。这种感觉和记忆就会导致对老年人身心状况的模拟，如减慢自己的运动速度。通过这种情绪具身化，内部时钟适应了老年人的运动速度，使得知觉到的时间变短。因此，低估老年人图片的呈现时间可能就是被试的起搏器适应老年人运动神经速度的表现。这些证据说明时距知觉会依据具身（如对他人的身体状况的感觉）而变化。

二、被试身体状态对时距知觉的影响

上述研究重点在于关注刺激本身运动特征对时间感知的影响，而本部分研究主要是关注观察者身体物理状态（自由行动和限制行动）、身体意识状态（对身体的关注程度）以及身体与外部环境的交互性对时距知觉的影响。譬如，在一项研究中给被试呈现情绪性面孔刺激或运动背景，然后对实验组被试的身体的（潜在）行动反应给予抑制，如要求被试手部或嘴部持无关物体以阻碍其行动；而控制组被试身体的相应部位可以自由行动。这项研究的基本逻辑是假如结果发现实验组对刺激的时距估计不同于控制组，则说明行动（具身化）与时间判断关系密切（Effron et al., 2006）。Effron 等（2006）在一项研究中要求被试完成时间二分任务，以检验情绪性面孔的时距估计。在这项研究中，研究者从法国克莱蒙费朗大学随机招募了 40 名女性大学生参与。本研究采用三因素混合实验设计，其中，持续时间和情绪图片是被试内变量,具身操作是被试间变量,因变量是时距知觉的长度。这项研究将被试分为两组:控制组(自然模拟组)和实验组(抑制模拟组)。控制组可以自由模仿面孔表情,实验组则被要求在整个实验过程中用嘴唇和牙咬住铅笔来抑制其面部肌肉活动从而抑制模仿行为。实验指导语中没有给予被试模拟表情的要求。然后,让两组被试对同样的中性、快乐和愤怒情绪面孔图片的持续时间进行估计。结果发现,在控制组中,被试对快乐和生气情绪面孔图片的呈现时间显著高估,并且对生气情绪面孔图片的高估要大于快乐图片。但是在实验组中,对中性面孔和情绪面孔的时距知觉之间没有显著差异。Effron等推断控制组对情绪面孔表情进行了模拟,以致提高了个体唤醒度水平,导致主观时距相对延长。当身体模拟行为受到抑制,时间延长效应则会消失,这表明身体物理状态在情绪面孔的时间判断中起关键作用。同样的,国内学者林瑞军(2010)从情绪具身观认知理论出发探讨了具身情绪对时距知觉的影响,随机选取了河北师范大学40名在校本科生(全部为女性),年龄在19~23岁,视力或矫正视力正常。在实验研究中不仅采用愤怒、快乐和中性情绪面孔图片作为实验材料,而且还引入相应的情绪词汇作为材料完成时间二分法实验任务,要求实验组被试用牙齿和嘴唇咬笔,达到抑制他们的面部肌肉活动的目的,控制组被试不加任何限制,面部肌肉处于自然状态,探讨具身情绪对时距知觉产生的影响。发现在面部不受控制状态下,被试对愤怒和快乐情绪面孔图片、情绪词汇的呈现时间都表现出高估,表示对情绪面孔的模拟、对情绪词所描述的情绪的身心状态的再体验是造成被试高估实验材料呈现时间的主要原因;而阻碍这种模拟则会抑制或在很大程度上削弱模拟,进而没有表现出对时距的高估。研究者认为对情绪刺激所表征的情绪内容身体状态的模拟是造成高估情绪刺激呈现时间的主要原因。而对这种模拟的抑制可以阻止或在相当程度上削弱这种时距估计的高估。张榆敏(2017)以大学生为被试,被试来自四川师范大学、西南交通大学希望学院、四川文理学院三所高校,从大一到研三的学生共计90名(女51名,男39名,年龄(21.14±1.85)岁,年龄范围18~25岁)。通过校园访问形式被招募自愿参与本实验,所有实验被试未参加过类似实验。使用面部肌肉控制方式用来诱发被试的具身情绪:横向咬笔(微笑)、竖向咬笔(不笑)和不咬笔(自然),在实验中使用不同效价类型的情感图片作为实验材料,要求被试完成时间复制法实验任务。结果发现,具身情绪操作的主效应显著,抑制微笑组与自然组被试的时距估计显著长于微笑组,自然组与抑制微笑组之间不存在显著差异。这就说明大学生具身情绪对时距知觉产生影响。总的来说，基于具身情绪的镜像神经元理论，研究者们认为模仿在情绪性时间知觉中发挥重要作用，研究者们通常采用面部肌肉控制法对被试进行操控，实验组限制面部自由反馈和模拟，采用牙齿咬笔或嘴唇咬笔；控制组能够进行自由反馈和模拟，不受任何面部肌肉控制。躯体状态的控制尤其是对面部肌肉的控制，是目前大量的研究者所采用的具身化操作方法。在 Niedenthal 等人（2007）研究的基础上，国内外学者 Oberman（2007）、Effrone（2006）、Zhang 等人（2014）、王柳生等人（2013）、林瑞军（2010）、陈巍等人（2016）在基于不同情绪理论、采用不同实验材料探讨对时间知觉影响的研究中，皆采用对面部肌肉的控制对被试进行不同的行为控制，即具身情绪操作为采用牙齿固定铅笔，用来引发愉悦情绪；或者采用嘴唇固定笔，用来抑制愉悦情绪；以及不采用任何表情控制技术。譬如，Niedenthal 等人（2007）认为，对情绪的感知和思考包括对自己相关情绪的感知、躯体内脏和运动的再体验（统称为"具身"）。当在实验室中通过操纵面部表情和姿势在人类被试中诱导情绪的具身时，会影响情绪信息的处理方式。例如，接受者身体情感表达和发送者情感语调之间的一致有助于理解交流，而不一致会损害理解。综上所述，这就为"当你微笑时，整个世界都会和你一起微笑"这一熟悉的论点提供了科学的解释。Niedenthal（2007）介绍了两种面部肌肉控制的方式：一种是为了在模拟负面影响的过程中控制眉毛肌肉的收缩，研究人员将高尔夫球座固定在参与者的眉毛内侧；另一种是参与者要么在嘴唇之间握笔以抑制微笑，要么在牙齿之间握笔以促进微笑。Oberman（2007）认为模仿反映了对感知情绪的内部模拟，以促进对感知情绪的理解。阻止面部模仿会损害对表情的识别，尤其是对使用面部肌肉组织模拟的情绪的识别。该研究使用四种表情（快乐、厌恶、恐惧和悲伤）和两种模仿干扰操作（咬笔和嚼口香糖），以及两种控制条件来测试这一假设。实验1在脸颊、嘴和鼻子区域使用肌电图。被试是通过加州大学圣迭戈分校心理学系招募的6名个体（4名男性，2名女性），年龄范围从21岁到44岁（平均年龄为29岁，标准差为8.5岁）。该研究是一种被试内设计，两种操作方式为被试内变量，肌电变化为因变量。第一个操作包括不断激活，必须用牙齿咬笔，同时不允许它接触嘴唇。第二个操作包括通过咀嚼动作来强烈和周期性地激活嘴和下巴周围的肌肉。咬笔操作持续激活评估肌肉，而咀嚼操作仅间歇地激活肌肉。此外，表达快乐情绪会产生大多数面部动作。实验2主要研究调查了阻止模仿的实验操作是否会不同程度地损害对特定面部表情的识别,加州大学圣地亚哥分校共有 12 名本科生(6 女 6 男)参加了这项研究。这是一项两因素被试内实验设计,面部表情和面部肌肉操作均为被试内变量,识别正确率为因变量。结果发现,咬笔操作对快乐情绪的识别干扰最大。这些发现表明,面部模仿对特定面部表情的识别有不同的贡献,因此允许从情绪具身观认知理论中进行更精细的预测。王柳生等人(2013)为了探索对视觉图片的情绪理解的具身性,要求被试以视觉图片为情绪启动的刺激材料,用"牙齿咬笔"和"嘴唇咬笔"两种方式控制被试面孔动作。在这项研究中,研究者随机抽取了 16 名本科生参加实验,其中 4 名男生,12 名女生,平均年龄为 22 岁,年龄标准差为 0.99。被试均为右利手,视力正常。本实验为 2(视觉图片的情绪效价:正性、负性)×2(被试的面孔动作控制方式:牙齿咬笔、嘴唇咬笔)的二因素混合设计,因变量是被试对视觉图片进行效价判断的反应时。结果发现,面部肌肉控制方式的主效应非常显著;图片的效价判断的主效应也非常显著;视觉图片的情绪效价判断和面部肌肉控制的交互作用显著。研究表明,视觉图片的加工能够有效地通过身体动作的改变,影响其情绪信息的加工;面部肌肉控制会影响视觉图片的情绪信息理解,即视觉图片性概念存在情绪具身性。陈巍等人(2016)为了考察具身情绪对小学儿童隐喻理解的影响,探讨小学儿童隐喻理解偏好的年龄发展趋势,要求被试采用具身情绪启动范式进行选择偏好测验。在这项研究中,研究者选取了浙江省绍兴市某小学二、四、六年级学生 135 人,每个年级各 45 人。采用 3 年级(二、四、六)×3 启动类型(积极启动、消极启动、无启动)组间设计。以被试选择的总得分为因变量。积极启动组用嘴巴纵向咬笔,消极启动组用牙齿纵向咬笔,且不能碰到嘴唇。结果发现,在不同具身情绪启动类型下,儿童的选择偏好存在显著差异,积极启动时儿童偏向选择正性情绪效价的隐喻句,消极启动时儿童偏向选择负性情绪效价的隐喻句。不同的具身情绪启动类型对不同年级儿童的选择偏好影响程度不同。

此外,还有研究发现对身体状态的意识会影响情绪性时距的估计(Pollatos, Laubrock and Wittmann, 2014)。Pollatos 等(2014)开展了一项研究要求被试对一段情绪性电影(恐惧和高兴)进行回溯式时距判断。在这项研究中,研究者根据《精神障碍诊断和统计手册》筛选出了 211 名被试,其中 55 名男性,平均年龄为 21.4 岁,标准差为 3.1 岁。该研究为单因素被试间实验设计,自变量为组别,因变量为时距估计时间。通过指导语将被试分成两组:

告知一组被试在呈现电影片段时注意身体状态的变化，而要求另一组被试注意电影细节以回答影片结束之后的几项问题。当研究结束之时，被试需要估计每一段电影片段的持续时间。研究结果表明，对身体状态的注意增大了情绪性时距判断的扭曲。

上述研究主要是从心理模拟的角度阐释时距知觉的扭曲效应，但是行为应对同样是一种调节时距知觉扭曲的潜在机制。探索这种可能机制最直接的方式是设置运动背景。Wittmann 等（2010）为了探究时间膨胀效应，即向观察者移动的物体在主观上被认为比静止或远离观察者移动的同一物体持续时间更长，要求被试观看一系列五个视觉事件，并判断其中的第四个事件目标是比所有其他事件短还是长。在这项研究中，研究者随机招募了 20 名被试，其中 7 名女性，13 名男性，年龄范围在 18~24 岁，平均年龄为 26.0 岁，均为右利手。在一项研究中每次试验连续呈现 5 个圆形，依次是：3 个标准圆、1 个目标圆（大于、等于或小于标准圆）和 1 个标准圆。其中，目标圆大于标准圆时形成 looming 刺激，反之则是 receding 刺激。目标圆的时距是变化的，标准圆时距保持不变。被试判断目标时距短于或长于其他标准时距。该研究表明 looming 刺激相对 receding 和控制条件延长主观时距。时间扩张的错觉是由于对认知控制和主观意识重要的区域的激活。looming 刺激作为接近运动的实验模拟是与自我相关的具有潜在危险的信号，主观时间的延长有利于个体快速做出反击或逃跑的行为反应。然而，这项研究中，looming 刺激引起的高唤醒度或其自身的物理特征（视网膜上的成像由小变大），也可能伴随自我相关引起的行为应对在时间判断中起作用。为此，一项新研究试图将潜在行为应对从其他因素中分离出来（Jia，2013）。该研究设定了真实的小球单摆运动以形成感觉—运动背景。触觉时距刺激在单摆运动中呈现。被试注视小球运动的同时判断触觉时距的长短。在其中一实验中要求被试把手放在单摆运动最低点的正下方，使得被试与小球的交互作用在接近运动和离开运动条件等价。结果显示，估计的触觉时距在两种条件下类似，且都长于静止条件。该实验表明，自我相关性的重要作用，且排除了刺激物理特征效应（在接近运动条件下小球在视网膜上的成像由小变大导致时距延长），因为离开运动（小球成像由大变小）产生与接近运动类似的时距延长。为了进一步将唤醒度从潜在行为应对作用中分离，接下来的实验设定了两种接近运动：在一个条件下，分别在被试双手的掌心里放两个很轻的物体，以抑制身体与小球的交互作用（限制行动）；在另一条件中被试双手的掌心为空（自由行动）。结果表明，当被试的双手放有物体时，触觉时距的延长效应消失了。情绪评定显示，两种接近运动下的唤醒度没有差异。因此，该研究更直接地表明，潜在行为应对在时间估计中的关键作用，而不是唤醒度和刺激物理特征效应。同时，也说明周围运动背景与自我的相关性和观察者身体的行动状态（自由行动和限制行动）影响潜在行为的状态。

目前主要有两项研究探讨情绪引起的潜在行为在非情绪性时间顺序判断中的调节作用（Jia, Shi, Zang and Müller, 2013; van Damme, Gallace, Spence, Crombez and Moseley, 2009）。在 van Damme 等（2009）的研究中，为了探究触觉注意力是否同样受到威胁情绪图片的影响，要求被试对分别在左手边和右手边的一对触觉刺激或听觉刺激做时间顺序判断：左边或是右边刺激先出现。在这项研究中，研究者随机招募了 13 名被试，其中 6 名女性，7 名男性，年龄范围在 21~38 岁，平均年龄为 29 岁。在呈现目标刺激之前，一张情绪图片（身体威胁、普通威胁和中性）作为线索信息出现在屏幕的左下方或者右下方。结果发现，与普通威胁情绪图片和中性图片相比，在触觉时间顺序判断中，身体威胁情绪图片促进了与其同一侧的触觉信号加工；而听觉时间判断没有受此类图片调节。这些结果表明，对来自最接近威胁刺激的身体部位的触觉信息的处理优先于来自身体其他部位的触觉信息。van Damme 等（2009）指出，相对于听觉通道，身体威胁情绪图片与触觉（与身体感觉有关的通道）的关系更为密切。在 van Damme 等（2009）的这项研究中，情绪刺激和时间顺序判断的任务都具有空间性，尚不清楚特定情绪导致的通道注意偏见是基于空间位置还是与通道有关。另外，他们采用通道内时间顺序判断，产生的关于身体威胁与触觉通道更为密切的推断具有间接性。为了进一步证实情绪的潜在行为应对在时间顺序加工中的作用，最近一项研究检验非空间线索情绪信息如何调节听觉—触觉时间顺序判断（Jia et al., 2013）。在这项研究中，研究者随机招募了 36 名被试参加实验（女性 22 名；平均年龄 25.9 岁）。研究开始，首先在屏幕中央呈现情绪图片，听觉和触觉刺激分别出现在被试左右手位置的一边。被试看图片的同时判断左边或是右边刺激哪一个先出现。研究结果表明，具有靠近身体含义的图片（如张口毒蛇）促进触觉时间信息的加工，而与身体无关危险刺激（如失事飞机）则没有产生调节作用。与 van Damme 的研究相比，该研究直接表明刺激与身体相关性在引起潜在行为及其对时间判断的调节中起重要作用。

第三节　具身观下时距知觉情绪效应内在机制

一、情绪具身观及其理论框架

情绪具身观是在具身认知观的宏大背景下衍生出来的，受到研究者对"具身"理解的分歧影响进而影响到研究者对情绪具身性内涵的理解。譬如，Barsalou（1999）认为，个体身体的外周的生理变化和身体表征的中枢变化均会影响到个体的情绪加工，在加工过程中主要是对身体经验进行情态的、类似真实情境和类知觉的表征，这些表征由外周系统或者完全由大脑模式特异性系统（Modality-specific system）负责。Prinz（2004）除了强调身体的外周和中枢变化对情绪加工的影响之外，还进一步强调触发情绪的情境的重要性。具体而言，对身体的知觉既包括对身体器官和肢体变化的知觉，又包括对身体所处的环境的知觉，而且机体—环境的关系还会被表征在大脑中。因此，尽管相似情绪（如生气、义愤）的身体变化可能是相似的，但个体仍然可以根据情境的不同（如生气可能是在目标受挫情境下产生的，而义愤则可能是在不公正情境下产生的）来加以区分。尽管引入反应快且分辨率高的中枢机制有利于解释情绪的具身性，但 Spackman 和 Miller（2008）认为用大脑对身体的表征来说明情绪的具身性，仍然会涉及情绪认知理论中的基于规则的符号加工，因而是不彻底的情绪具身观。Spackman 和 Miller（2008）基于梅洛—庞蒂的具身思想，主张身体与环境是一个相互构成统一体，情绪是身体与环境聚合的结果，是身体与环境的直接交互，不需要大脑对身体及身体与环境关系表征作为中介。情绪实质上是身体对环境无中介的直接知觉。尽管以往学者对情绪具身性理解仍有分歧，但均强调身体成分对情绪加工的重要性。情绪具身观认为，情绪是包括大脑在内的身体的情绪，身体的解剖学结构、身体的活动方式、身体的感觉和运动体验决定怎样加工情绪。情绪具身观既体现在情绪对身体的影响，又体现在身体对情绪的影响（丁峻，张静，陈巍，2009）：对情绪信息的加工，会激活身体相应感觉运动系统和神经系统的活动；反过来，对身体相关感觉运动系统和神经系统的操作也会影响个体对情绪信息的加工。情绪具身性不仅体现在情绪外周理论、面部反馈理论和躯体标记理论所强调的情绪体验具身性上，而且也体现在情绪知觉、情绪理解、情绪对认知和躯体动作影响的具身性上。

目前，关于具身现象的理论解释尚存较大争议，哲学、心理学、人工智能和神经科学等学科都给出了自己的解释，尚未形成一个整合性涵盖全局的理论。其中具有代表性的、影响较大的理论解释主要有镜像神经元系统假说、具身模仿论和知觉符号系统理论。

（一）镜像神经元系统假说

该假说认为人类大脑中存在一些神经元，当个体做出某些行为动作时与观察他人做出类似行为动作均会导致这些神经元激活，如同镜子里面与镜子前面物体之间的关系。因此，Rizzolatti 等将其称为镜像神经元。Rizzolatti, Fadiga, Gallese 和 Fogassi （1996）发现，猕猴大脑前运动皮层（Premotor cortex）F5 区中的部分神经元在猕猴执行动作与观察其他个体（猴或人）执行相似动作时都会被激活。随着研究的深入，在人类大脑 Broca 区（相当于猴子 F5 区）、顶下小叶、额下回、颞上沟及与情绪相关的脑岛、前扣带回皮层和杏仁核等脑区也发现具有镜像属性的神经元系统（Hari et al., 1998; Iacoboni and Dapretto, 2006; Iacoboni et al., 1999; Jackson, Meltzoff and Decety, 2005）。镜像神经元系统的核心特征是通过相应脑区激活建立内部行为表征从而"亲身经历"观察到的他人行为，最终实现理解他人行为、意图和情绪等功能（胡晓晴，傅根跃，施臻彦，2009）。镜像神经元系统虽然能够说明情绪知觉与情绪体验之间的紧密关系，但它难以解释具身的选择性，具身的动态使用，身体表征能力的局限性等问题。

（二）具身模仿假说

具身模仿假说认为镜像神经元系统在个体所具有的关于自我和他人身体的经验性知识中起协调作用，这种协调作用在功能层面上被称为具身模仿（Gallese, 2005）。研究者认为通过具身模仿，观察者"看到"的情绪会唤起观察者自身所具有的关于这些情绪的感觉—运动系统，从而让观察者与被观察者产生"共鸣"，达到"所见即所感"（Seeing is feeling）式的感同身受，并且这种"共鸣"是无中介的，不需要意识水平上的调节。观察者与被观察者共享身体状态能使观察者理解被观察者的情绪，从而使"客体性他人"（Objectual other）变成"另一个自我"（Another self），使观察者与被观察者达到情感"共鸣"。具身模仿假说可以很好地解释对面部肌肉的控制、身体姿态的调节、观察者自身身体状况等对外界情绪信息理解和加工的影响。但是具身模仿假说对身体本身来说具有局限性,譬如,身体反馈对情绪体验来讲分化性不够精确(不同情绪体验和情绪表征可能伴随同样身体状态),而且反馈速度较慢等,未能做出很好解释。

(三)知觉符号系统理论

知觉符号系统理论(Barsalou,1999;Niedenthal et al.,2005)将具身置于信息加工核心,认为信息表征中包含知觉、运动和情感模式,对刺激心理表征就是身体经验的遗留物(知觉符号)。这些知觉符号储存在大脑长时记忆中,并通过汇合区或大脑联合区域整合在一起,使相关符号组成一个多模式仿真器(simulators),从而使认知系统在客体或事件不在当前出现时仍能够建构出对它们的具体的仿真(simulations)。如知觉"咆哮的熊"这一情绪刺激会激活大脑中相应的视觉、听觉和伴随的动作、情感等特定神经元,从而产生特定的知觉、运动和情感体验。并且这些体验通过汇合区或大脑联合区域整合在一起,形成多模式的关于"熊"的知觉符号。当想象"咆哮的熊"或仅仅是加工"咆哮的熊"四个字时,就会激活上述知觉"咆哮的熊"时所激活的知觉、运动和情感等模式特异性系统,从而仿真出类似知觉、运动和情感体验。可见,通过这种多通道仿真可使观察者在"看到"别人情绪时,就能产生"感同身受"的感觉。如观察者观看表达厌恶的面孔,会首先激活厌恶的视觉通道,并通过联结神经元激活长时记忆中储存的情境信息和大脑模式特异性系统(如脑岛、前扣带回、皱起鼻子),最后,通过多通道仿真(视觉系统—神经状态—运动系统),使观察者与经历者产生相似厌恶体验。由于储存在长时记忆中的情境信息具有个体差异性,而且情境信息本身可能也具有多样性,对于不同观察者可能会产生不同程度的情绪体验。同样,对于同一观察者可能在某一情境下模仿情绪状态,在另一情境下模仿认知状态,或根本不采取模仿(如观察一个罪大恶极的杀人犯),可见具身模仿的条件具有动态性(Niedenthal et al.,2005);另外,知觉符号系统理论通过对浅加工(仅使用表层策略就可以解决)和深加工(需要使用具身策略)的区分,很好地解释具身的选择性问题(Niedenthal et al.,2005);通过用大脑模式特异性系统替代肌肉和内脏,避免身体表征的局限性问题(Niedenthal et al.,2005)。

镜像神经元系统假说、具身模仿假说和知觉符号系统理论都强调了情绪的身体基础,并且都试图以"模仿"机制来解释情绪具身性。镜像神经元系统假说为情绪具身性提供神经物质基础,能够较好地说明情绪观察与情绪体验之间的紧密关系。具身模仿假说从镜像神经元系统功能角度解释了情绪具身性，能很好地解释面部肌肉活动、身体姿势、身体线索及声音韵律和语调等感觉反馈对情绪信息加工的影响（Heberlein and Atkinson, 2009）。但是镜像神经元系统假说和具身模仿假说都未能突破身体本身的局限性，如身体分化性不够精确，反馈速度较慢，而且某些情绪加工似乎可以"绕过"躯体等。知觉符号系统理论采用类知觉心理表征来解释情绪具身性，既涉及身体和情境，同时也涉及对身体和情境进行类知觉表征的大脑模式特异性系统，不仅解决了身体局限性问题，而且较好地说明具身模仿的个体差异性、情境选择性和动态性等问题。因此，相比较而言，知觉符号系统理论具有更强解释力和预测力，是目前解释具身情绪乃至具身现象的较为宏观的理论。

二、具身观下的时距知觉情绪效应的内在机制

20世纪80年代以来，具身化思想虽已在认知心理学领域出现，但是直至目前尚无直接关于具身化调节时间加工的统一理论框架，研究者只能结合相关时距知觉模型和具体情绪观点来共同解释具身化调节机制。目前，较有影响力的理论解释包括：具身化调节内部时钟机制、具身化调节内感受性机制、具身化调节神经能量机制及具身化调节适应环境机制。

具身化调节内部时钟机制强调情绪刺激的具身化通过改变生理唤醒来影响时钟速率，进而导致主观时间偏估（Effron, Niedenthal, Gil and Droit-Volet, 2006; Nather, Bueno, and Bigand et al., 2011; Droit-Volet and Gil, 2016; Monier and Droit-Volet, 2018; 李丹，尹华站，2019）。譬如，Efforn 等（2006）将控制组出现对情绪图片时距高估的原因，归咎于控制组模拟表情，增加生理唤醒水平，从而提高内部时钟速度，最终导致主观时距延长；而实验组没有对表情模拟，所以并没有高估时距。Nather 等（2011）同样发现更多运动含义的情绪刺激会导致更多唤醒度，从而加速起搏器速度，最终导致时距高估。后来，Droit-Volet 和 Gil（2016）、Monier 和 Droit-Volet（2018）及李丹和尹华站（2019）分别在研究中发现恐惧身体姿势图片较悲伤身体姿势图片、情绪肢体图片较中性肢体图片及恐惧情绪面孔图片较中性情绪面孔图片的时距更易相对高估，并都归究于感知情绪刺激增加生理唤醒水平，从而加快时钟系统的时间表征。

具身化调节内感受性机制认为脑岛等通过调节内感受性，进而影响时间信息的加工（Craig, 2009）。具体而言，前脑岛皮层（Anterior insula cortex）激活

负责体内平衡感觉的元表征，使之产生电影银幕般地自我镜头。当呈现情绪刺激时，表征速度加快，导致表征数量增多，从而知觉时间变长。Wittmann 等（2010）在研究中甚至将岛叶激活程度与高估编码刺激的时间幅度呈线性增加的原因，归结于岛叶激活程度变大会导致自我表征数量增多，从而导致知觉时间变长。Vicario 等（2020）在一篇综述中详细探讨了内感受性在时距知觉过程中的作用。在这篇综述中，Vicario 等（2020）通过引用其在 2019 年开展的一项研究之中对内感受性信号的操纵影响时距知觉的结果，佐证内感受性在计时中的作用（Vicario et al.，2019）。接着 Vicario 等（2020）还引用大量文献支撑假设：临床疾病（自闭症、抑郁症、焦虑症以及精神分裂症等）的时间知觉缺陷至少部分源于内感受性系统的紊乱所致，而内感受性系统的紊乱又由于脑岛激活异常所致（Livneh et al.，2020）。然而，也有研究认为脑岛亚区对时间知觉的作用机制并不明确，如 Mella 等（2019）在研究中发现右岛叶病变患者较左岛叶病变患者比对照组表现出更低时间敏感性，但是右岛叶病变患者计时结果受情绪影响模式与对照组基本相似。这一结果说明，右脑岛功能与辨别时间能力有关，但与时距知觉情绪效应出现与否无关。

具身化调节神经能量机制认为主观时距是神经能量的产物，表征刺激所需神经能量可以体现在主观时距长短，即静止、乏味刺激导致神经加工效率减弱，缩短主观时距；运动、新颖刺激导致神经加工效率增强，延长主观时距（Pariyadath and Eagleman，2012）。研究发现，这一理论假设机制也可以解释具身化情绪对时距知觉的调节作用（Zhang，Jia and Ren，2014；Hagura，Kanai，Orgs and Haggard，2012；李丹，尹华站，2019）。譬如，Hagura 等（2012）把时距高估归结于运动准备增强能量输出，进而提高信息加工效率，从而编码更多时间信息，最终导致延长主观时间。Zhang 等（2014）将个体对快速词的时距的相对高估，同样归结于快速词蕴含更多能量，提高加工效率，进而延长主观时间。李丹和尹华站（2019）则将对个体恐惧情绪面孔时距的相对高估，归因于恐惧情绪面孔刺激的权重大，个体花费能量更多，所以对恐惧情绪面孔加工效率更高，体验时间更长。当然，此假设并不否定生理唤醒或注意对时距知觉的影响，因为生理唤醒或注意也能影响神经加工效率，进而改变时距知觉（Maarseveen，Hogendoorn，and Verstraten et al.，2018）。以上三种理论解释之间并不互斥，反而存在部分一致性：对时距知觉情绪效应的解释都与加工速度有关，即起搏器的加频、元表征的加快和信息加工的加速，都涉及加工速度的提高，进而导致主观时距延长（贾丽娜，王丽丽，等，2015）。

具身化调节促进适应环境机制是指具身化操作通过激发行为模拟或者行为应对进而调节时间信息加工机制。一方面，模拟作用受身体的物理状态、模拟目标的熟悉性、目标的运动量及其速度特性等因素的影响并体现出来。另一方面，（潜在）行为应对通过情绪刺激的运动含义、情绪的愉悦度、身体与环境的相关性、身体的物理状态和意识状态等因素的操纵反映其在时间判断中的调节作用。这些因素通过激活相应的动机系统影响（潜在）行为应对：趋向性系统和防御性系统（Lang, Bradley, and Cuthbert, 1997）。防御性系统伴随退缩、逃跑和攻击等行为反应；趋向性系统会导致摄食、交配和养育等行为反应（Bradley, Codispoti, and Cuthbert et al., 2001）。与防御性系统有关行为反应将产生对时距的高估，而趋向性动机的行为反应往往导致时距低估。

三、具身观下时距知觉情绪效应内在机制及证据的思考

目前尚没有直接关于具身化调节时间加工的理论模型，研究者往往结合时间加工模型和有关时间加工的情绪观点解释具身化调节机制。根据STT，唤醒度可以加速或减慢起搏器来调节时间加工（Treisman, 1963）。基于具身化在情绪性时间知觉中的重要作用，研究者推断具身化促使唤醒度影响时钟速率的变化进而导致主观时间的扭曲（Chambon et al., 2008; Effron et al., 2006; Nather et al., 2011）。例如，Nather等（2011）认为，更多运动含义刺激导致更高的唤醒度，高唤醒度加速内部时钟中起搏器的速度。然而，具身化通过唤醒度调节起搏器—累积器机制的观点缺乏直接神经生理支持。独立于时间信息加工理论，近期提出的意识模型（Awareness Model）强调身体内部状态的变化调节时间信息的加工（Craig, 2009a）。该模型认为前脑岛皮层（Anterior Insula Cortex）可以统一身体内平衡感觉的元表征，这些表征随时间产生银幕电影般的自我镜头。呈现情绪刺激时表征速度加快，从而增加了情绪时刻的表征数量，表征数量越多主观时间就越长。身体内部对自我的表征是具身化的体现。因此，该模型认为身体状态和情绪意识共同导致主观时间的扭曲。在Wittmann等（2010）的研究中，负责认知控制和意识的脑区（前脑岛和前扣带皮层）在运动（looming和receding刺激）情境中得到激活，且岛叶皮质被确认负责表征身体生理条件，这为身体内部平衡感觉的表征提供神经支持（Craig, 2009b）。然而，对于looming和receding条件产生的不同时距效应来说，Wittmann等却没有给予充分的生理证据：在receding条件下，

负责趋向动机的有关脑区得到激活，而 looming 刺激却没有激活防御动机的有关脑区。也有其他研究试图用该理论解释实验结果（Zhang et al.，2014）。例如，Zhang 等（2014）的研究认为，快速词相对慢速词含有更多的活动量，被试为产生相应的模拟体验加快了身体状态变化的速度，这样更多的自我表征填充了时间片段。值得注意的是，意识模型没有说明表征时间信息的直接机制，而只指明了身体内部状态的表征速度和时间加工的关系。Eagleman 和 Pariyadath（2009）提出编码效率假设（Coding Efficiency Hypothesis），认为主观时距是编码效率的结果，时间体验是表征刺激时花费能量多少的指标。编码效率假设理论认为，明显性或权重大的刺激（如尺寸较大的、运动的和新颖的）导致的主观时距延长是由于这些刺激的加工效率得到提高。编码效率假设理论没有直接提及情绪性时间加工，但情绪性刺激（尤其需要潜在行动）显然属于权重大的刺激。有少量与情绪有关的研究利用编码效率假设理论进行解释（Hagura et al.，2012；Wittmann and van Wassenhove，2009；Zhang et al.，2014）。例如，Hagura 等（2012）利用编码效率假设理论解释运动准备（和唤醒度）导致视觉时距扭曲。运动准备增强视觉信息探测成绩，时间估计的延长很可能来自运动准备时视觉信息加工能力的变化。换句话说，具身化可能增强能量的支出，更多的能量提高信息加工效率，导致更多的时间信息得以被编码，进而延长主观时间。以上三种模型之间并不相互排斥，而具有一定的一致性。他们对于情绪和具身化效应的解释都与加工速度有关。内部时钟模型中起搏器速率的加快、意识模型中情绪时刻元表征的加快和编码效率中信息加工速度的改善，都涉及加工速度的提高增加时间信息的数量。

  回顾以往研究，关于情绪具身化与时间知觉的关系问题仍需进一步探讨和解决。首先，近期行为研究发现视觉情绪具身化影响非情绪性触觉时间判断，认为这是由于具身化引起视觉—触觉的跨通道功能性连接所致（Jia et al.，2013；Shi et al.，2012；van Damme et al.，2009）。然而，根据具身化的核心观点，具身化是对特定通道的感觉—运动系统的重新体验（Niedenthal，2007）。例如，当我们看到威胁性动物（如狗）时，产生的情绪体验会储存在视觉—运动有关的系统里。之后遇到相同情景时，将再次激活有关的视觉、情绪和运动系统（Pineda，2009）。既然具身化体验在特定通道中进行表征，视觉具身化对触觉感知的调节可能由于某种神经连接的存在。未来研究需要进一步揭示负责交叉通道连接的相关脑区。实际上，目前大部分研究关注视觉情绪刺激的时间估计，对其他通道及具身化跨通道调节的情绪计时研究很少，未来在这方面若寻找到更多实验证据（如听觉—触觉和视觉—听觉等交互作用）将有助于发现有关连接机制。此外，具身化跨通道调节可以为探索时间信息在多通道还是单一通道的时钟机制中进行加工（时间知觉争论的基本问题之一）提供借鉴（Bueti，2011）。其次，关于具身化调节时间加工的心理机制存在分歧，现有理论缺乏充足实验证据。在时钟框架内，具身化促使唤醒度调节时钟速率解释在一定程度上是研究者试图把具身化和时钟加工机制联系起来，并没有神经科学证据的支持。意识模型指出身体内部状态与时间加工之间的关系，并没有说明时间加工的机制和生理基础，编码速率假设也有类似不足。为了完善和发展情绪和具身化调节时间加工的理论和机制，未来研究可以从以下几方面进行探讨：（1）研究者可以采用神经成像技术揭示具身化和时钟机制的连接，身体内部状态和时间加工的连接以及编码效率和运动有关机制连接的神经基础；（2）现有研究集中关注情绪的具身化对时间知觉的影响，反过来时间感知的长短对情绪和具身化的调节也值得探讨，这将有利于更深入地揭示时间加工和具身化的共同机制；（3）大部分研究使用单一的时间估计方法（主要是时间二分法）和短时距（<1 s）。为了更好揭示具身化在时间加工中的作用和动态变化，未来研究可以采用多元时间估计法和多范围时距。研究发现情绪对时间知觉的作用只限于几秒之内（如 2～4 s）（Angrilli et al.，1997），这可能因为在情绪加工的晚期，其他加工过程如情绪管理取代情绪效应。具身化与时间知觉关系的动态关系研究也会为有关理论完善提供证据和参考。此外，具身化强度与个体同情心及理解辨认能力有关（Banissy and Ward，2007；Chambon et al.，2008；Decety and Jackson，2004）。以后研究可以进一步确认哪些社会性因素操纵具身化、情绪和时间知觉之间的关系，并通过神经成像技术进一步揭示辨认情绪含义及行为决策（具身化）的脑区。

参考文献

[1] ALEXOPOULOS T, RIC F. The evaluation behavior link: Direct and beyond valence [J]. Journal of experimental social psychology, 2007, 43 (6): 1010-1016.

[2] ANGRILLI A, CHERUBINI P, PAVESE A et al. The influence of affective factors on time perception [J]. Perception and psychophysics, 1997, 59

(6): 972-982.

[3] BANISSY M J, WARD J. Mirror touch synesthesia is linked with empathy [J]. Nature neuroscience, 2007, 10 (7): 815-816.

[4] BARGH J A, CHEN M, BURROWS L. Automaticity of social behavior: Direct effects of trait construct and stereotype activation on action [J]. Journal of personality and social psychology, 1996, 71 (2): 230-244.

[5] BARSALOU L W. Perceptual symbol systems [J]. Behavioral and brain sciences, 1999, 22 (4): 577-660.

[6] BRADLEY M M, CODISPOTI M, CUTHBERT B N et al. Emotion and motivation I: Defensive and appetitive reactions in picture processing [J]. Emotion, 2001, 1 (3): 276-298.

[7] BUETI D. The sensory representation of time [J]. Frontiers in integrative neuroscience, 2011, 5 (8): article 34.

[8] CHAMBON M, DROIT-VOLET S, NIEDENTHAL P M. The effect of embodying the elderly on time perception [J]. Journal of Experimental Social Psychology, 2008, 44 (3): 672-678.

[9] CHURCH R M. Properties of the internal clock [J]. Annals of the new york academy of sciences, 1984.

[10] CRAIG A D. Emotional moments across time: A possible neural basis for time perception in the anterior insula [J]. philosophical transactions of the royal society of london series B, biological sciences, 2009, 364 (1525): 1933-1942.

[11] CRAIG A D. How do you feel now? The anterior insula and human awareness [J]. Nature review neuroscience, 2009, 10 (1): 59-70.

[12] ZAKAY D, BLOCK R A. Temporal cognition [J]. Current directions in psychological science, 1997, 6 (1): 12-16.

[13] DECETY J, JACKSON P L. The functional architecture of human empathy [J]. Behavioral and cognitive neuroscience reviews, 2004, 3 (2): 71-100.

[14] DROIT-VOLET S, GIL S. The emotional body and time perception [J]. Cognition and emotion, 2016, 30 (4): 687-699.

[15] EAGLEMAN D M, PARIYADATH V. Is subjective duration a signature of coding efficiency? [J]. Philosophical transactions of the royal society of lon-

don series B, biological sciences, 2009, 364 (1525): 1841-1851.

[16] EFFRON D A, NIEDENTHAL P M, GIL S et al. Embodied temporal perception of emotion [J]. Emotion, 2006, 6 (1): 1-9.

[17] GABLE P A, POOLE B D. Time flies when you're having approach motivated fun: Effects of motivational intensity on time perception [J]. Psycho-logical Science, 2012, 23 (8): 879-886.

[18] GALLESE V. Embodied simulation: From neurons to phenomenal experience [J]. Phenomenology and the cognitive sciences, 2005, 4 (1): 23-48.

[19] GIBBON J, CHURCH R M, MECK W H. Scalar timing in memory [J]. Annals of the new york academy of sciences, 1984, 423 (1): 52-77.

[20] GIL S, DROIT-VOLET S. How do emotional facial expressions influence our perception of time? [M] //S Masmoudi, D Y Dai, A Naceur (Eds.), Attention, representation, and human performance: Integration of cognition, emotion, and motivation. New York: psychology press, 2011: 61-74.

[21] HAGURA N, KANAI R, ORGS G et al. Ready steady slow: Action preparation slows the subjective passage of time [J]. Proceedings of the biological sciences/The royal society, 2012, 279 (1746): 4399-4406.

[22] HARI R, FROSS N, AVIKAINEN S et al. Activation of human primary motor cortex during action observation: A neuromagnetic study [J]. Proceeding of national academic science, 1998, 95 (25): 15061-15065.

[23] HEBERLEIN A, ATKINSON A. Neuroscientific evidence for simulation and shared substrates in emotion recognition: Beyond faces [J]. Emotion review, 2009, 1 (2): 162-177.

[24] IACOBONI M, DAPRETTO M. The mirror neurons system and the consequence of its dysfunction [J]. Nature reviews neuroscience, 2006, 7 (12): 942-951.

[25] IACOBONI M, WOODS R P, BRASS M et al. Cortical mechanisms of human imitation [J]. Science, 1999, 286 (5449): 2526-2528.

[26] JACKSON P L, MELTZOFF A N, DECETY J. How do we perceive the pain of others? A window into the neural processes involved in empathy [J]. NeuroImage, 2005, 24 (3): 771-779.

[27] JENNIFER T COULL, FRANCK VIDAL, BRUNO NAZARIAN et al. Func-

tional anatomy of the attentional modulation of time estimation [J]. Science, 2004, 303 (5663): 1506-1508.

[28] JIA L. Crossmodal emotional modulation of time perception (Unpublished doctorial dissertation) [D]. Ludwig Maximilians-Universität München, 2013.

[29] JIA L, SHI Z H, ZANG X L et al. Concurrent emotional pictures modulate temporal order judgments of spatially separated audiotactile stimuli [J]. Brain Research, 2013, 1537 (9): 156-163.

[30] LANG P J, BRADLEY M M, CUTHBERT B N. Motivated attention: Affect, activation, and action [M] //P J Lang, R F Simons, M T Balaban (Eds.). Attention and orienting: Sensory and motivational processes. Hills-dale, NJ: Lawrence Erlbaum Associates, Inc., 1997: 97-135.

[31] LAWRENCE W B, PAULA M N, ARON K B et al. Ruppert. Social Embodiment. Psychology of Learning and Motivation [M]. Elsecier LTD, Oxford, 2015.

[32] LIVNEH Y, SUGDEN A U, MADARA J C et al. Estimation of current and future physiological states in insular cortex [J]. Neuron, 2020, 105 (6): 1094-1111. e10.

[33] MAARSEVEEN J, HOGENDOORN H, VERSTRATEN F A J et al. Attention gates the selective encoding of duration [J]. Scientific reports, 2018, 8 (1): Article 2522.

[34] MARC W. The neural substrates of subjective time dilation [J]. Frontiers in human neuroscience, 2010, 4 (2): article2.

[35] MELLA N, BOURGEOIS A, PERREN F et al. Does the insula contribute to emotion related distortion of time? A neuropsychological approach [J]. Human brain mapping, 2019, 40 (5): 1470-1479.

[36] MONDILLON L, NIEDENTHAL P M, GIL S et al. Imitation of in-group versus out-group members' facial expressions of anger: A test with a time perception task [J]. Social neuroscience, 2007, 2 (3-4): 223-237.

[37] MONIER F, DROIT-VOLET S. Synchrony and emotion in children and adults [J]. International journal of psychology: Journal international depsychologie, 2018, 53 (3): 184-193.

[38] MURRAY S, BOYACI H, KERSTEN D. The representation of perceived an-

gular size in human primary visual cortex [J]. Nature neuroscience, 2006, 9 (3) 429-434.

[39] NATHER F C, BUENO J L O, BIGAND E et al. Time changes with the embodiment of Another's body posture [J]. PLoS ONE, 2011, 6 (5), e19818.

[40] NIEDENTHAL P M. Embodying emotion [J]. Science, 2007, 316 (5827): 1002-1005.

[41] NIEDENTHAL P M, BARSALOU L W, WINKIELAMN P et al. Embodiment in attitudes, social perception, and emotion [J]. Personality and social psychology review, 2005, 9 (3): 184-211.

[42] NOULHIANE M, MELLA N, SAMSON S et al. How emotional auditory stimuli modulate time perception [J]. Emotion (Washington, D. C.), 2007, 7 (4): 697-704.

[43] OBERMAN L M, WINKIELMAN P, RAMACHANDRAN V S et al. Face to face: blocking facial mimicry can selectively impair recognition of emotional expressions [J]. Social neuroscience, 2007, 2 (3-4): 167-178.

[44] ONO F, KAWAHARA JUN-ICHIRO. The subjective size of visual stimuli affects the perceived duration of their presentation [J]. Perception and psychophysics, 2007, 69 (6): 952-957.

[45] ORGS G, BESTMANN S, SCHUUR F et al. From body form to biological motion: The apparent velocity of human movement biases subjective time [J]. Psychological science, 2011, 22 (6): 712-717.

[46] PARIYADATH V, EAGLEMAN D M. Subjective duration distortions mirror neural repetition suppression [J]. PLoS ONE, 2012, 7 (12), Article e49362.

[47] PINEDA J A. Mirror neuron system: The role of mirroring processes in social cognition [M]. New York: Humana press, 2009.

[48] POLLATOS O, LAUBROCK J, WITTMANN M. Interoceptive focus shapes the experience of time [J]. PLoS ONE, 2014, 9 (1): e86934.

[49] PRINZ J. Embodied Emotions. In R. Solomon (Ed.), Thinking about Feeling [M]. Oxford: oxford university press, 2004: 44-58.

[50] REED C L, VINSON N G. Conceptual effects on representational momentum [J]. Journal of experimental psychology. Human perception and perform-

ance, 1996, 22 (4): 839-850.

[51] RIZZOLATTI G, FADIGA L, GALLESE V et al. Premotor cortex and the recognition of motor actions [J]. Cognitive Brain Research, 1996, 3 (2): 131-141.

[52] ROITMAN J D, BRANNON E M, PLATT M L. Monotonic coding of numerosity in macaque lateral intraparietal area [J]. PLoS biology, 2007, 5 (8): e208.

[53] ROZIN P, FALLON A E. A perspective on disgust [J]. Psychological review, 1987, 94 (1): 23-41.

[54] SHI Z H, JIA L, MÜLLER H J. Modulation of tactile duration judgments by emotional pictures [J]. Frontiers in integrative neuroscience, 2012, 6 (5): article24.

[55] SPACKMAN M P, MILLER D. Embodying emotions: What emotion theorists can learn from simulations of emotions [J]. Minds and machines, 2008, 18 (3): 357-372.

[56] TREISMAN M. Temporal discrimination and the indifference interval: Implications for a modelof the internal clock [J]. Psychological monographs: general and applied, 1963, 77 (13): 1-31.

[57] VAN DAMME S, GALLACE A, SPENCE C et al. Does the sight of physical threat induce a tactile processing bias?: Modality-specific attentional facilitation induced by viewing threatening pictures [J]. Brain research, 2009, 1253 (2): 100-106.

[58] VICARIO C M, KURAN K A, URGESI C. Does hunger sharpen senses? A psychophysics investigation on the effects of appetite in the timing of reinforcement-oriented actions [J]. Psychological research, 2019, 83 (3): 395-405.

[59] VICARIO C M, NITSCHE M A, SALEHINEJAD M A et al. Time processing, interoception, and insula activation: A minireview on clinical disorders [J]. Frontiers in psychology, 2020 11 (8): Article 1893.

[60] WITTMANN M, VAN WASSENHOVE V. The experience of time: Neural mechanisms and the interplay of emotion, cognition and embodiment [J]. Philosophical Transactions of the Royal Society of London. Series B, Biologi-

cal sciences, 2009, 364 (1525): 1809-1813.

[61] WITTMANN M, VAN WASSENHOVE V, CRAIG A D et al. The neural substrates of subjective time dilation [J]. Frontiers in Human Neuro-science, 2000, 4 (2): article2.

[62] YAMAMOTO K, MIURA K. Time dilation caused by static images with implied motion [J]. Experimental brain research, 2012, 223 (2): 311-319.

[63] ZHANG Z, JIA L, REN W. Time changes with feeling of speed: An embodied perspective [J]. Frontiers in neurorobotics, 2014, 8 (3): article14.

[64] 陈巍, 李黎. 具身情绪启动对不同年级儿童隐喻理解偏好的影响 [J]. 江苏师范大学学报 (哲学社会科学版), 2016, 42 (02): 137-141.

[65] 陈有国, 张志杰, 黄希庭, 等. 时间知觉的注意调节：一项 ERP 研究 [J]. 心理学报, 2007, 39 (6): 1002-1011.

[66] 丁峻, 张静, 陈巍. 情绪的具身观：基于第二代认知科学的视角 [J]. 山东师范大学学报 (人文社会科学版), 2009, 54 (3): 94-97.

[67] 胡晓晴, 傅根跃, 施臻彦. 镜像神经元系统的研究回顾及展望 [J]. 心理科学进展, 2009, 17 (1): 118-125.

[68] 贾丽娜, 王丽丽, 臧学莲, 等. 情绪性时间知觉：具身化视角 [J]. 心理科学进展, 2015, 23 (8): 1331-1339.

[69] 李丹, 尹华站. 恐惧情绪面孔影响不同年龄个体时距知觉的研究 [J]. 心理科学, 2019, 42 (5): 1061-1068.

[70] 李恒威, 盛晓明. 认知的具身化 [J]. 科学学研究, 2006, 24 (2): 184-190.

[71] 李其维. "认知革命"与"第二代认知科学"刍议 [J]. 心理学报, 2008, 40 (12): 1306-1327.

[72] 林瑞军. 体验情绪与时距知觉 [D]. 石家庄：河北师范大学, 2010.

[73] 王柳生, 蔡淦, 戴家隽, 等. 具身情绪：视觉图片的证据 [J]. 中国临床心理学杂志, 2013, 21 (02): 188-190.

[74] 叶浩生. 具身认知：认知心理学的新取向 [J]. 心理科学进展, 2010, 18 (5): 705-710.

[75] 张榆敏. 具身情绪对时间知觉的影响研究 [D]. 成都：四川师范大学, 2017.

第六章
抑郁与时距知觉

　　《2022年国民抑郁症蓝皮书》指出，抑郁症是一类常见的精神障碍，以情绪低落、愉快感消失为主要症状，多伴有注意、工作记忆等方面的认知障碍，严重者存在自杀意念和行为，是世界范围内致残、致死率较高的疾病。据估计，全世界有2.8亿人患有抑郁症，而在中国抑郁症终身患病率为6.9%（袁钦湄等，2020）。迄今为止，中国有超过9500万患者被诊断为重度抑郁症（Lu et al., 2021）。研究发现，抑郁症有工作记忆和注意的缺陷（洪程晋 Cody，2022；黄挚靖，李旭，2021；Chen et al., 2015；Keller et al., 2019；Nikolin et al., 2021）。抑郁症是一种以心情低落为主要表现的心境障碍，它是一种疾病。抑郁情绪只是一种症状，主要表现是以情绪方面的低落为主要表现的状态，可能出现在许多种疾病当中，躯体疾病伴发的精神障碍可以出现抑郁情绪，其他的神经症也可以出现抑郁情绪，确实与抑郁症是有区别的。抑郁症的主要表现，心情低落，有情绪低落的表现以及抑郁情绪的表现，同时也有思维迟缓和意志活动减退的表现，还有一部分患者常也合并一些躯体症状，比如，失眠、食欲降低或者体重降低等，还有一些头疼、乏力、头晕以及各种身体不适的感觉都可能出现，所以这两者是有区别的，抑郁症除了有抑郁情绪以外，也可能还合并有焦虑情绪等。感知时距是人类进行日常活动的一项基本能力，同时感知时距与工作记忆和注意紧密关联（Meck，1984）。因此，探索抑郁个体时距知觉表现，揭示其内在机制是从时间维度揭示抑郁临床症状及其成因，促使它更好康复的重要途径之一。

第六章 抑郁与时距知觉

第一节 抑郁的相关概念、理论及研究

一、抑郁的相关概念

"抑郁"（depression）一词，最初来源于拉丁文的 deprimere，是压低的意思（to press down）。古希腊医生希波克拉底曾用忧郁候症群（a syndrome of melancholia）来描述那些"恐惧和沮丧，且持续很长时间"为疾病的症状。这是一个与今天的抑郁相似但更广泛的概念，突出强调了悲伤、沮丧和沮丧的症状，通常包括恐惧、愤怒、妄想和强迫症。20世纪中叶，实验室内的生理学家认为，抑郁是器官生化输出量的下降。这种功能性的唯物主义概念影响至今。作为内科医生和历史学家，Hirshbein 认为抑郁是"一种二十世纪现象，涉及性别、职业和科学的广泛假设"，反映了理论、治疗和患者体验的动态平衡。早期使用的"时髦忧郁"（modern melancholy）被认为是抑郁的同义词，因为它和幻想、固着和怀疑是截然不同的状态。德国精神科医生 Wilhelm Griesinger 借用早期神经反射机制将忧郁描述为一种过度刺激导致的病态感觉。Griesinger 的观点对英国和德国的临床实践者产生了很大的影响，因为它提供了情感性精神障碍起源的一种解释，而不再过分强调神经系统的损伤。20世纪初，精神科医生和神经科医生更倾向于将抑郁当作一个症状，可能是其他精神障碍的一个表现方面，例如，躁郁症和神经症。1922年，波士顿的神经学家和精神病学家 Abraham Myerson 提出，"快感缺乏"是一种"抑郁症状综合征"。1935年开始，Myerson 开始研发治疗抑郁的药物，认为用安非他明可以治疗快感缺失患者。直到 1970—1980 年，对于抑郁症的共识仍存在争议。自 2010 年来，人们更加关注抑郁对全球健康的威胁。世界卫生组织甚至预测，到 2030 年，抑郁症将成为世界上最致残的疾病。抑郁症是一种常见情感障碍（Mood Disorder），在临床诊断上也称为重度抑郁障碍（Major Depressive Disorder，MDD），以兴趣减退、情绪下降、精力减退、思维迟钝和相关症状为特征（区健新等，2020）。据估计，全世界有 2.8 亿人患有抑郁症，在中国抑郁症终身患病率为 6.9%（袁钦湄等，2020），迄今为止，中国有超过 9500 万患者被诊断为重度抑郁症（Lu et al.，2021）。目前，常用抑郁诊断标准包括《国际疾病分类诊断标准（ICD-10）》和《美国精神障碍诊断统计手册（DSM-Ⅳ）》（区健新等，2020）。DSM-Ⅳ关于抑郁症的诊断为在同一个两

周时期内，出现超过 5 种下列症状，表现出与先前功能相比不同的变化，其中至少有一项是心境抑郁或丧失兴趣或愉悦感。症状为：（1）几乎每天的大部分时间心境抑郁；（2）几乎每天或每天的大部分时间，对于所有或几乎所有活动兴趣都明显减少；（3）在未节食情况下体重明显减轻，或体重增加；（4）几乎每天都失眠或睡眠过多；（5）几乎每天都精神运动性激越或迟滞；（6）几乎每天都疲惫或精力不足；（7）几乎每天都感到自己毫无价值；（8）几乎每天都存在思考或注意力集中的能力减退或犹豫不决；（9）反复出现死亡的想法。ICD-10 关于抑郁症患者通常具有的典型症状包括：心境低落、兴趣和愉快感丧失、劳累感增加和活动减少的精力降低。其他常见症状包括以下七条：（1）集中注意和注意的能力降低；（2）自我评价和自信降低；（3）自罪观念和无价值感（即使在轻度发作中也有）；（4）认为前途暗淡悲观；（5）自伤或自杀的观念或行为；（6）睡眠障碍；（7）食欲下降。总之，抑郁症的诊断是一项规范性很强的技术流程，对于科学研究和医疗诊断都是非常重要的。

二、抑郁的理论模型

（一）Beck 的认知理论

根据 Beck（2008）的观点，抑郁症的不合理信念可以追溯到童年早期，包括个体对外部世界和自身的固执和刻板的想法、过分追求完美或期望得到赞赏的信念。这些不合理信念，首先，长期存在大脑中会导致个体认知失调。其次，在后期生活中，抑郁易感个体在外界或内部环境刺激的作用下，激活其潜在的认知图式，使得个体对外部环境做出扭曲和负面解读，导致个体对自身、对世界和将来的负性思维。抑郁个体对自己有高度信念失调，影响了他们对情绪性信息的处理，形成了消极的认知偏向，从而导致了抑郁症状的产生，而抑郁症状的产生又会进一步激活其认知图式，形成恶性循环（Beck，2008；崔丽霞等，2012）。

由于图式与个体对输入信息的加工和处理方式有关，抑郁个体的认知图式通常会进一步激活抑郁个体的负性情绪信息加工偏向（Feng et al.，2015）。在外部或者内部情绪性信息的刺激下，在注意偏向水平上，抑郁个体对负性刺激存在持续性的注意（De Raedt and Koster，2010）。在解释偏向水平上，抑郁个体更倾向于以负性的方式去解读信息（Wisco，2009；张晋，冯正直，2016）。在记忆偏向水平上，抑郁个体表现出能够回忆出更多负性情绪信息（Matt et al.，1992；Bianchi et al.，2020）。此外，研究表明，抑郁个体的负性情绪信息加工偏向会对自身的情绪调节策略产生影响（如认知重评），尤其是对抑郁情绪，会进一步维持抑郁个体自身抑郁症状（Joormann and Quinn，2014）。当抑郁个体处于能引发情绪的环境中时（面试），会对负性情绪信息出现更多的注意偏向（面试官皱眉），从而对负性情绪信息产生更长的持续性注意，导致难以抑制对负性情绪信息的关注（Beck，2002，2008）。而这会损害如重新关注等预期的情绪调节策略，如不看皱眉的面试官，并且抑郁患者会对此作出负向的解释，如"我表现得不够好"等。这些负性偏向与抑郁症个体以往的经历有关（Fulcher et al.，2001；Rohner，2004），并且使抑郁症状产生和维持，从而进一步激活其消极的认知图式产生负性循环。

（二）认知控制受损模型

Joormann（2007）在 Beck 抑郁的综合认知模型的基础上，提出认知控制受损模型，认为抑郁症患者在处理信息时存在抑制无关信息进入工作记忆的困难以及将工作记忆中存在的无关信息排除的困难。认知控制受损模型假设：抑郁症患者存在无法抑制无关信息进入工作记忆和排除工作记忆中的无关信息现象的原因，是抑郁症患者认知控制受损导致。认知控制（Cognitive Control）也称执行功能（Executive Functions），指个体对各种认知过程进行协调，从而保证认知系统以灵活、优化的方式完成特定目标的一般性控制机制（Miller and Cohen，2001；杨营凯，刘衍玲，2016）。认知控制功能包括抑制、转换和更新三个基本子成分（何振宏等，2015；田江涛，2022；Morris and Jones，1990）。其中，抑制是指抑制注意资源分配到与目标无关的刺激或反应；转换是指个体使注意分配发生转移并且保持在与任务相关的刺激上；更新是指对工作记忆表征更新与监控。由于抑郁个体存在认知控制损伤，难以抑制对负性情绪信息的注意加工（Cisler and Koster，2010；Joyal et al.，2019），导致其难以将注意从负性情绪信息上脱离（Disner et al.，2011；Duque and Vazquez，2015；武成莉，2018），从而对负性情绪信息存在更长的持续性注意（杨娟等，2014）。研究表明，抑郁症患者对负性刺激的注意抑制能力受损（Dai and Feng，2011），存在注意解除困难（Vrijsen et al.，2018）。因此，相比于正常被试，抑郁症患者需要投入更多认知资源才能从负性信息中解除出来（Disner et al.，2011）。此外，抑郁症患者难以排除工作记忆中无关的想法（Foland-Ross et al.，2013）。

三、抑郁个体的工作记忆和注意研究

抑郁症具有三低特点，即情绪低落、思维迟缓、兴趣减退。除此之外，抑郁症患者伴随着认知功能的损伤。目前，研究已经发现抑郁症有工作记忆和注意的缺陷（洪程晋，2022；黄挚靖，李旭，2021；Chen et al.，2015；Keller et al.，2019；Nikolin et al.，2021）。

工作记忆是一个信息处理系统，在认知工作中储存与特定任务有关的信息，在思维抑制、情绪调节以及冲动抑制等自我调控过程中发挥了重要作用（Baddeley，2013；于斌等，2014）。抑郁症的典型症状与工作记忆损伤高度相关（Baddeley，2013；Rock et al.，2014；Chen et al.，2015）。抑郁认知理论认为（Kircanski et al.，2012），抑郁症患者认知抑制存在障碍，不但在工作记忆的信息加工早期阶段难以保证无关负性信息免予进入，而且在加工后期阶段存在分离和抑制无关负性信息的困难。原因在于抑郁症个体在记忆外界情绪信息时，与自己情绪一致的负性情绪信息更容易进入工作记忆，而正常个体能够根据当前任务要求更新工作记忆内容并移除与任务无关干扰信息（Baddeley and Hitch，1974；Baddeley，2003）。此外，抑郁个体在移除与任务无关负性情绪信息时存在困难，这种情绪信息加工方式会导致负性情绪信息在工作记忆系统中不能得到及时转移和更新（Foland-Ross et al.，2013；Pe et al.，2015），促进一系列症状产生和维持（Joormann and Quinn，2014）。目前，研究已经证实抑郁发作个体存在这些困难（Yoon et al.，2014）。抑郁个体在工作记忆能力上存在一般性缺陷（Snyder，2013），尤其体现在中央执行系统的缺陷上，抑郁个体的抑制和刷新能力低于正常个体（黄挚靖，李旭，2021；Groenewold et al.，2013；Nikolin et al.，2021）。Hubbard 等（2016）的研究表明，与正常个体相比，当抑郁个体完成对抑郁线索作出自我相关性的判断任务后，在完成复杂广度记忆任务时，记住的数字更少，表明抑郁个体工作记忆能力受损（Hubbard et al.，2016）。Nikolin 等（2021）的元分析对抑郁患者刷新功能进行了分析，结果发现，抑郁症患者在情绪 1-back、2-back 上的准确率都小于正常组被试，且反应时长于正常组，进一步说明了抑郁症患者存在刷新功能的缺陷（Nikolin et al.，2021）。Levens 和 Gotib（2010）的研究表明，与正常个体相比，抑郁个体在完成情绪 2-back 任务时，对负性情绪信息的注意解除的时间更长，而对正性情绪信息的注意解除时间更短，表明在工作记忆加工过程中，抑郁个体与正性情绪信息的联系

较弱，与负性情绪信息的联系更强，难以从工作记忆中移除与任务无关的负性情绪信息。研究者认为，这种对情绪性信息工作记忆刷新功能的缺陷，可能是导致抑郁个体从负性心境中脱离困难的原因。随后，这些研究者采用相同的情绪 N-back 任务对缓解期的抑郁个体进行了考察（Levens and Gotlib，2015），结果显示，缓解期的抑郁个体表现出与发病期抑郁个体相同的工作记忆加工偏向。这就表明，即使抑郁个体已处于缓解期，他们情绪性信息的工作记忆加工仍然受损，这可能是导致抑郁症高复发率的原因之一。

与此同时，抑郁症患者另一典型表现体现在注意功能受损（何振宏，张丹丹，罗跃嘉，2015）。正常个体在从事注意相关任务时总是能够自觉地选择、分配和集中注意，以便能更好地完成某种任务或从事某种活动。然而，由于抑郁症认知功能的受损，抑郁症患者表现出注意功能的缺陷，他们需要花费更多注意资源才能保证日常信息处理（谢慧等，2019）。按照传统的观点，注意可以分为选择性注意、持续性注意和注意分配。选择性注意指注意与任务相关信息而忽略任务无关信息的能力（刘庆英等，2013），持续注意是指持续关注或监测任务相关信息的能力（Shalev et al.，2011），注意分配指的是同时注意多个任务相关信息来源的功能（刘海宁等，2019）。常用的研究选择性注意的范式有 stroop 色词实验。为了评估抑郁症患者的持续注意能力，临床上常用持续表现任务（Continuous Performance Task，CPT）进行测试。对抑郁症患者 Stroop 色词实验的研究发现，抑郁症患者（包括儿童、青少年和成人）在被要求注意一个任务相关的特征（如颜色）而同时忽略一个分散注意力的特征（如语义）时，表现比健康对照组差（Kertzman et al.，2010）。除此以外，实验 CPT 任务对抑郁症持续注意的研究发现抑郁症患者产生了更多的遗漏（Sévigny et al.，2003）。对抑郁症患者注意分配的研究也发现，与健康对照组相比，抑郁症患者在同时执行两项任务时在注意听觉和视觉刺激时存在缺陷（Lautenbacher et al.，2002）。Keller 等（2019）对抑郁症患者各项注意功能探讨的综述中也发现抑郁症患者存在选择性、持续性和注意分配三个方面的障碍（Keller et al.，2019）。因此，根据以往研究可以发现抑郁症患者存在不同类型的注意损伤。Posner 和 Peterson（1990）曾经基于认知神经心理学的研究成果提出注意网络模型来描述人类注意系统的工作模式。注意网络模型把注意系统分成定向（Orienting）、警觉（Alerting）和执行控制（Executive Control）三个子成分（荆秀娟，王一峰，2015）。定向是将注意力转移到将要选择或关注的刺激上；警觉是指达到或保持一种状态，在该状态下对即将到来的信息的敏感度增加；执行控制是指对预期、刺激和反应之间的冲突的监控和解决（Petersen and Posner, 2012）。目前，研究已经将注意网络范式应用于抑郁症患者中（Marchetti et al., 2018; Sinha et al., 2022; Sommerfeldt et al., 2016; Yang et al., 2019）。杜静等（2006）对抑郁组的注意网络研究中表明抑郁组执行控制网络和警觉网络受损。一项最近的抑郁症患者注意网络的元分析发现，抑郁症患者与正常人在执行控制网络上存在显著差异，而在警觉网络和定向网络上没有显著差异（Sinha et al., 2022）。因此，注意网络的警觉网络、定向网络和执行控制网络均可能是抑郁症患者时距知觉的变异的原因。综上所述，以往研究证实了抑郁症患者在注意和工作记忆中的缺陷，这些缺陷导致抑郁症被试认知加工存在异常，而个体对时间加工也与工作记忆和注意紧密相关。因此，工作记忆和注意可能在抑郁症患者时距扭曲中存在关键作用。

第二节 抑郁对时距知觉影响的假说及实证研究

人们在抑郁状态下是否会感觉时间过得更快或者更慢？如果是，那么抑郁如何影响时距知觉？对这个问题的深入探讨将有助于揭示抑郁个体时距知觉的内部过程，并可能从一个新的视角进一步解释抑郁。如果他们感觉到时间更快或者更慢，则抑郁或许是对他们自己内部时间的"正常"反应？目前，相关研究文献主要集中在抑郁情绪个体的时距知觉，并大致发现三种结果。

一、抑郁影响时距知觉的理论假说

内部时钟模型（Internal Clock Model）最早由 Treisman（1963）提出。内部时钟模型假定内部时钟包括起搏器（Pacemaker）、计数器（Counter）、存储器（Store）和比较器（Comparator）四个成分。内部时钟模型能较好地解释了 Weber 函数、高估短时距、低估长时距等现象（Treisman, 1963）。后续研究者在其基础上不断完善出标量期望理论（Scalar Expectancy Theory）、标量计时模型（Scalar Timing Model）以及注意闸门模型（Attentional Gate Model）等。标量计时模型（Scalar Timing Model）是在最初用来解释动物计时的标量期望理论（Scalar Expectancy Theory, Church, 1984; Gibbon et al., 1984）的基础上发展而来的。"标量"二字代表时距知觉的标量特性：与物理时间相比，主观时间呈正态分布，其标准差与平均值之商是常数。内部时钟模型将时间加工分为内部时钟、记忆和决策三个阶段。第一，内部时钟阶段：假设人脑通过内部时钟将物理时间转换为主观时距。其包括三个成分：起搏器（Pacemaker）、开关（Switch）、累加器（Accumulator）。起搏器以一定的频率产生脉冲，其平均速率受唤醒（药物、饮食、环境均能改变唤醒）控制。开关负责控制脉冲进入累加器，只有开关闭合的情况下，脉冲才能通过开关进入累加器。累加器记录进入的脉冲数量，数量越多，时距表征越长。第二，记忆阶段：包括工作记忆和参照记忆，均用于存储时距表征。不同之处在于，工作记忆存储内部时钟阶段刚刚形成的时距表征，而参照记忆存储的是从长时记忆中检索到的与当前任务有关的时距表征。只有在刺激终止与个体反应之间存在一定间隔时才会使用工作记忆，当两者时间间隔较短时，时距信息仅在累加器中进行感觉存储。第三，决策阶段：假定人脑中存在一个比较器（Comparator），其基于某种反应规则，将参照记忆中的时距信息与工作记忆或累加器中的时距信息比较，从而做出决策。注意闸门模型（Attentional Gate Model）由 Zakay 和 Block（1997）提出，认为个体会在外部事件与时间加工之间分配注意资源。注意闸门模型基于"内部时钟"的假设，沿用起搏器、开关、认知计数器等说法，但是其在"起搏器"和"开关"之间加入"闸门"（Gate）。个体注意时间加工，闸门打开，脉冲进入后续的成分。与开关"全"或"无"的工作方式不同，闸门可以调节打开的程度。个体分配给时间注意资源越多，闸门打开程度越大，相同时间单元内，通过闸门脉冲数量越多，最终进入认知计数器的脉冲数量也越多；相反，如果分配给非时间信息的注意资源越多，最终进入认知计数器的脉冲数量越少。后来，Buhusi 和 Meck（2005）提出扩展的注意资源模型，认为时间信息和非时间信息不仅共享注意资源，还共享工作记忆等系统。理论上，这些模型的任意一部分均可能造成时距知觉变异，但是通常将起搏器、开关、闸门以及共享系统看作主要变异源。唤醒会造成起搏器速率加快，产生更多脉冲，主观时间更长；开关的开启和闭合的潜伏期受注意调控，当注意朝向计时刺激时，开关闭合更快，脉冲得以通过，当注意偏离计时刺激时，开关断开更快，脉冲无法通过，脉冲丢失会造成时间低估。当注意资源在计时加工分配越多，脉冲通过闸门越多，导致估计时间越长。共享系统中分配给计时的注意和工作记忆资源越多，累积脉冲越多，知觉时距越长，反之亦然。抑郁对时距知觉的影响可以从对起搏器发放频率、开关闭合和断开潜伏期、阀门打开的程度以及工作记忆衰减的速率等变异源进行解释。

根据上述几种模型来看，内部时钟速度可以由唤醒而改变（e.g., Tecce, 1972; Wearden and Pentonvoak, 1995; Mella et al., 2011），也可以因为神经和精神疾病而改变（Allman and Meck, 2012）。内部时钟假说是基于上述理论模型最为常见的假说。如果时钟加速，那么在时间产生任务中，达到已定脉冲数量的时间会更早，因此，产生时距较短；在言语估计任务中，会估计出更长的时间，由于发放脉冲速率较快，在已定的目标时间内，累加脉冲总数相应较多，估计时间随即较长；在时距复制任务中，首先呈现一个时距，然后要求复制它，内部时钟的改变应该对估计时间没有影响，因为内部时钟速率的改变对于时距编码阶段和时距复制阶段的影响应该是一致的。抑郁个体的内部时钟加速，则会导致高估时距，具体在各种计时任务上的表现则参考上述分析。当然，还存在一种注意共享的假说，抑郁个体的低估时距归因于这些个体的注意资源偏离计时加工（e.g., Sévigny et al., 2003）。

二、抑郁对时距知觉影响的实证研究

主观时间可能受外部刺激变化（Droit-Volet and Meck, 2007）和被试认知状态（Teixeira et al., 2013）的影响。然而，时距知觉是如何被精神障碍所改变的尚不清楚（Buhusi and Meck, 2005; Gibbon et al., 1997）。研究者提出，抑郁症被试比正常组感觉时间过得更快或更慢。但是尚不清楚抑郁症患者时距知觉特征以及其中的内部机制。目前抑郁对时距知觉的影响研究主要分为两类：其一为抑郁症个体能否准确估计或判断某一时距，对应时距知觉的准确性；其二为抑郁症个体对同一时距估计的一致性或稳定性，对应着时距知觉的变异性。对于前者研究者存在三种分歧结果，而对于后者大致倾向于抑郁给个体带来时距知觉的变异性增加。鉴于测量时间感知的复杂性，令人惊讶的是过去很长时间很少有研究者采用多种任务范式来对时间进行估计。Mezey 和 Cohen（1961）开创性地采用口头估计任务、时间产生任务以及时距复制任务三种任务范式探讨 30 s 范围内的时间加工情况，可惜后续研究并没有对这项工作继续进行下去。这项研究结果之所以难以解释是因为只选取抑郁个体作为被试，并没有选定参照组。这是因为抑郁个体在三种任务中出现的计时偏差，同样在正常人中也会出现，但是在该研究中并没有直接对比两类个体的时间加工差异。当然，后续的研究都纳入对照组进行比较分析（Grinker et al., 1973; Wyrick and Wyrick, 1977; Kitamura and Kumar, 1983;

Tysk，1984；Münzel et al.，1988；Bschor et al.，2004；Mahlberg et al.，2008）。目前抑郁对时间知觉的影响研究主要有四种结果：抑郁导致低估时距知觉（Gil and Droit-Volet，2009；Mahlberg，2008），抑郁导致高估时距知觉（e. g., Mezey and Cohen，1961；Bech，1975；Wyrick and Wyrick，1977；Kitamura and Kumar，1983；Richter and Benzenhöfer，1985；Münzel et al.，1988；Kornbrot et al.，2013；刘攀琪等，2020；陶丹，2018）、抑郁对时距知觉没有影响（Kitamura and Kumar，1983；Oberfeld et al.，2014；Tysk，1984）以及高估、低估以及没有影响三种结果在同一研究中同时出现（史焱，尹华站，2013）。当然，除了上述采用时间判断任务来衡量的时间估计过程之外，还有研究者采用主观时间体验来衡量时间流逝感的状况，抑郁对时间流逝感的影响无疑也是重要的研究主题之一。

（一）抑郁导致低估时距

Mahlberg 等（2008）为了探讨情感障碍个体知觉时间流逝的主观体验，在研究中随机招募了30名急性抑郁症患者、30名急性躁狂患者和30名所有年龄组的健康被试接受时距复制任务。研究中要求被试在一定时间内观察电脑屏幕上呈现的刺激，然后通过按下电脑键盘上的空格键重现该刺激的持续时间。对每个被试给予刺激的持续时间包括1 s、6 s 和 37 s。结果发现，躁狂症患者复制的时间长度比抑郁症患者的更短。躁狂症患者正确地复制了短时间（6 s），但复制长时间偏短（37 s，$p<0.001$）。抑郁症患者准确复制长时间，但过长复制短时间。时距复制任务提供了关于时间感知的记忆成分的信息，并且被认为不受内部时钟中起搏器发放脉冲频率干扰的影响。Mahlberg 等（2008）等推断认为，这是因为记住时间长度比实际时间要长，可能会导致时间体验变慢，正如抑郁症患者所描述的那样，而情况恰恰相反，似乎更是适用于躁狂患者。Gil 和 Droit-Volet（2009）为了探讨时间知觉是否随着每一个被试的抑郁症状（自评抑郁量表评估）而改变，开展了一项研究。在这项研究中，研究者要求被试完成一个时间二分任务，在任务中区分后续呈现每一个探测时距是接近较短目标时距（400 ms）还是较长目标时距（1600 ms）。结果发现，抑郁症患者时距二分点向右移动，主观相等点大于正常组，表明抑郁症患者低估目标时距。Gil 和 Droit-Volet（2009）将这种结果模式归因于内部时钟速度减慢。

(二) 抑郁导致高估时距

以往研究也发现抑郁会导致个体高估时距（e.g., Mezey and Cohen, 1961; Bech, 1975; Wyrick and Wyrick, 1977; Richter and Benzenhöfer, 1985; Münzel et al., 1988; 刘攀琪等, 2020; 陶丹, 2016）。譬如, Mezey 和 Cohen (1961) 基于实验证据指明, 正常情绪与病态情绪在与其生理变化的性质是不同的, 旨在了解病态情绪中的时间体验和判断是否与正常焦虑中存在差异。研究者随机招募了 21 名抑郁症患者, 其中 12 名男性、9 名女性, 年龄范围 25~63 岁, 平均年龄 44 岁。所有患者身体健康, 没有发烧。入院不久之后接受了测试, 并在初步临床诊断期间和开始积极治疗之前入住 Maudsley 医院。在康复或病情好转足以出院之后, 患者重新接受测试, 其中 15 名患者接受电休克治疗, 复试与上次治疗间隔至少 10 天。两次测试的间隔时间从 4 周到 9 周不等。测试程序与先前实验中使用的程序相同, 要求患者以每秒计数一次的速率进行对需要估计的 30 s 进行计数。为了完成时距复制任务, 要求被试每隔 3 s 听一系列的嘟嘟声, 然后按相同速率敲击 10 个间隔所花费的时间。接着, 被要求估计这 3 s 的持续时间, 以及实验的总持续时间, 通常约为 20 min。最后被试自我评估了情绪状态以及对过去记录的客观时间的主观体验。结果发现, 当被试处于情绪抑郁状态时, "产生" 30 s 的平均时间几乎需要 40 s; 然而, 随着抑郁情绪状态的康复, 时间判断表面上的改善在统计学上并不显著, 只是抑郁状态下的标准偏差和产生时距的结果范围略大。然而, 在抑郁情绪状态下时, 16 名被试报告的主观时间流逝较慢, 3 名被试报告的主观时间流逝正常, 2 名被试报告的主观时间流逝较快。在抑郁情绪得到康复之后, 15 名被试报告的主观时间流逝正常, 2 名被试报告的主观时间流逝较慢, 4 名被试报告的主观时间流逝较快。Bech 等 (1975) 探讨了抑郁症对时间体验相关的 "客观" 和 "主观" 时间估计的影响。研究 1 选择了 28 名精神病住院患者, 这些患者的诊断分组如下: 内源性抑郁症 (n=6, 平均年龄 47 岁, 范围 35~60 岁); 反应性抑郁性精神病 (n=5, 平均年龄 43 岁, 范围 28~60 岁); 非精神病性抑郁症, 即具有不良症状的人格障碍 (n=6, 平均年龄 42 岁, 范围 31~53 岁); 器质性脑综合征 (n=5, 平均年龄 55 岁, 范围 50~59 岁); 非抑郁精神控制, 即无抑郁症状的人格障碍 (n=6, 平均年龄 43 岁, 范围 30~58 岁)。患者在入院后不久, 在初步临床调查期间和治疗开始前接受了检测。在康复或好转足以出院后, 对患者进行重新测试。调查时间总是在早上 8：00—9：00。研究要求患者完成一个时间估计任务，时间估计基于 6 min 的标准驾驶时间，在此期间，患者以 40km/h 的速度行驶 3 min，以 70km/h 的速度行驶 3 min。当标准时间过去时，该项目估计行驶时间分别为 40km/h 和 70km/h。患者用两种不同的方式估算时间：客观时间估计和主观时间估计。客观时间估计就是需要患者依靠智商来回答："你意识到自己已经驾驶汽车多长时间"；主观时间估计就是需要患者依靠直觉来回答："你感觉到自己已经驾驶汽车多长时间"。研究 2 的被试包括 24 名有抑郁症状的住院患者，他们在康复前后接受了测试（n=47）。出院时，16 名患者被诊断为患有内源性抑郁症。剩下的 8 名患者（以下称为非内源性抑郁症）被诊断为非典型内源性抑郁症（5 名）、痴呆症（1 名）、神经症（1 名）和偏执性精神病（1 名）。内源性抑郁症组的平均年龄为 55 岁，范围为 31~71 岁；非内源性抑郁症组为 47 岁，范围是 20~72 岁。调查时间总是在早上 8：00—10：00。时间估计任务是被试被要求使用 Beck 量表，并在完成问卷时估计两个标准时间间隔（5 min）。研究 1 结果发现，不管是组间或是组内在时间判断任务中均没有显著差异。Wyrick 和 Wyrick（1977）在抗抑郁药物治疗有效之前，对 30 名严重抑郁住院患者（主要是单极患者）与 30 名对照者在几个方面的时间体验进行比较。与对照组相比，抑郁症患者最专注于过去事件，较少关注现在和未来事件，关注更遥远过去事件和记忆，关注更紧迫未来事件，报告当前故事发生的时间跨度更大，高估 160 s、240 s、15 min 和 30 min 的时间间隔。刘攀琪等（2020）探索抑郁症患者在时间感知方面的改变。研究选取符合 DSM-IV 诊断标准的抑郁症患者 30 名和正常对照 30 名，以汉密顿抑郁量表（HAMD）、汉密顿焦虑量表（HAMA）评估患者抑郁、焦虑症状。根据两组受试者时间二分任务的结果，统计受试者对不同时距判断为"长"的比例，计算时间二分点、差别阈限、韦伯比率。结果发现，在 400 ms、600 ms、800 ms、1000 ms 时距下，抑郁症组判断为"长"的比例高于对照组；在 1600 ms 的时距下，抑郁症组判断为"长"的比例低于对照组。抑郁症组的时间二分点小于对照组，差别阈限与韦伯比率均大于对照组。这就意味着与正常对照相比，抑郁症患者更易于将短时距判断为"长"，提示抑郁症患者可能高估了短时距，且抑郁症患者的时间感知的敏感性可能下降。陶丹（2018）结合认知行为方法和 ERP 技术，采用时间等分任务，研究共包括 2 个实验：实验 1 选取两组被试参与实验，其中抑郁症组 19 人，正常对照组 21 人，采用 2（被试类型：抑郁组，正常组）×7（时距：400 ms，600 ms，

800 ms，1000 ms，1200 ms，1400 ms，1600 ms）的二因素混合设计，因变量为被试时距判断结果得出的长反应比例，主观等分点以及韦伯比例。实验 2 采用中文版特质抑郁问卷（T-DEP）和流调中心用抑郁自评量表（CES-D）筛选出有抑郁倾向高分组被试 20 人作为实验组，同时选取抑郁评分低于 27%的被试 20 人作为对照组，采用 2（被试类型：抑郁倾向，对照组）×5（时距：400 ms、800 ms、1000 ms、1200 ms，1600 ms）的二因素混合设计，计算长反应比例，主观等分点以及韦伯比例，同时记录被试的脑电信号。结合两个实验的行为学数据和脑电数据，得出以下结果：(1) 在实验 1 时间等分任务中，抑郁症组的主观等分点显著高于正常对照组，韦伯比例显著大于正常对照组；被试类型与时距在长反应比例中交互作用显著，在 400 ms，1200 ms，1400 ms，1600 ms 四个时距中差异显著；两组被试反应时差异显著，抑郁症组完成时间知觉任务的反应时间更长；时距主效应显著，表明时距判断难度越大，反应时越长。(2) 抑郁倾向高分组主观等分点显著大于低分组，韦伯比例显著大于低分组；被试类型与时距在长反应比例中交互作用显著，在 400 ms，1600 ms 两个时距中差异显著；两组被试在不同时距条件下反应时差异显著，抑郁倾向高分组在完成时距判断任务反应时间更长。

（三）抑郁不影响时距知觉

Kitamura 和 Kumar（1983）招募了 23 名以抑郁情绪为主诉的连续入院的新患者，13 名男性和 10 名女性，年龄在 20~66 岁（平均 42.2 岁）。在完成现状检查（PSE）和 Catego 计算机系统建立的诊断后，样本患者被分为三类诊断：内源性抑郁症（n=14，平均年龄 40.4±14.2）；抑郁或焦虑性神经症（n=5，平均年龄 44.4±17.6）；伴有抑郁症状的精神分裂症或偏执状态（n=4，平均年龄 46.8±11.5）。每一名被试每隔 2 周接受 3 次访谈。对于患者，在入院后立即、14 天和 2 天进行访谈。每次访谈于下午 1 点至 4 点在同一个房间进行，持续约 45 min，其间进行汉密尔顿抑郁评分量表（HRS）和一系列时间体验测试，包括时间意识测试、时间估计测试（TET）和时间产生测试（TPT）。结果发现，在时间估计测试中，患者和对照组最初都高估"短"时间跨度（5~240 s），随后准确估计"长"时间跨度，同时，在三种情况下都准确估计"长"时间跨度（15 min 和 30 min）。患者自身或患者与对照组之间的 TET 评分没有差异。同时发现，在 30 s 的时间产生测试中，患者之间或患者与对照之间也没有差异。Tysk（1984）采用节拍器调整、言语估计和时间产生等三种不同任务，对 60 名对照组被试和 56 名情感障碍患者的短时间估计进行研究。根据 DSM-III 标准对患者进行诊断。一组患有抑郁症的重度抑郁症患者和另一组患有双相抑郁症的患者倾向于在大致相同的程度上低估时间。有躁狂或轻度躁狂障碍的群体倾向于高估。患有无忧郁症的重度抑郁症、缓解期双相情感障碍和心境恶劣障碍的患者没有低估或高估短时间的决定性倾向。患者组对较长间隔（5~10 min）的估计没有显著改变。这些研究表明，实验组和对照组在估计时间能力方面没有产生任何变化，尽管在情感障碍中主观感觉时间过得很慢或很快。Oberfeld 等（2014）首先选取了 48 名志愿者参与实验，其中抑郁组和正常组各 24 名。后续数据分析中抑郁组和正常组各排除 2 名被试。抑郁组包括 5 男 17 女，年龄范围 19~53 岁，平均年龄 35.23±10.92 岁；正常组包括 11 男 11 女，年龄范围 19~37 岁，平均年龄 25.03±10.58 岁。所有被试都被要求完成目标时间为 0.5 s、2 s 以及 60 s 口头估计任务、时间产生任务、时距复制任务。研究为 3×3×2 的混合设计，被试内变量为任务类型（口头估计任务、时间产生任务以及时距复制任务）和时距长度（0.5 s、2 s 以及 60 s）；被试间变量为组别（抑郁组和正常组），因变量指标为相对误差和变异误差。结果发现，对于相对误差而言，组别没有显著主效应，且组别与时距、组别与任务以及组别、任务和时距条件下均没有显著交互效应。对于相对变异误差而言，组别没有显著主效应，且组别与时距、组别与任务以及组别、任务和时距条件下均没有显著交互效应。

（四）混合结果

史焱和尹华站（2023）要求被试完成 700 ms、1700 ms、2700 ms（研究1）和 700 ms、1700 ms、2700 ms、3700 ms 以及 4700 ms（研究2）等时距复制任务。研究 1 的设计为 2（组别：抑郁症组、正常组）×3（时距：700 ms、1700 ms、2700 ms）的混合实验设计。组别是被试间因素，时距是被试内因素。因变量为相对误差（Relative Error, Ratio）和变异系数（Coefficient of Variation, CV）。研究 1 结果发现，组别主效应不显著；时距与组别交互作用显著，进行简单效应分析发现，相对于正常组，抑郁症组在 700 ms 和 1700 ms 标准时距下平均复制时间无显著差异，在 2700 ms 标准时距下平均复制时间显著较短；研究 2 结果发现，组别主效应不显著；时距与组别交互作用显著，进行简单效应分析发现，相对于正常组，抑郁症组在 700 ms 和 1700 ms 标准时距下平均复制时间更长，2700 ms 和 3700 ms 时距上无显著差异，在 4700 ms

时距下平均复制时间更短。研究1对变异系数进行2（组别：抑郁症组、正常组）×5（时距：700 ms、1700 ms、2700 ms）的重复测量方差分析。结果发现，组别主效应显著，其中抑郁症组变异系数显著大于正常组；时距与组别交互作用不显著，在700 ms、1700 ms、2700 ms时距上的复制变异性均大于正常组。研究2对变异系数进行2（组别：抑郁症组、正常组）×5（时距：700 ms、1700 ms、2700 ms、3700 ms、4700 ms）的重复测量方差分析。结果发现，组别主效应显著，其中抑郁症组变异系数显著大于正常组；时距与组别交互作用不显著，在700 ms、1700 ms、2700 ms、3700 ms以及4700 ms标准时距上的复制变异性均大于正常组。为了进一步探索注意和工作记忆在抑郁症组的时距知觉中的作用机制。研究2中，每一个被试需要完成时距复制任务、N-back任务和注意网络测试3个测试任务。研究2结果发现，对相对误差进行2（组别：抑郁症组、正常组）×5（时距：700 ms、1700 ms、2700 ms、3700 ms、4700 ms）的重复测量方差分析。对注意网络的反应时进行2（组别：抑郁症组、正常组）×3（注意网络：警觉网络、定向网络、执行控制网络）重复测量方差分析。结果发现，组别主效应不显著；注意网络主效应显著，多重比较发现，3个注意网络任务之间两两差异显著；注意网络与组别交互作用显著，进行简单效应分析发现，仅在执行控制网络上发现抑郁症组和正常组之间存在显著差异；而在警觉网络和定向网络之间不存在显著差异。对N-back任务的反应时进行2（组别：抑郁组，正常组）×2（任务难度：1-back，2-back）两因素重复测量方差分析，结果发现，组别主效应显著，抑郁症组的反应时显著长于正常组；任务难度主效应显著，1-back任务的反应时显著短于2-back；组别和任务难度交互作用不显著。对正确率进行2（组别：抑郁组，正常组）×2（任务难度：1-back，2-back）的重复测量方差分析，结果发现，组别主效应显著，抑郁症组的正确率显著低于正常组；任务难度主效应显著，1-back任务的正确率显著高于2-back；组别和任务难度交互作用显著，进行简单效应分析发现，抑郁症组在1-back和2-back上的正确率都显著低于正常组。依据Hayes的Bootstrap方法对中介模型进行分析（Hayes，2013），使用SPSS 24.0的插件PROCESS，勾选模型4，置信区间95%，样本量5000，组别是自变量X（赋值为正常组=0，抑郁症组=1），以复制时距的相对误差和变异系数为因变量。由于对注意网络进行2（组别：抑郁症组、正常组）×3（注意网络：警觉网络、定向网络、执行控制网络）重复测量方差分析，发现抑郁症组和正常组只在执行控制网络上存在显著差异。因此，在注意网络三个子网络中仅选取执行控制网络的反应时作为中介变量，在工作记忆上选取 2-back 任务的正确率作为中介变量，尝试构建链式中介模型。性别和年龄作为协变量放入模型。在所有目标时距的相对误差上均没有发现中介效应，3 条间接路径中："组别→工作记忆→相对误差"和"组别→执行控制→相对误差"两条路径均不显著（置信区间包含0）。因此，没有发现执行控制和工作记忆在所有时距相对误差上的中介作用。在 700 ms 时距的变异系数上，结果如表 6-1 所示：在两条间接路径中，"组别→工作记忆→CV_{700ms}"和"组别→执行控制→CV_{700ms}"两条路径均不显著（置信区间包含 0）。因此，没有发现执行控制和工作记忆在两组被试完成 700 ms 时距变异系数上的中介作用。

表 6-1　组别在 700 ms 时距变异系数的中介效应的 Bootstrap 分析

间接路径	间接效应	占总效应比例（%）	95%置信区间 下限	95%置信区间 上限
组别→执行控制→CV_{700ms}	0.05	5.15	−0.07	0.22
组别→工作记忆→CV_{700ms}	0.10	10.31	−0.09	0.37

在 1700 ms 时距的变异系数上，结果如表 6-2 所示：在两条间接路径中，"组别→工作记忆→CV_{1700ms}"路径显著（置信区间不包含 0），"组别→执行控制→CV_{1700ms}"路径不显著（置信区间包含 0）。上述结果表明组别在 1700 ms 时距变异系数的主要机制是通过减少工作记忆正确率，进而增加了工作记忆为组别在 1700 ms 时距变异系数上的中介作用，其中通过减少工作记忆正确率直接增加了在 1700 ms 时距变异系数的效应占总效应比例为 46.99%。

表 6-2　组别在 1700 ms 时距变异系数的中介效应的 Bootstrap 分析

间接路径	间接效应	占总效应比例（%）	95%置信区间 下限	95%置信区间 上限
组别→执行控制→CV_{1700ms}	0.04	4.82	−0.07	0.20
组别→工作记忆→CV_{1700ms}	0.39	46.99	0.16	0.73

在 2700 ms 时距的变异系数上，结果如表 6-3 所示：在两条间接路径中，"组别→工作记忆→CV_{2700ms}"路径显著（置信区间不包含 0），"组别→执行控制→CV_{2700ms}"路径不显著（置信区间包含 0）。上述结果表明，组别在

2700 ms 时距变异系数的主要机制是通过减少工作记忆正确率，进而增加了工作记忆在组别在 2700 ms 时距变异系数上的中介作用，其中通过减少工作记忆正确率直接增加了在 2700 ms 时距变异系数的效应占总效应比例为 25.00%。

表 6-3　组别在 2700 ms 时距变异系数的中介效应的 Bootstrap 分析

间接路径	间接效应	占总效应比例（%）	95%置信区间 下限	95%置信区间 上限
组别→执行控制→CV_{2700ms}	0.01	1.09	−0.10	0.09
组别→工作记忆→CV_{2700ms}	0.23	25.00	0.03	0.56

在 3700 ms 时距的变异系数上，结果如表 6-4 所示：在两条间接路径中，"组别→工作记忆→CV_{2700ms}" 路径显著（置信区间不包含 0），"组别→执行控制→CV_{2700ms}" 路径不显著（置信区间包含 0）。上述结果表明，组别在 3700 ms 时距变异系数的主要机制是通过减少工作记忆正确率，进而增加了工作记忆在组别在 3700 ms 时距变异系数上的中介作用，其中通过减少工作记忆正确率直接增加了在 3700 ms 时距变异系数的效应占总效应比例为 21.78%。

表 6-4　组别在 3700 ms 时距变异系数的链式中介效应的 Bootstrap 分析

间接路径	间接效应	占总效应比例（%）	95%置信区间 下限	95%置信区间 上限
组别→执行控制→CV_{3700ms}	0.09	8.91	−0.05	0.35
组别→工作记忆→CV_{3700ms}	0.22	21.78	0.03	0.51

在 4700 ms 时距的变异系数上，结果如表 6-5 所示：在两条间接路径中，"组别→工作记忆→CV_{4700ms}" 路径显著（置信区间不包含 0），"组别→执行控制→CV_{4700ms}" 路径不显著（置信区间包含 0）。上述结果表明，组别在 4700 ms 时距变异系数的主要机制是通过减少工作记忆正确率，进而增加了工作记忆在组别在 4700 ms 时距变异系数上的中介作用，其中通过减少工作记忆正确率而直接增加了在 4700 ms 时距变异系数的效应占总效应比例为 29.66%。

表 6-5 组别在 4700 ms 时距变异系数的链式中介效应的 Bootstrap 分析

间接路径	间接效应	占总效应比例（%）	95%置信区间 下限	上限
组别→执行控制→$CV_{4700\,ms}$	0.04	3.39	−0.03	0.13
组别→工作记忆→$CV_{4700\,ms}$	0.35	29.66	0.09	0.71

研究 2 中，对抑郁症组的时距知觉内部机制进行了探究。首先，在相对误差上抑郁症组和正常组也存在显著差异，表现为抑郁症组相比于正常组被试更加高估 700 ms、1700 ms 的目标时距，以及相比于正常组被试更加低估 4700 ms 的目标时距。而在 2700 m 和 3700 ms 时距上抑郁症组和正常组被试不存在显著差异。同时，在所有目标时距的变异系数上发现抑郁症组和正常组被试之间存在显著差异。具体来说，抑郁症组在所有目标时距上的变异性都大于正常组。总的来说，抑郁症组相比于正常组，更加高估较短时距而更加低估较长时距，且抑郁症组具有更大的时距变异性。在注意网络和工作记忆上发现以下结果：对注意网络的反应时进行重复测量方差分析发现，抑郁症组仅在执行控制网络上和正常组存在显著差异，而在警觉网络和定向网络不存在显著差异。对工作记忆的反应时和正确率指标进行重复测量方差分析发现，在 1-back 和 2-back 任务上抑郁症组的反应时及正确率和正常组均存在显著差异，抑郁症组拥有更长反应时和更低正确率。进一步对执行控制网络的反应时和工作记忆的正确率在抑郁症组时距知觉扭曲中的内部机制进行中介效应分析，结果发现，在变异系数上，2-back 任务的正确率在抑郁症组 1700 ms、2700 ms、3700 ms 和 4700 ms 的时距变异系数上起中介作用。在平均复制时距和相对误差上，未发现中介效应存在。因此，研究 2 结果表明，工作记忆可能是抑郁症组时距知觉的变异性产生扭曲的内部机制。

根据以往时间加工模型，时距判断包括内部时钟、记忆和决策三个相互关联的阶段。内部时钟包括以一定频率发放脉冲的起搏器和累加脉冲的累加器，起搏器按照一定频率将时间脉冲发送到累加器中，这个阶段中受注意地调节，注意负责监控脉冲从起搏器进入累加器的过程；记忆阶段包括工作记忆和参照记忆，工作记忆存储当前时距的脉冲数量，参照记忆则存储较为重要或用于比较的标准时距；决策阶段则是将当前感知时距同参照记忆中标准时距进行比较，进而作出时距判断。根据上述模型，内部时钟加速假说和注意共享假说分别解释不同研究之中抑郁被试的时距知觉低估和高估现象。

史焱和尹华站（2023）的研究结果发现，相较对照组，抑郁症组倾向于高估短时距，而低估长时距，这同以往研究一致。以往研究发现在同一实验中呈现不同长度目标时距最容易观察到趋中效应。当要求复制目标时距时，复制时距会显示出向时距平均值的回归，所以会出现低估长时距，而高估短时距。对这一现象的描述通常是基于以下假设：先前呈现的目标时距的记忆痕迹会干扰后来的时距处理，即使呈现的目标时距比较容易区分。对于趋中效应的影响因素发现个体的认知状态，尤其是记忆对趋中效应强度存在显著的影响。譬如 Maass（2022）发现趋中效应随老年人记忆能力的降低而增强。因此，抑郁症组由于工作记忆的损失，可能导致趋中效应更大，从而表现出比正常组更加高估短时距和更加低估长时距的现象。然而，在史焱和尹华站（2023）研究中，研究 2 发现抑郁症患者存在高估较短时距及低估较长时距的趋势，而研究 1 没有观察到抑郁症患者高估较短的时距。究其原因，可能与研究 1 中目标时距数量较少有关，以往研究发现目标时距的数量会影响时距估计，数量越多则越倾向于高估时距（贾志平，张志杰，2014）。此外，由于研究 1 中抑郁症组和正常组的 BDI-II 的得分均低于研究 2 中抑郁症组和正常组的得分，因此研究 1 和研究 2 中在 700 ms、1700 ms 时距上的差异也可能是由于两个研究中抑郁症患者被试群体的差异导致。抑郁症与广泛的认知缺陷有关（Baune et al., 2010; Marazziti et al., 2010; Rock et al., 2014），其中包括工作记忆和注意功能的缺陷（洪程晋，2022；黄挚靖，李旭，2021；Chen et al., 2015; Keller et al., 2019; Nikolin et al., 2021; Snyder, 2013）。史焱和尹华站（2023）研究采用 N-back 范式和注意网络范式分别对抑郁组工作记忆和注意功能进行测量。首先，在工作记忆上，结果发现，抑郁组在 1-back 和 2-back 任务中的反应时和正确率都显著低于正常组，这与以往研究一致。Harvey 等人（2004）采用 n-back 任务对抑郁组工作记忆进行了研究，结果发现，抑郁组在所有水平（1-back、2-back）的工作记忆任务中都比正常组表现出了更长的反应时和更低的正确率。Nikolin（2021）对抑郁症工作记忆的元分析表明，抑郁组在 n-back 所有任务负荷（0-back、1-back、2-back）中的反应时均延长，并且在除 0-back 任务外的所有任务负荷水平中的准确率均低于正常组，且在 1-back 和 2-back 任务中的效应最大，表明 1-back 和 2-back 任务可能是检测抑郁症的工作记忆障碍中最为重要的负荷水平。对于康复期的抑郁组与发病期的抑郁患者表现出了相同的行为模式（Levens and Gotlib, 2015）。这一结果说明，处于康复期的抑郁组工作记忆依然受损，因此，可能是抑郁症容易复发的原因之一（Levens and Gotlib，2015）。除此以外，抑郁组工作记忆加工速度（定位和检索存储在记忆中的刺激痕迹所需的时间）降低，这也与抑郁组普遍精神运动迟缓的先前报告一致（Buyukdura et al., 2011）。其次，在注意功能上，对抑郁组注意网络的测试发现，抑郁症被试在执行控制网络中的反应时比正常组更长，而在警觉网络和定向网络上不存在显著差异，这说明抑郁组执行控制网络存在缺陷，而警觉网络和定向网络相对完好，这与以往研究一致。杜静等（2006）对抑郁组注意网络的研究中表明抑郁组执行控制网络受损，说明抑郁组在反应时冲突时间增加，执行控制能力降低。

最后，进一步中介分析结果发现，2-back 任务正确率在抑郁组 1700 ms、2700 ms、3700 ms 和 470 ms 时距知觉变异性中起中介作用，揭示工作记忆可能使抑郁症产生更大时距变异性的内部机制，表明抑郁症组难以保持稳定持续时间表征，可能是由于工作记忆受损。根据以往研究，时距复制任务中的时间表现主要取决于和时间相关的认知过程，而不是取决于内部时钟的速度。原因在于在加工目标持续时间和复制目标持续时间时，都涉及相同时钟速度（Block et al., 1998；Grondin, 2010；Rammsayer, 2001）。在抑郁症工作记忆表现上，发现抑郁症患者难以从有限容量工作记忆系统中消除无关负性想法或记忆（Foland-Ross et al., 2013）。同时，由于抑郁组会花费更多认知资源和时间在不必要的干扰信息上（Leblond and Fecteau, 2019）。因此，可能使抑郁组处理认知任务时工作记忆资源被大量占据，无法有效加工与时间任务相关的信息（Joormann and Quinn, 2014）。对于抑郁症影响工作记忆进而影响时距知觉变异系数这一路径来说，抑郁症患者可能由于难以从有限容量的工作记忆系统中消除无关负性想法或记忆而导致对时距信息的更新不及时，进而在时距知觉上有更差的稳定性。Fortin 和 Couture（2002）发现 1.85~6.45 s 时距加工均受非时间短时记忆加工负荷影响。Ahmadi 等（2019）对抑郁症的研究结果发现工作记忆中介了组别和时间知觉表现之间的关系。因此，抑郁症的时间变异性可能受到工作记忆降低的影响。Perbal 等（2003）也发现时距复制任务中的时间表现与工作记忆显著相关，表明在完成时距复制任务时涉及了更高阶的认知功能（Perbal et al., 2003）。除此以外，Mioni 等（2013）采用时间复制法对脑损伤病人研究发现，脑损伤患者变异系数相比于正常人更大，主要是由于工作记忆的损伤，这也进一步验证了工作记忆在认知障碍人群的时距变异系数中的作用。

根据抑郁的认知受损模型，抑郁个体存在认知控制损伤，难以抑制对负性情绪信息的注意加工（Cisler and Koster, 2010; Joyal et al., 2019），导致其难以将注意从负性情绪信息上脱离（Disneret et al., 2011; Duque and Vazquez, 2015; 武成莉, 2018）。由于本书采用的范式为时间复制法，时间复制法包括编码和复制两个阶段，被认为主要涉及工作记忆（Carlson and Feinberg, 1968; Clausen, 1950; Roy et al., 2012; Tracy et al., 1998），所以尽管抑郁症患者和正常被试在注意的执行控制网络上存在显著差异，但是注意在其中不存在显著的中介效应，这表明在复制法中抑郁症患者时距知觉的变异性主要是由于工作记忆能力的降低导致。此外，由于研究 2 中样本数量较少，注意在其中的中介效应不显著也有可能受到样本量的影响，未来研究可以采用更充分的样本探究注意在其中的作用。总之，史焱和尹华站（2023）研究采用复制法探究了抑郁组的时距知觉特征，结果发现，抑郁症组倾向于更加高估短时距，更加低估长时距。进一步中介分析发现，工作记忆可能是抑郁症组在时距知觉的内部机制。

（五）抑郁对时间流逝感的影响

除了用于研究时间感知的实验室任务之外，另一种方法是直接询问参与者对时间流动的主观体验（Wyrick and Wyrick, 1977; Richter and Benzenhöfer, 1985; Münzel et al., 1988; Blewett, 1992; Bschor et al., 2004）。这种时间流逝感估计不同于三种经典的计时任务，可能对时间估计或时间生产任务中没有出现的时间体验很敏感。这种对时间感知的直接印象是以口头陈述、评级或视觉模拟量表获得的。目前，至少有三项研究发现相对健康个体，抑郁患者的时间流逝感相对较慢（Wyrick and Wyrick, 1977; Münzel et al., 1988; Bschor et al., 2004）。Wyrick 和 Wyrick（1977）在抗抑郁药物治疗有效之前，对 30 名严重抑郁住院患者（主要是单极患者）与 30 名对照者在几个方面的时间体验进行比较。与对照组相比，抑郁症患者最专注于过去事件，较少关注现在和未来事件，关注更遥远过去事件和记忆，关注更紧迫未来事件，在口头报告中表示在实验期间经历缓慢时间流逝，通常高估时间。Münzel 等（1988）研究抑郁症住院患者（$n=47$）和外科住院患者对照样本（$n=16$）对不同长度和内容的持续时间的判断。根据对非临床受试的研究表明，间歇期内的任务会影响抑郁症患者的持续时间判断。严重的内源性抑郁受试在完全空闲或处理需要集中注意的任务时会高估时间（$n=17$）。内源性抑郁患者

($n=17$)在主观抑郁方面缓解，但表现出精神运动迟缓的迹象，当需要在时间压力下集中注意力时，选择性地高估时间。具有中等程度主观抑郁和几乎正常精神运动功能的神经/反应性抑郁患者（$n=13$）没有高估任何时间段。患者和对照组的时间估计在只需要注意时间的秒和分钟范围内，以及在实验过程的较长时间内没有差异。时间估计和时间经验量表结果的变化与内源性抑郁症相对应，但与神经性/反应性抑郁症不相对应。然而，由于多方面原因，时间体验与估计和产生任务数据的可比性值得怀疑。首先，有人提出，抑郁症患者在说"时间过得很慢"时，可能指的是一种情绪，而不是时间流动中经历的变化。其次，估计和生产过程中的时间段通常适用几秒或几分钟的持续时间，而时间流和时间经验的概念与定义不太精确且可能与更长时间段有关。

第三节　小结及展望

过去几十年中，抑郁对时间感知的潜在影响主要通过四项实验任务进行实证探讨（最近综述见 Msetfi et al., 2012）。这些任务包括：（a）口头估计任务：由两个音调之间的间隔定义目标时间，且以秒（或毫秒）等习俗时间单位给出数值估计（Bech, 1975; Bschor et al., 2004; Dilling and Rabin, 1967; Kitamura and Kumar, 1983）；（b）时间产生任务：实验者以时间单位指定目标时间长度（如 1.5 s），并且受试者通过按钮来产生该目标时间（Münzel et al., 1988; Tysk, 1984）；（c）时距复制任务：目标时间如（a）所示，并且受试者复制如（b）所示的相应目标时间（Mahlberg et al., 2008; Mundt et al., 1998）；（d）时间辨别任务：通常连续呈现两个几乎相等长度的时间段，要求受试者选择较长时间段（Msetfi et al., 2012; Rammsayer, 1990; Sevigny et al., 2003）。对于任务（a）至（c），大多数研究都集中在时间估计的平均时间或估计值与真实值之间的偏差值上。因此，就 Fechner（1860）而言，这些研究比较抑郁症患者与对照组之间的"持续时间误差"。对于时间辨别任务（d），通常以持续时间差异阈限来表征。一些研究还要求对受试者的时间流体验任务（e）进行评分，通过视觉模拟量表（VAS; Bschor et al., 2004; Mundt et al., 1998; Oberfeld et al., 2014 年）或问卷调查（Bech, 1975; Münzel et al., 1988）。在视觉模拟量表上，受试者被要求在一条线上标记一个点，终点代表非常缓慢和非常快速的主观时间流。值得注意的是，这些评分与任务（a）到（d）不同，因为主观时间流是评估的，而不是对定义的时间间隔的感知或产生。围绕着上述的几种任务，研究者还发现了抑郁对时距知觉影响的可能类型结果：低估、高估以及无显著差异。这些结果可以用内部时钟假说、注意偏离假说以及工作记忆衰减假说等进行解释。至于为什么不同研究会出现分歧结果，甚至在同一项研究中也出现结果分歧，可能的原因是一方面不同研究中采用的被试群体不同质，另一方面存在刺激类型、计时任务范式等调节因素。当然同一项研究中可能存在两种不同的机制及可能的额外变量（时距复制任务中的趋中效应等）进而产生表面上的结果分歧。根据以往研究现状，未来研究可以从以下几个方面考量：首先，建立大样本数据库，对入库的抑郁症等情感障碍进行信息全面登记。这样可以在一定范围内形成科研协同，确保研究之间的结果能够具有可比性；其次，对于抑郁症和抑郁情绪影响时距知觉的过程机制进行区分，以便厘清人们对抑郁影响时距知觉的整体认知；最后，抑郁和时距知觉的双向关系也可以进行探索。时距知觉的缺陷是否抑郁发生的原发机制或继发障碍有待进一步澄清。

参考文献

[1] ALLMAN M J, MECK W H. Pathophysiological distortions in time perception and timed performance [J]. Brain, 2012, 135 (3): 656-677.

[2] BADDELEY A D. Working memory: Looking back and looking forward [J]. Nature Reviews Neuroscience, 2003, 4 (10): 829-839.

[3] BADDELEY A D. Working memory and emotion: Ruminations on a theory of depression [J]. Review of General Psychology, 2013, 17 (1): 20-27.

[4] BADDELEY A D, HITCH G. Working memory [J]. Psychology of learning and motivation, 1974, 8 (2): 47-89.

[5] BAUNE B T, MILLER R, MCAFOOSE J et al. The role of cognitive impairment in general functioning in major depression [J]. Psychiatry research, 2010, 176 (2): 183-189.

[6] BECH P. Depression: Influence on time estimation and time experience [J]. Acta psychiatrica scandinavica, 1975, 51 (1): 42-50.

[7] BECK A T. Cognitive models of depression [J]. Clinical advances in cognitive

psychotherapy: theory and application, 2002, 14 (1): 29-61.

[8] BECK A T. The evolution of the cognitive model of depression and its neurobiological correlates [J]. American journal of psychiatry, 2008, 165 (8): 969-977.

[9] BIANCHI R, LAURENT E, SCHONFELD I S et al. Memory bias toward emotional information in burnout and depression [J]. Journal of Health Psychology, 2020, 25 (10): 1567-1575.

[10] BLEWETT A E. Abnormal subjective time experience in depression [J]. The British Journal of Psychiatry, 1992, 161 (2): 195-200.

[11] BLOCK R A, ZAKAY D. Prospective and retrospective duration judgments: A meta-analytic review [J]. Psychonomic bulletin and review, 1997, 4 (2): 184-197.

[12] BLOCK R A, ZAKAY D, HANCOCK P A. Human aging and duration judgments: a metaanalytic review [J]. Psychology and aging, 1998, 13 (4): 584-596.

[13] BUHUSI C V, MECK W H. What makes us tick? Functional and neural mechanisms of interval timing [J]. Nature reviews neuroscience, 2005, 6 (10): 755-765.

[14] BUYUKDURA J S, MCCLINTOCK S M, CROARKIN P E. Psychomotor retardation in depression: biological underpinnings, measurement, and treatment [J]. Progress in Neuro-Psychopharmacology and biological psychiatry, 2011, 35 (2): 395-409.

[15] BSCHOR T, ISING M, BAUER M et al. Time experience and time judgment in major depression, mania and healthy subjects. A controlled study of 93 subjects. Acta Psychiatrica Scandinavica, 2004, 109 (3): 222-229.

[16] CARLSON V R, FEINBERG I. Individual variations in time judgment and the concept of an internal clock [J]. Journal of experimental psychology, 1968, 77 (4): 631-640.

[17] CHEN N T M, CLARKE P J F, WATSON T L et al. Attentional bias modification facilitates attentional control mechanisms: Evidence from eye tracking [J]. Biological psychology, 2015 (104): 139-146.

[18] CHURCH R M. Properties of the Internal Clock [J]. Annals of the new york

academy of sciences, 1984, 423, 566-582.

[19] CISLER J M, KOSTER E H. Mechanisms of attentional biases towards threat in anxiety disorders: An integrativereview [J]. Clinical psychology review, 2010, 30 (2): 203-216.

[20] CLAUSEN J. An evaluation of experimental methods of time judgment [J]. Journal of Experimental Psychology, 1950, 40 (6): 756-761.

[21] DAI Q, FENG Z Z. Dysfunctional distracter inhibition and facilitation for sad faces in depressed individuals [J]. psychiatry research, 2011, 190 (3): 206-211.

[22] DERAEDT R, KOSTER E H W. Understanding vulnerability for depression from a cognitive neuroscience perspective: A reappraisal of attentional factors and a new conceptual framework [J]. Cognitive, Afective, and Behavioral Neuroscience, 2010, 10 (1): 50-70.

[23] DILLING C A, RABIN A I. Temporal experience in depressive states and schizophrenia [J]. Journal of Consulting Psychology, 1967, 31 (6): 604-608.

[24] DISNER S G, BEEVERS C G, HAIGH E A et al. Neural mechanisms of the cognitive model of depression. Nature Reviews Neuro-science, 2011, 12 (8): 467-477.

[25] DROIT-VOLET S, MECK W H. How emotionscolour our perception of time [J]. Trends in cognitive sciences, 2007, 11 (12): 504-513.

[26] DUQUE A, VAZQUEZ C. Double attention bias for positive and negative emotional faces in clinical depression: Evidence from an eyetracking study [J]. Therapy and experimental psychiatry, 2015, 46 (3): 107-114.

[27] FOLAND-ROSS L C, HAMILTON J P, JOORMANN J et al. The neural basis of differities disengaging from negative irrelevant material in major depression [J]. Psychological science, 2013, 24 (3): 334-344.

[28] FORTIN C, COUTURE E. Shortterm memory and time estimation: beyond the 2-second "critical" value [J]. Canadian journal of experimental psychology/revue canadienne de psychologie expérimentale, 2002, 56 (2), 120-127.

[29] FUCHS T. Melancholia as a desynchronization: towards a psychopathology of

interpersonal time [J]. Psychopathology, 2001, 34 (4): 179-186.

[30] GIBBON J, CHURCH R M, MECK W H. Scalar timing in memory [J]. Annals of the new york academy of sciences, 1984, 423 (1): 52-77.

[31] GIBBON J, MALAPANI C, DALE C L, GALLISTEL C R. Toward a neurobiology of temporal cognition: advances and challenges [J]. Current opinion in neurobiology, 1997, 7 (2): 170-184.

[32] GIL S, DROIT-VOLET S. Time perception, depression and sadness [J]. Behavioural processes, 2009, 80 (2): 169-176.

[33] GRINKER J, GLUCKSMAN M L, HIRSCH J et al. Time perception as a function of weight reduction: A differentiation based on age at onset of obesity [J]. Psychosomatic medicine, 1973, 35 (2): 104-111.

[34] GROENEWOLD N A, OPMEER E M, DE JONGE P et al. Emotional valence modulates brain functional abnormalities in depression: evidence from a meta-analysis of fMRI studies [J]. Neuro-science and biobehavioral reviews, 2013, 37 (2): 152-163.

[35] GRONDIN S. Timing and time perception: A review of recent behavioral and neuroscience findings and theoretical directions [J]. Attention, perception, and psychophysics, 2010, 72 (3): 561-582.

[36] HARVEY P O, LE BASTARD G P, OCHON J B, LEVY R et al. Executive functions and updating of the contents of working memory in unipolar depression [J]. Journal of psychiatric research, 2004, 38 (6): 567-576.

[37] HUBBARD N A, HUTCHISON J L, HAMBRICK D Z et al. The enduring effects of depressive thoughts on working memory [J]. Journal of affective disorders, 2016, 190 (1): 208-213.

[38] JOORMANN J, QUINN M E. Cognitive processes and emotion regulation in depression [J]. Depression and anxiety, 2014, 31 (4): 308-315.

[39] JOORMANN J, YOON K L, ZETSCHE U. Cognitive inhibition in depression [J]. Applied and preventive psychology, 2007, 12 (3): 128-139.

[40] JOYAL M, WENSING T, LEVASSEUR-MOREAU J et al. Characterizing emotional Stroop interference in posttraumatic stress disorder, major depression and anxiety disorders: A systematic review and meta-analysis [J]. PLoS ONE, 2019, 14 (4): 1-22.

[41] KELLER A S, LEIKAUF J E, HOLT-GOSSELIN B et al. Paying attention to attention in depression [J]. Translational psychiatry, 2019, 9 (1), article279.

[42] KERTZMAN S, REZNIK I, HORNIK-LURIE T et al. Stroop performance in major depression: selective atten-tion impairment or psychomotor slowness? [J]. Journal of affective disorders, 2010, 122 (2): 167-173.

[43] KIRCANSKI K, JOORMANN J, GOTLIB I H. Cognitive aspects of depression [J]. Wiley interdisciplinary reviews: cognitive science, 2012, 3 (3): 301-313.

[44] KITAMURA T, KUMAR R. Time estimation and time production in depressive patients [J]. Acta psychiatrica scandinavica, 1983, 68 (1): 15-21.

[45] KORNBROT D E, MSETFI R M, GRIMWOOD M J. Time perception and depressive realism: judgment type, psychophysical functions and bias [J]. PLoS ONE, 2013, 8 (8), e71585.

[46] LAUTENBACHER S, SPERNAL J, KRIEG J C. Divided and selective attention in panic disorder: A comparative study of patients with panic disorder, major depression and healthy controls [J]. European archives of Psychiatry and clinical neuroscience, 2002, 252 (2): 210-213.

[47] LEVENS S M, GOTLIB I H. Updating positive and negative stimuli in working memory in depression [J]. Journal of experimental psychology: general, 2010, 139 (4): 654-664.

[48] LEVENS S M, GOTLIB I H. Updating emotional content in recovered depressed individuals: evaluating deficits in emotion processing following a depressive episode [J]. Journal of behavior therapy and experimental psychiatry, 2015, 48 (3): 156-163.

[49] LU J, XU X, HUANG Y, LI T et al. Prevalence of depressive disorders and treatment in China: a crosssectional epidemiological study [J]. The Lancet Psychiatry, 2021, 8 (11): 981-990.

[50] MAAß S, WOLBERS T, VAN RIJN H et al. Temporal context effects are associated with cognitive status in advanced age [J]. Psychological Research, 2022, 86 (2): 512-521.

[51] MAHLBERG R, KIENAST T, BSCHOR T et al. Evaluation of time memory

in acutely depressed patients, manic patients, and healthy controls using a time reproduction task [J]. European Psychiatry, 2008, 23 (6): 430-433.

[52] MARAZZITI D, CONSOLI G, PICCHETTI M et al. Cognitive impairment in major depression [J]. European journal of pharmacology, 2010, 626 (1): 83-86.

[53] MARCHETTI I, SHUMAKE J, GRAHEK I et al. Temperamental factors in remitted depression: The role of effortful control and attentional mechanisms [J]. Journal of Affective Disorders, 2018, 235 (8): 499-505.

[54] MATT G E, C VÁZQUEZ, CAMPBELL W K. Mood-congruent recall of affectively toned stimuli: a meta-analytic review [J]. Clinical psychology review, 1992, 12 (2): 227-255.

[55] MELLA N, CONTY L, POUTHAS V. The role of physiological arousal in time perception: psychophysiological evidence from an emotion regulation paradigm [J]. Brain and cognition, 2011, 75 (2): 182-187.

[56] MEZEY A G, COHEN S I. The effect of depressive illness on time judgment and time experience [J]. Journal of neurology, Neurosurgery, and Psychiatry, 1961, 24 (3), 269-270.

[57] MILLER E K, COHEN J D. An integrative theory of prefrontal cortex function [J]. Annual review of neuroscience, 2001, 24 (1): 167-202.

[58] MIONI G, MATTALIA G, STABLUM F. Time perception in severe traumatic brain injury patients: a study comparing different methodologies [J]. Brain and Cognition, 2013, 81 (3): 305-312.

[59] MORRIS N, JONES D M. Memory updating in working memory: The role of the central executive [J]. British Journal of Psychology, 1990, 81 (2): 111-121.

[60] MUNDT A J, CONNELL P P, CAMPBELL T et al. Race and clinical outcome in patients with carci-noma of the uterine cervix treated with radiation therapy [J]. Gynecologic Oncology, 1998, 71 (2): 151-158.

[61] MÜNZELL K, GENDNER G, STEINBERG R et al. Time estimation of depressive patients: the influence of interval content [J]. European archives of psychiatry and neurological sciences, 1988, 237 (3): 171-178.

[62] MUNDT C, RICHTER P, VANHEES H et al. Zeiterleben und Zeitschätzung de-

pressiver Patienten [J]. Der Nervenarzt, 1998, 69 (1): 38-45.

[63] MSETFI R M, MURPHY R A, KORNBROT D E. The effect of mild depression on time discrimination [J]. Quarterly journal of experimental psychology, 2012, 65 (4): 632-645.

[64] NIKOLIN S, TAN Y Y, SCHWAAB A et al. An investigation of working memory deficits in depression using the nback task: A systematic review and meta-analysis [J]. Journal of affective disorders, 2021, 284 (4): 1-8.

[65] OBERFELD D, THÖNES S, PALAYOOR B J et al. Depression does not affect time perception and time-to-contact estimation [J]. Frontiers in psychology, 2014, 5 (7), article 810.

[66] PE M L, KOVAL P, HOUBEN M, ERBAS Y et al. Updating in working memory predicts greater emotion reactivity to and facilitated recovery from negative emotion eliciting stimuli [J]. Frontiers in psychology, 2015, 6 (4), article372.

[67] PERBAL S, COUILLET J, AZOUVI P et al. Relationships between time estimation, memory, attention, and processing speed in patients with severe traumatic brain injury [J]. Neuropsychologia, 2003, 41 (12): 1599-1610.

[68] PETERSEN S E, POSNER M I. The attention system of the human brain: 20 years after [J]. Annual review of neuroscience, 2012, 35 (1): 73-89.

[69] POSNER M I, PETERSEN S E. The attention system of the human brain [J]. Annual review of neuroscience, 1990, 13 (1): 25-42.

[70] RAMMSAYER T H. Ageing and temporal processing of durations within the psychological present [J]. European journal of cognitive psychology, 2001, 13 (4): 549-565.

[71] RAMMSAYER T. Temporal discrimination in schizophrenic and affective disor-ders: evidence for a dopamine-dependent internal clock [J]. International journal of neuroscience, 1990, 53 (2-4), 111-120.

[72] ROCK P L, ROISER J P, RIEDEL W J et al. Cognitive impairment in depression: A systematic review and meta-analysis [J]. Psychological medicine, 2014, 44 (10): 20-29.

[73] ROHNER J C. Memory based attentional biases: Anxiety is linked to threat avoidance [J]. Cognition and emotion, 2004, 18 (8): 1027-1054.

[74] ROY M, GRONDIN S, ROY M A. Time perception disorders are related to working memory impairment in schizophrenia [J]. Psychiatry research, 2012, 200 (2): 159-166.

[75] RICHTER P, BENZENHÖFER U. Time estimation and chronopathology in en-dogenous depression. Acta psychiatrica scandinavica, 1985, 72 (3): 246-253.

[76] SÉVIGNY M C, EVERETT J, GRONDIN S. Depression, attention, and time estimation [J]. Brain and cognition, 2003, 53 (2), 351-353.

[77] SHALEV L, BEN-SIMON A, MEVORACH C et al. Conjunctive Continuous Performance Task (CCPT) —A pure measure of sustained attention [J]. Neuropsychologia, 2011, 49 (9): 2584-2591.

[78] SINHA N, ARORA S, SRIVASTAVA P et al. What networks of attention are affected by depression? A meta-analysis of studies that used the attention network test [J]. Journal of affective disorders reports, 2022 8 (2), article100302.

[79] SNYDER H R. Major depressive disorder is associated with broad impairments on neuropsychological measures of executive function: a meta-analysis and review [J]. Psychological bulletin, 2013, 139 (1), 81-132.

[80] SOMMERFELDT S L, CULLEN K R, HAN G et al. Executive attention impairment in adolescents with major depressive disorder [J]. Journal of clinical child and adolescent psychology, 2016, 45 (1): 69-83.

[81] TECCE J J. Contingent negative variation (CNV) and psychological processes in man [J]. Psychological bulletin, 1972, 77 (2), 73-108.

[82] TEIXEIRA S, MACHADO S, PAES F et al. Guilherme Time perception distortion in neuropsychiatric and neurological disorders [J]. CNS & Neurological Disorders Drug Targets (Formerly Current Drug Targets-CNS & Neurological Disorders), 2013, 12 (5): 567-582.

[83] TRACY J I, MONACO C, MCMICHAEL H et al. Information processing charac teristics of explicit time estimation by patients with schizophrenia and normal controls [J]. Perceptual and motor skills, 1998, 86 (2): 515-526.

[84] TREISMAN M. Temporal discrimination and the indifference interval: Implications for a model of the "internal clock" [J]. Psychological monographs:

general and applied, 1963, 77 (13): 1-31.

[85] TYSK L. Time perception and affective disorders [J]. Perceptual and motor skills, 1984, 58 (2): 455-464.

[86] VRIJSEN J N, FISCHER V S, MÜLLER B W et al. Cognitive bias modification as an add-on treatment in clinical depression: Results from a placebo controlled, single blinded randomized control trial [J]. Journal of affective disorders, 2018, 238 (10): 342-350.

[87] WEARDEN J H, PENTON-VOAK I S. Feeling the heat: Body temperature and the rate of subjective time, revisited [J]. The Quarterly Journal of Experimental Psychology Section B, 1995, 48 (2): 129-141.

[88] WISCO B E. Depressive cognition: self-reference and depth of processing [J]. Clinical psychology review, 2009, 29 (4): 382-392.

[89] WYRICK R A, WYRICK L C. Time experience during depression [J]. Archives of general psychiatry, 1977, 34 (12): 1441-1443.

[90] YANG T, XIANG L. Executive control dysfunction in subclinical depressive undergraduates: Evidence from the Attention Network Test [J]. Journal of affective disorders, 2019, 245 (2): 130-139.

[91] YOON K L, LEMOULT J, JOORMANN J. Updating emotional content in working memory: A depression-specific deficit? [J]. Journal of behavior therapy and experimental psychiatry, 2014, 45 (3): 68-374.

[92] 崔丽霞, 史光远, 张玉静, 等. 青少年抑郁综合认知模型及其性别差异 [J]. 心理学报, 2012, 44 (11): 1501-1514.

[93] 杜静, 汪凯, 董毅, 等. 万拉法新对抑郁症注意网络功能的影响 [J]. 心理学报, 2006, 38 (2): 247-253.

[94] 何振宏, 张丹丹, 罗跃嘉. 抑郁症人群的心境一致性认知偏向 [J]. 心理科学进展, 2015, 23 (12): 2118-2128.

[95] 洪程晋, Cody Ding, 朱越, 等. 正念干预改善抑郁个体执行功能及其神经机制 [J]. 科学通报, 2022, 76 (16): 1821-1836.

[96] 黄挚靖, 李旭. 抑郁症患者工作记忆内情绪刺激加工的特点及其机制 [J]. 心理科学进展, 2021, 29 (2): 252-267.

[97] 贾志平, 张志杰. 数量对时间知觉的影响——来自抽象数量和实际数量的证据 [J]. 心理科学, 2014, 37 (3): 536-541.

[98] 荆秀娟, 王一峰. 注意网络间的关系及其心理与生理机制 [J]. 心理科学进展, 2015, 23 (9): 1531-1539.

[99] 刘海宁, 刘晓倩, 刘海虹, 等. 老年人情绪注意积极效应的发生机制 [J]. 心理科学进展, 2019, 27 (12): 2064-2076.

[100] 刘攀琪, 郭华, 马瑞华, 等. 抑郁症患者时间长短感知的特点 [J]. 中国心理卫生杂志, 2020, 34 (9): 723-728.

[101] 刘庆英, 冯正直, 陈旭, 等. 非临床抑郁个体内隐心境一致性记忆的意识加工和无意识加工: 一项 ERP 研究 [J]. 心理科学, 2013, 36 (2): 344-349.

[102] 陶丹, 李朋, 宣宾, 等. 临床抑郁症和阈下抑郁个体的时间知觉模式及其神经机制 [J]. 科学通报, 2018, 63 (20): 2036-2047.

[103] 田江涛. 认知控制研究实验范式述评 [J]. 心理月刊, 2022, 17 (17): 223-225.

[104] 武成莉. 重性抑郁症负性信息注意偏向的神经影像学研究进展 [J]. 中国临床心理学杂志, 2018, 26 (2): 234-238.

[105] 谢慧, 罗跃嘉, 张丹丹. 基于 N-back 任务的抑郁群体工作记忆更新研究进展和展望 [J]. 心理学通讯, 2019, 2 (1): 43-49.

[106] 杨娟, 张小崔, 姚树桥. 抑郁症认知偏向的神经机制研究进展 [J]. 中国临床心理学杂志, 2014, 22 (5): 788-791.

[107] 杨营凯, 刘衍玲. 抑郁反刍的认知神经机制 [J]. 心理科学进展, 2016, 24 (7): 1042-1049.

[108] 于斌, 乐国安, 刘惠军. 工作记忆能力与自我调控 [J]. 心理科学进展, 2014, 22 (5): 772-781.

[109] 袁钦湄, 王星, 帅建伟, 等. 基于人工智能技术的抑郁症研究进展 [J]. 中国临床心理学杂志, 2020, 28 (1): 82-86.

[110] 张晋, 冯正直. 基于不同自我相关条件下抑郁情绪个体解释偏向的特点研究 [J]. 第三军医大学学报, 2016, 38 (6): 647-651.

第七章 焦虑与时距知觉

2016年，中共中央、国务院印发的《"健康中国2030"规划纲要》明确指出，"加强对抑郁症、焦虑症等常见精神障碍和心理行为问题的干预，加大对重点人群心理问题的早期发现和及时干预力度"。2019年，北京大学第六医院开展过一次大规模的关于中国精神疾病的流行病学调查，指出在抑郁症、多动症、精神分裂症等常见精神疾病中，焦虑症终身患病率最高，为7.6%，并将其报告发表在《柳叶刀：精神病学》杂志。2020年，基金委医学部又立项重大项目"焦虑症的发病机理以及临床转化研究"。由此可见，焦虑的表现、发生机制、影响后果及其干预措施问题已经引起国家和学界重点关注。然而，日常生活中也存在一种焦虑情绪现象，与焦虑症不一样，但是两者之间既有区别，又有联系。焦虑症一定会有焦虑情绪，但是焦虑情绪不一定是焦虑症，两者在临床表现、发作时间、潜在危害等方面存在区别。焦虑症主要临床症状，如紧张、不安、害怕、担心、心神不宁等。同时伴随躯体症状，主要表现为头痛、心悸、血压不稳等，及行为表现，如坐立不安、下意识搓手等，严重时可出现骂人、打人、砸东西等。焦虑情绪是正常情绪反应，应对压力、应激刺激以及危险时，方可出现，待感到安全之后，焦虑情绪就会减轻或消失；由于过度焦虑，焦虑症患者可能引发内心痛苦，影响人际关系。焦虑情绪是正常的生理反应，一般不会损害社会功能，也不会引起精神的痛苦感。本章主要介绍焦虑的相关概念、理论及实证研究，尤其是焦虑个体的时间知觉特点及相关研究。

第一节 焦虑的相关概念、理论及研究

一、焦虑的相关概念

Kierkegaard 最早提出焦虑概念，并指出焦虑是个体面临自由选择时不可避免的心理体验（Henry et al., 1989），而最早对焦虑问题系统分析的则是精神分析学派代表人物 Freud（1911）。依据焦虑性质，Freud 将其分为现实性焦虑、神经性焦虑和道德性焦虑。随着对焦虑深入研究，Cattell 和 Scheier（1958）首次将焦虑分为状态焦虑和特质焦虑，并认为状态焦虑是一种由外界环境刺激引起的相对短暂的情绪状态，会随着时间和环境而变化。因此具有不稳定和持续时间短的特性；而特质焦虑是个体相对稳定的一种人格特征，不会轻易随环境和时间而变化的情绪体验，具有稳定性和持续时间长的特性。Spielberger 和 Cattel 等（1966）在 Cattel 和 Schemer 研究的基础上对其进行深入系统研究，进一步完善状态—特质焦虑理论，并编制状态—特质焦虑量表。他们认为状态焦虑是由特定情景或事件引发个体产生的一种情绪状态，持续时间较短，比如，临近考试的焦虑、比赛时的焦虑、候车的焦虑等，这种情绪反应通常表现为自主神经系统的变化，如心跳加速、皮肤出汗等。而特质焦虑是一种相对稳定的人格特质，在面对不同情景、不同事件时焦虑情绪不易改变，持续时间较长，且极具稳定性。特质焦虑个体存在差异性，这使得高特质焦虑个体在面对相同潜在威胁刺激时，更有可能体验到高频率或高强度焦虑（Bekker et al., 2003）；即使是轻微正常外部刺激，高特质焦虑个体通常也将其视为危险性刺激并产生较高焦虑情绪（McNally, 2002）。与低特质焦虑个体相比，特质焦虑较高个体，通常焦虑水平较高，是临床焦虑症的"易感人群"（Noyes, 2002）。焦虑症（Anxiety Disorder, AD）是以病理性焦虑（Pathological Anxiety）为主要临床表现的一组谱系疾病。病理性焦虑主要表现在精神心理症状与躯体症状两个方面。精神心理症状主要体现在持续地无具体原因地感到紧张、担心、不安或无现实依据地感觉受到威胁，或预感到有灾难发生或对现实感到害怕恐惧。躯体症状出现在精神心理症状的基础上，主要体现为运动性不安以及植物神经功能的紊乱，如胸闷、气短、心慌心悸、口干舌燥、面色潮红等表现。病理性焦虑对患者造成巨大主观痛苦，严重影响其正常社会功能。按照国际最新精神疾病诊断与统计手册第五版诊断标准（DSM-V），焦虑障碍可具体分为广泛性焦虑症、分离焦虑症、惊恐发作、恐惧症等亚型。

二、焦虑的理论模型

（一）认知干扰理论

认知干扰理论（cognitive interference theory，CIT）是 Sarason 等在 1984 年提出的。认知干扰理论认为，焦虑引发任务无关的想法（自我关注、担心等），增加评价性焦虑，导致负性自我描述（Negative Self-Statements）提升，认知资源从任务需求转移到处理负性自我描述的过程，即产生认知干扰（Sarason，1988），使得用于当前任务的注意资源减少，从而降低任务操作表现。Yee 等（2004）利用互联网搜索任务检验无关想法和操作表现之间的关系，结果显示频繁的自我描述导致较差搜索成绩，并报告较差自我满意感（Yee，Hiseh-Yee，Pierce，Grome and Schantz，2004）。Coy 等（2011）在研究负性自我描述对工作记忆子系统的作用时指出，个体在焦虑状态下报告更多认知干扰，并在 Stroop 色词任务中表现更差（Coy，O'Brien，Tabaczynski，Northern and Carels，2011）。

（二）效能加工理论

效能加工理论（Processing Efficiency Theory，PET）认为，焦虑通过动机和注意对认知任务产生影响。焦虑动机往往会对认知有正向作用，而注意在焦虑情绪对认知任务的影响过程中产生反向作用。焦虑会消耗有限注意资源，影响加工过程效率（Eysenck，Calvo，1992）。人们在进行较复杂认知任务时，需要较多注意资源，焦虑情绪可能会争夺有限注意资源，导致认知任务结果会随着焦虑情绪的出现而变差。同时焦虑情绪在一定程度上会引发被试动机，使得个体内部产生更多注意资源，从而将更多资源分配到任务上，保证任务结果（Eysenck，1992）。因此，根据加工效能理论，焦虑一方面会消耗注意资源，影响认知加工效能；另一方面会诱发动机，产生更多注意资源，保证任务结果。

（三）注意控制理论

注意控制理论（Attentional Control Theory）是在效能加工理论基础上发展而来的，主要观点是焦虑情绪会损害注意控制，进一步影响认知任务的表现

(Eysenck, Derakshan, Santos and Calvo, 2007)。同时，注意控制理论还借鉴注意双系统模型的观点（Corbetta, 2002），认为目标导向注意系统和刺激驱动注意系统在焦虑情绪对注意的影响过程中起主要作用。目标导向注意系统受期望、知识和当前目标影响，涉及自上而下注意控制。刺激驱动注意系统对更为明显刺激做出最大反应，参与自下而上注意控制。在完成认知任务过程中，两个注意系统互相平衡，但是焦虑出现会损害两者平衡，导致刺激驱动注意系统影响的增加和目标注意系统影响的减少。焦虑通过对威胁刺激的自动处理增强刺激驱动的注意系统（Fox, Russo and Georgiou, 2005），从而降低目标导向注意系统的影响，这就意味着这些过程更容易受显著刺激影响。换言之，当焦虑个体在完成认知任务过程中，目标任务和外界刺激都不明显时，被试能很好地将注意集中在目标上；当刺激类型明显时，焦虑个体会在一定程度上忽略目标任务，更多关注刺激，打破资源分配平衡，导致注意控制损坏。

三、焦虑个体的注意和记忆研究

20 世纪 80 年代，研究者开始关注焦虑症个体注意偏向异常。Beck（1985）发现焦虑障碍患者对威胁性刺激存在选择注意上的偏好。Macleod（1986）等也发现社交焦虑障碍和广泛性焦虑障碍都对威胁性词语表现出注意偏好。随后，这一研究领域在 20 世纪 90 年代成为热点。研究发现，完成 Stroop 色词命名任务的社交焦虑患者对负性评价的词语进行颜色命名的反应时显著长于对中性词或者躯体威胁性词命名（Hope, 1990; Mattia, 1993; McNeil, 1995）。Hope 等认为社交焦虑患者发生注意偏向，可能是分配更多注意资源给负性评价词语的内容，对于词语颜色注意资源相对缺乏导致被试在颜色命名任务上反应时延长，这提示社交焦虑患者对负性评价词语存在注意偏好。但是 Macleod 却认为产生这种变化的原因可能是负性评价词语引起患者负性情绪反应从而延长反应时，也可能是社交焦虑患者停留在负性评价词语上的语义加工阶段对负性词语的偏好而延长反应时。因此，无法判断加工偏好是发生在注意开始阶段、后阶段还是语义加工阶段。也有研究发现社交焦虑个体对威胁性刺激的注意偏向，只在威胁性情境下才存在（McNeil, 1999）。国内学者陈曦等（2004）发现，在非威胁情景下特质焦虑个体不表现出注意偏好，在威胁性情景下特质焦虑个体倾向分配更多注意资源给威胁性词语。Bradley（1997）以情绪面孔作为研究材料，发现高特质焦虑个体在非威胁情景下没有显著注意偏向，而在威胁性情景下回避威胁情绪面孔。另外，研究发现高特质焦虑个体倾向于回避拥有评价性信息的面孔（McNeil，1999）；无论面孔是中性或是含有评价信息，与家居图片相比，社交焦虑患者倾向于回避面孔（Chen，2002）。

焦虑症通常会出现记忆一般性损害（Memory General Impairment）与记忆偏向（Memory Bias）。记忆一般性损害是焦虑症典型表现，反映为对多种类型材料记忆能力普遍不足。记忆偏向指个体对特定信息记忆能力突出，与情绪/心境一致性记忆（Emotion/Mood Congruent Memory）概念一致。Bower（1981）的心境与记忆网络理论和 Beck（1985）的图式理论均假设焦虑个体对焦虑相关信息表现出记忆增强趋势。Bower 设想人脑中存在一个联想网络，大量不同信息与情绪在该网络结构中以节点形式进行组织或联结，某一节点一旦被激活或唤醒，导致相联结节点也被激活或唤醒。因此，一旦个体出现焦虑情绪时，联想网络中存储的焦虑相关信息便会更容易提取。Beck 认为焦虑图式是个体稳定的认知结构，建立在个体长期、大量焦虑经验之上。个体在体验焦虑情绪或面对焦虑相关信息之时，其固化焦虑图式将以特有方式进行解释或联系。后来，Beck 和 Clark（1997）对图式理论进行修正，并提出三阶段加工模型。首先，焦虑者会自动扫描、定位周围焦虑相关信息或刺激；其次，如果存在焦虑相关信息或刺激，个体焦虑图式随之激活，并积极调动全身认知资源；最后，焦虑者充分评估可选择策略或行动，以作出对自身有益的决定。焦虑症患者外显记忆一般性损害具体表现在空间记忆、工作记忆、长时记忆与短时记忆等类型上。何彦霞（2010）采用韦氏记忆量表评估首发焦虑症患者与正常人记忆功能，结果发现焦虑症患者在长时记忆和短时记忆上均呈现出明显缺陷。罗微（2018）则通过剑桥成套神经认知测验评估焦虑症患者记忆水平，结果显示，患者在视觉空间认知记忆、空间工作记忆等方面显著低于对照组被试，并且认知损害程度与患者焦虑水平呈现正相关。Rose 等（2007）以老年焦虑症患者为被试，选取加利福尼亚语言学习测验和痴呆评定量表中记忆测查部分评估其记忆能力，结果发现，与健康被试相比老年焦虑症患者在短时记忆和长时记忆存在障碍。Yang（2015）等采用事件相关电位分析焦虑症患者的脑电特征，结果显示，与工作记忆相关的 N270 波幅显著降低，为焦虑症患者记忆损害提供神经生理学证据。

第二节 焦虑对时距知觉影响的假说及实证研究

人们在焦虑状态下是否会感觉时间过得更快或者更慢？如果是，那么焦虑如何影响时距知觉？对这个问题的深入探讨将有助于揭示焦虑个体时距知觉的内部过程，并可能从一个新的视角进一步解释焦虑。如果他们感觉到时间更快或者更慢，则焦虑或许是对他们自己内部时间的"正常"反应？目前，相关研究文献主要集中在焦虑情绪个体的时距知觉，并大致发现三种结果。

一、焦虑影响时距知觉的假说

内部时钟模型（Internal Clock Model）最早由 Treisman（1963）提出。内部时钟模型假定内部时钟包括起搏器（Pacemaker）、计数器（Counter）、存储器（Store）和比较器（Comparator）四个成分。内部时钟模型能较好地解释了 Weber 函数、高估短时距、低估长时距等现象（Treisman，1963）。后续研究者在其基础上不断完善出标量期望理论（Scalar Expectancy Theory）、标量计时模型（Scalar Timing Model）以及注意闸门模型（Attentional Gate Model）等。标量计时模型（Scalar Timing Model）是在最初用来解释动物计时的标量期望理论（Scalar Expectancy Theory，Church，1984；Gibbon et al.，1984）的基础上发展而来的。"标量"二字代表时距知觉的标量特性：与物理时间相比，主观时间呈正态分布，其标准差与平均值之商是常数。内部时钟模型将时间加工分为内部时钟、记忆和决策三个阶段。第一，内部时钟阶段：假设人脑通过内部时钟将物理时间转换为主观时距。其包括三个成分：起搏器（Pacemaker）、开关（Switch）、累加器（Accumulator）。起搏器以一定的频率产生脉冲，其平均速率受唤醒（药物、饮食、环境均能改变唤醒）控制。开关负责控制脉冲进入累加器，只有开关闭合的情况下，脉冲才能通过开关进入累加器。累加器记录进入的脉冲数量，数量越多，时距表征越长。第二，记忆阶段：包括工作记忆和参照记忆，均用于存储时距表征。不同之处在于，工作记忆存储内部时钟阶段刚刚形成的时距表征，而参照记忆存储的是从长时记忆中检索到的与当前任务有关的时距表征。只有在刺激终止与个体反应之间存在一定间隔时才会使用工作记忆，当两者时间间隔较短时，时距信息仅在累加器中进行感觉存储。第三，决策阶段：假定人脑中存在一个比较器

(Comparator），其基于某种反应规则，将参照记忆中的时距信息与工作记忆或累加器中的时距信息比较，从而做出决策。注意闸门模型（Attentional Gate Model）由 Zakay 和 Block（1997）提出，认为个体会在外部事件与时间加工之间分配注意资源。注意闸门模型基于"内部时钟"的假设，沿用起搏器、开关、认知计数器等说法，但是其在"起搏器"和"开关"之间加入"闸门"（Gate）。个体注意时间加工，闸门打开，脉冲进入后续的成分。与开关"全"或"无"的工作方式不同，闸门可以调节打开的程度。个体分配给时间注意资源越多，闸门打开程度越大，相同时间单元内，通过闸门脉冲数量越多，最终进入认知计数器的脉冲数量也越多；相反，如果分配给非时间信息的注意资源越多，最终进入认知计数器的脉冲数量越少。后来，Buhusi 和 Meck（2009）提出扩展的注意资源模型，认为时间信息和非时间信息不仅共享注意资源，还共享工作记忆等系统。理论上，这些模型的任意一部分均可能造成时距知觉变异，但是通常将起搏器、开关、闸门以及共享系统看作主要变异源。唤醒会造成起搏器速率加快，产生更多脉冲，主观时间更长；开关的开启和闭合的潜伏期受注意调控，当注意朝向计时刺激时，开关闭合更快，脉冲得以通过，当注意偏离计时刺激时，开关断开更快，脉冲无法通过，脉冲丢失会造成时间低估。当注意资源在计时加工分配越多，脉冲通过闸门越多，导致估计时间越长。共享系统中分配给计时的注意和工作记忆资源越多，累积脉冲越多，知觉时距越长，反之亦然。焦虑对时距知觉的影响可以从对起搏器发放频率、开关闭合和断开潜伏期、阀门打开的程度以及工作记忆衰减的速率等变异源进行解释。

结合认知干扰理论认为，焦虑引发任务无关的想法（自我关注、担心等），增加评价性焦虑，导致负性自我描述（Negative Self-Statements）提升，认知资源从任务需求转移到处理负性自我描述的过程，即产生认知干扰（Sarason，1988），使得用于当前任务的注意资源减少，从而降低任务操作表现。因此，拥有焦虑情绪的个体可能会有一部分注意资源被分配至处理负性自我描述，从而导致时距知觉缩短。效能加工理论（Processing Efficiency Theory，PET）认为，焦虑通过动机和注意对认知任务产生影响。焦虑动机往往会对认知有正向作用，而注意在焦虑情绪对认知任务的影响过程中产生反向作用。因此，拥有焦虑情绪的个体会通过动机增强注意资源和部分注意资源转移共同作用于时距知觉，至于判断短长结果视具体情况而定。注意控制理论（Attentional Control Theory）是在效能加工理论基础上发展而来的，主要观点是焦虑情绪会损害注意控制，进一步影响认知任务的表现（Eysenck，Derakshan，Santos and Calvo，2007）。在完成认知任务过程中，两个注意系统互相平衡，但是焦虑出现会损害两者平衡，导致刺激驱动注意系统影响的增加和目标导向注意系统影响的减少。因此，对于注意朝向和注意共享的影响是同时作用的，如果是负性情绪刺激，焦虑个体更多朝向负性刺激，开关潜伏期更短，知觉时距更长，但是焦虑个体同时分配给计时的注意资源更少，所以至于判断短长结果视具体情况而定。根据焦虑个体的记忆一般性损害表现，一旦个体拥有焦虑则会导致脉冲在累加器的衰减更为迅速，知觉时距更短。

二、焦虑对时距知觉影响的实证研究

（一）焦虑导致高估时距

第一种结果模式：焦虑情绪导致时距知觉高估（Bar-Haim，Kerem，Lamy and Zakay，2010；Liu and Li，2019；Yoo and Lee，2015；刘静远，李虹，2019；刘静远，李虹，2022）。譬如，为了揭示在注意阀门模型框架内的特质焦虑个体和非焦虑个体的时间知觉表现，Bar-Haim等在研究中从被试库中测评了278名大学生施测了状态—特质焦虑量表之后，根据其中特质焦虑得分选择高低特质焦虑得分的大学生各29名。高特质焦虑得分（57.42±6.36）的29名个体包括24名女性，平均年龄22.24±4.51岁；非特质焦虑得分（26.63±2.64）的29名个体包括21名女性，平均年龄22.59±2.08岁。两组被试特质焦虑得分显著差异，$t(56) = 24.08$，$p<0.001$，在年龄和性别分布上无显著差异，$p_s>0.05$。研究者要求被试完成一项时距复制任务，这项任务的编码阶段呈现恐惧或中性面孔，持续时间为2 s、4 s及8 s，然后要求被试记住这些时距，并在复制阶段复制相应的时距。研究假设对于较短编码时距而言，期待特质焦虑个体高估恐惧刺激的时距幅度大于非焦虑个体，而对于中性面孔两组被试的时间估计无差别；对于较长编码时距而言，期待两组被试没有任何显著差异或者低估特质焦虑个体观看恐惧面孔时的时间知觉。研究为2×3×2的混合设计，其中群组（高特质焦虑和非特质焦虑）为组间变量，目标时距（2 s、4 s及8 s）和情绪效价（恐惧和中性）为组内变量，因变量为平均复制时距比率（平均复制时距除以相应的目标时距）。结果发现，目标时距主效应显著，2 s（1.36）、4 s（1.09）及8 s（0.89）条件下平均复制时距比率依次显著降低。情绪主效应显著，情绪、目标时距以及组别三元交互效应显著，其余效应均不显著，这就意味着高特质焦虑个体和非焦虑个体在复制不同效价下的不同目标时距的比率存在显著差异。后来，分别对高特质焦虑个体和非焦虑个体做目标时距和情绪效价的方差分析，结果发现，相较于中性刺激，特质焦虑个体会对 2000 ms 目标时距下恐惧刺激表现出高估（Bar-Haim，Kerem，Lamy and Zakay，2010）。Yoo 和 Lee（2015）为了揭示唤醒和效价影响社交焦虑个体时间知觉的潜在机制，招募了 420 名大学生施测了社交焦虑量表，然后根据施测得分排序，前 5% 的被试定为高社交焦虑个体，后 5% 的被试定为低社交焦虑个体，最后得到高、低社交焦虑个体各 20 名。要求两组被试进行言语估计任务以探讨社交焦虑个体对于不同效价与唤醒度刺激（正性高唤醒、正性低唤醒、负性高唤醒，负性低唤醒）的时距知觉（2000 ms 或 4000 ms 或 6000 ms 随机出现）。研究假设对于高焦虑组而言，知觉高唤醒负性刺激的时距较低唤醒负性刺激要长，而知觉高、低唤醒积极刺激的时距无显著差异；对于低焦虑组而言，知觉低唤醒负性刺激要短于低唤醒正性刺激，而知觉高、低唤醒负性刺激的时距无显著差异。研究为 2×3×2 的混合设计，其中群组（高社交焦虑和低社交焦虑）为组间变量，唤醒度（高唤醒和低唤醒）和情绪效价（正性和负性）为组内变量，因变量为修正 T 分数（口头估计时间数值减去图片客观呈现时间的数值再加上 0.5）。结果发现，效价主效应显著，负性图片较正性图片的 T 分数高。组间与唤醒度交互作用显著，即高社交焦虑和低社交焦虑个体口头估计高低唤醒图片的时间的 T 分数的差异是显著不同的，最为重要的是，唤醒度、效价以及组间的三元交互效应显著。为了更好地揭示这种三元交互效应，分别将高社交焦虑个体和低社交焦虑个体做唤醒度和效价的二元交互效应，结果发现，相比其他刺激，高社交焦虑个体对负性高唤醒刺激更加高估，而低社交焦虑个体对正性低唤醒刺激更加高估。

为了探讨状态焦虑对时距知觉的影响以及注意偏向与认知评价的中介和调节作用，刘静远和李虹（2019）使用 G*Power 3.1 计算研究所需样本量（Faul，Erdfelder，Lang and Buchner，2007）。根据 Cohen（1992）提出的标准，以重复测量方差分析为统计方式，设参数为：被试间重复测量方差分析，效应量 $f=0.14$，$\alpha=0.05$，$1-\beta=0.8$，组数 = 2，测量次数 = 6，重复测量数据之间的相关性 = 0.5，计算得到总样本量为 56 人。考虑到 10% 的样本流失率，采用随机取样，从北京市某高校以校内张贴海报的形式招募了大学生 60 人为研究对象。参与者通过海报上的问卷星二维码进行网上报名，60 名参与者中男 27 人，女 33 人；平均年龄（21.78±2.73）岁。采用随机分组将 60 名参与者配到高状态焦虑组（$n=30$）和低状态焦虑组（$n=30$），实验前取得其书面知情同意。研究已获得所在高校伦理委员会的审查批准（伦理审查编号为20160907）。采用 E-prime 2.0 软件编写程序，被试进入实验室后，按如下顺序进行实验：(1) 状态焦虑的前测；(2) 情绪状态的诱导；(3) 状态焦虑的后测；(4) 注意偏向的测量；(5) 时距知觉的测量；(6) 认知评价的测量；(7) 状态焦虑的最后测量。实验结束后播放搞笑视频（选自《小黄人—番外篇》）平复被试的情绪状态。结果发现：(1) 状态焦虑会导致高估 2000 ms 时距；(2) 注意偏向在状态焦虑对 2000 ms 时距知觉的影响中具有部分中介作用；(3) 状态焦虑通过注意偏向影响时距知觉的中介过程受到认知评价的调节作用：只有当认知评价得分较高时，即个体认为焦虑对心理健康有害程度较高时，状态焦虑通过注意偏向影响 2000 ms 时距知觉。Liu 和 Li (2019) 设计三项实验探讨注意偏向在状态焦虑和时间知觉之间的中介作用。实验 1 通过标准化程序诱发出高、低状态焦虑，同时用点探测任务测试注意偏向，用时距复制任务测试单词（负性和中性）的时间知觉，其中标准时距为 2 s。实验 2 中采用 2 s、4 s 以及 8 s 为标准时距，负性和中性低唤醒图片刺激被选择应用在点探测任务和时距复制任务中。实验 3 中通过注意偏向修正训练来操纵注意偏向，以测试注意偏向与时间感知之间的因果关系。结果表明：(1) 焦虑状态下被试对负面刺激表现出注意偏向，当刺激为负性时，与中性时相比，标准时间为 2 s 时会出现高估；(2) 对负性刺激的注意偏向介导状态焦虑对时间感知的影响；(3) 注意偏向对时间感知有直接影响。

刘静远和李虹（2022）继续探讨状态焦虑对回溯式时距判断的影响，并检测记忆偏向与认知评价的中介和调节作用。实验 1 采用情绪诱导程序诱导状态焦虑、采用口头估计任务测量回溯式时距判断，考察高、低状态焦虑诱导后的回溯式时距判断差异，拟验证的研究假设 1 为：在回溯式时距判断中，高状态焦虑比低状态焦虑更高估时距。借鉴前人研究中的被试量，确定本研究的被试量为每组 30 人（Bar-Haim et al., 2010；Liu and Li, 2019, 2020；Mioni et al., 2016；Yoo and Lee, 2015；刘静远，李虹，2019）。采用随机取样方法，从清华大学以校内张贴海报的形式招募大学生 60 人为研究对象。使用 G*Power 3.1（Faul et al., 2007）计算得到参数为：被试间重复测量方差分析，组数 = 2，测量次数 = 4，重复测量数据之间的相关性 = 0.5，$\alpha = 0.05$，$1-\beta = 0.8$，效应量 $f = 0.15$。参与者通过海报上的问卷星二维码进行网上报名，60 名参与者中男 15 人，女 45 人；平均年龄（22.73±2.46）岁。将 60 名参与者随机分配到高状态焦虑组（$n=30$）和低状态焦虑组（$n=30$），其中高状态焦虑组有1名被试的时距判断估计值超过均值的3个标准差，故予以剔除1。独立样本t检验显示，高低状态焦虑组被试年龄无显著差异（M高焦虑=23.10，SD高焦虑=2.61，M低焦虑=22.27，SD低焦虑=2.24，t（57）=1.32，$p=0.191$）；卡方检验显示，两组性别无显著差异（高焦虑组男9人、女20人，低焦虑组男6人、女24人，$\chi_2=0.95$，$p=0.330$）。本研究的3个实验前均取得被试知情同意，且已获得所在高校伦理委员会的审查批准（伦理审查编号为20160907）。实验1采用情绪诱导程序诱导高、低状态焦虑；采用口头估计任务测量回溯式时距判断，考察高、低状态焦虑诱导后的回溯式时距判断差异。TPI采用独立样本t检验发现，高状态焦虑组比低状态焦虑组的TPI显著更大（M高焦虑=0.91，SD高焦虑=0.32；M低焦虑=0.72，SD低焦虑=0.28）。该结果说明虽然高、低状态焦虑组的TPI都小于1，表示两组都相对低估回溯式时距判断，但是高比低状态焦虑组的TPI更大，即高比低状态焦虑组相对高估时距，验证了研究假设1。实验2在实验1的基础上，根据以往研究中经常采用的不同诱导相结合的方法（例如：Montorio et al.，2015），实验2增加了音乐诱导状态焦虑，并测量被试对于所诱导的音乐的回溯式时距判断情况，同时增加自由回忆任务测量记忆偏向，考察状态焦虑对回溯式时距判断影响中记忆偏向的中介作用，拟验证的研究假设2为：在状态焦虑对回溯式时距判断的影响中，记忆偏向具有中介作用。与实验1类似，招募大学生60人为研究对象，其中男26人，女34人；平均年龄（23.30±2.93）岁。将60名参与者随机分配到高状态焦虑组（$n=30$）和低状态焦虑组（$n=30$）。独立样本t检验显示，高低状态焦虑组被试年龄无显著差异（M高焦虑=23.53，SD高焦虑=3.61；M低焦虑=23.07，SD低焦虑=2.08），t（58）=0.61，$p=0.542$；卡方检验显示，两组性别无显著差异（高焦虑组男13人、女17人，低焦虑组男13人、女17人），$\chi_2=0$，$p=1.000$。实验3在实验1和实验2的基础上，实验3增加了视觉模拟心境量表测量认知评价，考察状态焦虑对回溯式时距判断的影响中，认知评价与记忆偏向所发挥的作用，拟验证的研究假设3为：在状态焦虑对回溯式时距判断的影响中，认知评价和记忆偏向存在有调节的中介作用。实验3增加连续变量认知评价作为调节变量，故增加30人被试量，共招募90人为研究对象，采用随机取样，从清华大学以校内张贴海报的形式招募大学生参与实验。使用G * Power 3.1（Faul et al.，2007）计算得到参数为：被试间重复测量方差分析，组数=2，测量次数＝4，重复测量数据之间的相关性＝0.5，$\alpha=0.05$，$1-\beta>0.9$，效应量 $f=0.14$。参与者通过海报上的问卷星二维码进行网上报名，90 名参与者中男 25 人，女 65 人；平均年龄（22.59±2.54）岁。将 90 名参与者随机分配到高状态焦虑组（$n=45$）和低状态焦虑组（$n=45$）。独立样本 t 检验显示，高低状态焦虑组被试年龄无显著差异（M 高焦虑＝22.29，SD 高焦虑＝2.39；M 低焦虑＝22.89，SD 低焦虑＝2.68），$t(88)=-1.12$，$p=0.266$；卡方检验显示，两组性别无显著差异（高焦虑组男 14 人、女 31 人，低焦虑组男 11 人、女 34 人），$\chi_2=0.50$，$p=0.480$。实验 1、实验 2 以及实验 3 联合结果发现：(1) 在回溯式时距判断中，高状态焦虑比低状态焦虑更高估时距；(2) 在状态焦虑对回溯式时距判断的影响中，记忆偏向具有中介作用；(3) 在状态焦虑对回溯式时距判断的影响中，认知评价和记忆偏向存在有调节的中介作用：只有当认知评价得分较低，即对于认为焦虑对身体健康有害程度较低的个体而言，在状态焦虑影响回溯式时距判断中，记忆偏向具有完全中介作用，即状态焦虑只通过记忆偏向影响回溯式时距判断。

（二）焦虑导致低估时距

第二种结果模式：焦虑导致时距认知低估（Mioni et al.，2016；Sarigiannidis et al.，2020；Whyman and Moos，1967；白幼玲，尹华站，2022）。譬如，Whyman 和 Moos 采用言语估计任务研究两种不同焦虑水平之间的关系，研究者寻找到符合研究条件的高焦虑组（$n=8$）和低焦虑组（$n=9$），平均年龄 35 周岁左右。在不告知参与者会有二次测量的情况下，平均每隔 8 天进行一次测量，要求在相同环境下的同一时段开展间隔时间为 15 s、30 s 及 90 s 的测试，每个时间间隔包括连续的 4 次试次。最终研究结果显示，高焦虑个体与低焦虑个体对 15 s、30 s、90 s 时距均表现出低估的情况，其中高焦虑个体对时距的估计要明显短于低焦虑个体，准确性较低，相比之下高焦虑个体的内部节奏较快，即高焦虑个体更容易表现出对时间知觉的误判（Whyman and Moos，1967）。研究者认为对个体而言，焦虑的出现具有抵制作为客观时间线索的外部刺激的趋势，正因该影响因素的存在，个体在一定程度上与客观时间线索的联系受到干扰，不得不依靠自身的内部线索进行预估。因此，在时距的估计上并不存在足够的准确性，导致对时距的低估。在另一项探究特征焦虑个体的时间知觉表现以及相应原因的研究中，结果发现特质焦虑个体比正常个体更加低估时距（Mioni et al.，2016）。Mioni 及其同事采用时间生成任务及时间再现两种类型任务对焦虑组、抑郁组以及对照组进行测试，两类任务均设置 500 ms、1000 ms 及 1500 ms 为时间间隔。研究者等人根据医生提供的临床数据以及斯皮尔伯格状态—特质焦虑量表（STAI-X2）筛选出相应的焦虑患者（n=20），根据贝克抑郁量表（BDI-II）确认抑郁患者（n=18），对照组（n=28）则是选取年龄和受教育程度与患者组匹配且没有诊断出焦虑及抑郁症状的个体构成。三组被试在年龄以及受教育程度上并未显示出差异（均为 $p>0.05$），焦虑组与抑郁组及对照组在焦虑症状上存在显著差异 [$F(2, 62) = 22.92, p<0.001, \eta_p^2 = 0.426$]。之后各组被试将在相应的场所完成时长约为 60 分钟的实验。在时间生成任务中，研究者要求各组参与者在计算机显示器的中心呈现生成相应的持续时间要求后，一个灰色圆圈的特殊符号会呈现在白色背景上，参与者需按要求在给定的时间范围内作出相应的按键反应，分别生成 500 ms、1000 ms 以及 1500 ms 的时间间隔。在生成任务开始时，练习实验阶段包括各种类型刺激条件下的 1 次试验，不提供任何按键反应反馈，帮助参与者说明并熟悉实验任务要求。正式实验阶段中三个持续时间条件则会按随机顺序呈现 4 次，参与者将对生成过程中呈现的 12 个刺激作出反应。在时间再现任务中，参与者需要再次呈现之前看到的刺激的持续时间。计算机屏幕中刺激会随机呈现 500 ms、1000 ms 和 1500 ms。在 1 s 的延迟后，屏幕上出现一个问号，要求参与者依照任务指示按下空格键，按键的时间与之前屏幕上呈现刺激的时间相匹配，其余设置与生成任务要求一致。在最终的研究结果中发现，焦虑组个体在实验中生成持续时间较快；相较于对照组，焦虑个体在再现的时间间隔并不满足任务要求。Mioni 等研究者认为焦虑个体在面对高要求任务时要比非焦虑个体提供更多与注意力相关的认知成本，在需要更多认知资源的时间任务中表现出时间功能障碍，所以焦虑个体在时间任务中容易出现低估时距的情况。同样，Sarigiannidis 等（2020）为了揭示电击诱发的焦虑情绪对时间知觉的影像表现，在研究中通过操纵电击威胁刺激的确定性来诱发被试情绪，并让参与者完成一个常用的定时任务，判断刺激的持续时间是长还是短。参与者需要先完成情绪和焦虑水平的问卷进行评估，为了确定合适的电击威胁刺激水平，方便控制参与者的电击耐受性和皮肤抵抗力。参与者还需完成简单的电击测试程序，研究者通过使用 DS5 刺激器，参与者的非优势手腕将依次接受振幅逐步增加的不同持续时间的冲击或单次冲击。正式实验中以情绪面孔（快乐、恐惧和中性）作为刺激物，参与者在电击威胁（焦虑操纵）下完成了三项视觉时间平分任务。实验任务开始前，

研究者会向参与者随机呈现两个锚点的持续时间，即一个"短"持续时间（研究 1 中 300 ms、实验 2 和实验 3 中 1400 ms）和一个"长"持续时间（实验 1 中 700 ms、实验 2 和实验 3 中 2600 ms）。在每次试验中，情绪面孔的持续时间根据预先确定的范围（实验 1 中 300～700 ms，实验 2 和实验 3 中 1400～2600 ms）随机出现，随后要求参与者做出相应的判断。如果判断刺激的持续时间与"短"锚点相似，则选择表示"短"的按键，如果判断刺激的持续时间与"长"锚点相似，则选择表示"长"的按键。在 1.5 s 反应极限之后，有一个可变的试验间隔（ITI：每个实验有三种不同的可能在每个实验之后，还需要对参与者使用连续视觉模拟量表评估他们的焦虑水平。实验 1 中分为 18 个模块（9 个在安全模块，9 个在威胁模块），每个小组包括 48 个试验。在每个试次中，参与者都会随机看一张充满情绪的面孔照片，在屏幕上停留 300 ms、380 ms、460 ms、540 ms、620 ms 或 700 ms。参与者在威胁条件下总共会受到 18 次电击。在每个安全和威胁区域之后，研究者还需评估参与者的焦虑程度。实验 2 与实验 1 类似，参与者依旧要观看同样充满情绪的面孔照片，但在屏幕上停留的时间分别为 1400 ms、1640 ms、1880 ms、2120 ms、2360 ms 或 2600 ms。参与者在威胁阻断期间总共会受到 5 到 11 次的电击威胁，其余所有任务要求均与实验 1 一致。在实验 3 中，每个环节设置基本与实验 1 相同，包括两个模块，即安全模块与威胁模块，情绪面孔刺激呈现的时间与实验 2 相同。在实验 3 的安全条件下，参与者并没有受到任何电击威胁。在三个实验中，参与者都报告在威胁条件下焦虑水平提高，心理测量曲线明显右移，正如研究者的预期一样，通过实验诱导焦虑会导致对时间间隔持续时间的低估。但他们发现时间敏感性在威胁与安全条件之间不存在统计学差异，这表明在电击威胁（焦虑操纵）下，时间感知存在偏差，但对时间间隔的敏感性本身不受影响，即焦虑并没有降低区分不同时间间隔的能力，而只是让参与者觉得时间间隔更短。在后续的实验的结果进一步表明，若在计时刺激消失之后，被试作出"长"和"短"的判断之时有不确定的威胁刺激（电击）出现，诱发的主要是焦虑情绪。若在计时刺激消失之后，被试作出"长"和"短"的判断前立即出现确定的电击，诱发的主要是恐惧情绪。Sarigiannidis 等（2020）在采用电击诱发出个体焦虑状态时，要求被试完成时间二分任务（300～700 ms；1400～2600 ms），这项研究对于不同概率电击威胁是否会诱发焦虑及其是如何影响时距知觉仍有待澄清。基于此，白幼玲和尹华站（2022）设计的三项研究旨在采用时间产生范式继续探讨不同强度状态焦虑情绪下个体的时距知觉特点。研究 1 采用视觉模拟心境量表（Visual Analogue Mood Scales，VAMS）对被试在电击等待阶段焦虑状况进行评估，进而检测电击威胁刺激诱发焦虑情绪的有效性。研究 1 假设电击概率（0，30%，60%）能够有效诱发不同强度的焦虑情绪，即 60%、30% 和 0 概率下被试 VAMS 得分依次显著降低。研究发现不可预期威胁刺激诱发焦虑情绪导致低估时距。但是这种低估效应是否会随着不可预期威胁诱发情绪程度变化而改变仍属未知。因此，研究 2 采用时间产生范式考察时距知觉是否会随焦虑情绪强度变化而改变。为了进一步验证焦虑情绪效应的是否依赖特定的任务范式，研究 3 采用时间泛化范式继续考察这种效应的情况。研究 1 采用方便取样，参照 Beck 等（1996）原量表划界分以及李文利和钱铭怡（1995）修订的中国大学生状态焦虑常模（$M=45.31$，$SD=11.99$）和特质焦虑常模（$M=43.31$，$SD=9.20$），最终筛选出 31 名被试（16 名男生，15 名女生，年龄在 18~26 岁，平均年龄 20.19 岁）参与研究。所有被试状态焦虑（$M=44.20$，$SD=10.17$）和特质焦虑（$M=43.58$，$SD=9.79$）得分均与中国大学生常模无显著差异（p_s0.05），所有被试均无抑郁倾向（$M=4.84$，$SD=1.73$）。研究 1 采用单因素三水平（电击概率：0，30%，60%）被试内设计，因变量为 VAMS 得分。结果表明，相较 0（中性条件），60%（高概率）和 30%（低概率）条件均能够有效诱发焦虑情绪，但 60%（高概率）条件（$M=4.805$，$SD=2.094$）诱发焦虑比 30%（低概率）条件（$M=3.924$，$SD=1.800$）更大，并且这种效应在整个研究过程基本稳定。此外，对 31 名被试的 STAI-S 前测和后测得分进行配对样本 t 检验，结果表明，被试在研究前的状态焦虑得分与电击诱发研究测试得分存在显著差异 [$t(30)=-3.495$，$p<0.05$]。以上结果表明，采用电击概率诱发焦虑情绪是有效的，并且这种效应在整个研究过程中基本保持稳定。研究 2 基于时间产生任务，通过操纵电击概率诱发不同强度焦虑情绪，进一步探讨焦虑情绪对时距知觉的影响。假设相较 0 和 30% 电击概率诱发焦虑情绪，60% 电击概率诱发焦虑情绪会导致更短时距估计，表现出更长产生时距。研究 2 采用与研究 1 相同取样程序，最终筛选出年龄在 18~26 岁，平均年龄为 21.22 岁，标准差为 2.66 岁的 60 名被试（29 名男生，31 名女生）参与研究，所有 60 名被试状态焦虑（$M=44.57$，$SD=11.05$）和特质焦虑（$M=43.15$，$SD=9.92$）的得分均与中国大学生常模无显著差异（$p_s>0.05$），所有被试均无抑郁倾向（$M=6.68$，$SD=4.47$）。研究 2 采用 3（电击概率：0，30%，60%）×5（目标时距：600 ms，800 ms，

1000 ms，1200 ms，1400 ms）的混合研究设计。其中，电击概率为被试内变量，目标时距为被试间变量（考虑到时间产生任务本身耗时较长，若每个被试产生所有的目标时距可能会出现疲劳效应）。因变量指标为相对时距产生比率［（产生时距—目标时距）/目标时距］。结果发现，个体在60%条件下的VAMS均值显著高于30%条件下（$MD=1.40$，$p<0.001$），个体在30%条件下的VAMS均值显著高于0条件下（$MD=2.49$，$p<0.001$）。总体来看，相较0（中性条件），60%（高概率）和30%（低概率）条件均能成功诱发焦虑情绪，但60%（高概率）条件诱发焦虑比30%（低概率）条件诱发焦虑程度更大。这说明本研究中电击概率诱发不同强度焦虑情绪是有效的。以相对时距产生比率为因变量指标，做3（电击概率：0，30%，60%）×5（目标时距：600 ms，800 ms，1000 ms，1200 ms，1400 ms）的重复测量方差分析。结果发现，60%与0之间、60%与30%之间差异显著，0与30%之间差异不显著，即60%条件相对时距产生比率显著高于30%和0条件。电击概率和目标时距的交互效应显著。进一步简单效应分析表明，当目标时距为600 ms时，被试在0，30%，60%条件下相对时距产生比率不存在显著差异，但在800 ms，1000 ms和1200 ms时距上，被试在三种电击概率下的相对时距产生比率存在显著差异，$p_s<0.05$，且相较0和30%条件，60%条件下被试产生更长主观时距，表现为更加低估客观时距。当目标时距为1400 ms时，被试在0和30%条件下存在显著差异（$p_s<0.05$），且相较0条件下，30%条件下被试产生更短的主观时距，表现为高估客观时距。而在0和60%，30%和60%条件下均不存在显著差异。为了进一步探明研究2发现的效应是否依赖特定的任务范式，研究3旨在基于时距泛化范式，考察电击威胁诱发状态焦虑情绪对时距知觉的影响，并且假设相较0和30%条件下电击威胁概率诱发状态焦虑情绪，60%条件下电击威胁概率诱发状态焦虑情绪强度更大，会导致更明显低估时距，表现出更多"偏短"反应。研究3采用方便取样。参照研究1和研究2的程序筛选掉正负3个标准差以外（仅需要状态焦虑或特质焦虑其中一项得分满足）的被试2名，最终剩下17名被试（8名男生，9名女生）参与研究，年龄在18~23岁，平均年龄为19.82岁，标准差为1.74岁，所有17名被试的状态焦虑得分（$M=44.65$，$SD=10.20$）和特质焦虑得分（$M=42.82$，$SD=9.08$）均与中国大学生常模无显著差异（$p_s>0.05$），均无抑郁倾向（$M=4.88$，$SD=3.53$）。研究3采用3（电击威胁概率：0，30%，60%）×5（目标探测时距：600 ms，800 ms，1000 ms，1200 ms，1400 ms）的被试内设计。因变量指标"是"反应的比例（被试将灰色正方形呈现时间判断为"是"标准时距的次数与总试验次数之比）和视觉模拟心境量表得分。做 3（电击威胁概率：0，30%，60%）× 5（探测时距：600 ms，800 ms，1000 ms，1200 ms，1400 ms）的重复测量方差分析表明 0 条件下"是"反应比显著高于 30% 和 60% 条件"是"反应比例（$ps<0.05$）。60% 和 30% 条件"是"反应比例差异不显著（$p>0.05$）；电击威胁概率和探测时距的交互效应显著。进一步简单效应分析，当探测时距为 600 ms、800 ms 以及 1000 ms 时，0 电击威胁概率下的"是"反应比例高于 30% 和 60% 电击威胁概率下，而后两者无显著差异；当探测时距为 1200 ms、1400 ms 时，0 电击威胁概率下的"是"反应比例高于 30% 和 60% 电击威胁概率，而 30% 显著高于 60% 电击威胁概率下的"是"反应比例。研究 1 结果表明，相比 0 和 30% 电击威胁概率条件，60% 条件被试在等待电击阶段更焦虑。为进一步考察电击威胁诱发焦虑情绪在整个研究过程中是否稳定，对三种条件下所有研究试次之间 VAMS 平均得分进行趋势分析，结果发现，个体 VAMS 平均得分随电击威胁概率增加呈现增长趋势，且每一种条件下 VAMS 平均得分在整个研究过程中基本保持稳定。研究 2 和研究 3 采用时距产生任务和时距泛化任务，对不同概率电击威胁刺激诱发焦虑情绪影响时距知觉的模式进行考察。结果表明：（1）电击威胁概率能够有效诱发个体焦虑情绪；（2）诱发的焦虑情绪导致的时距偏估受时距长度调节，这可能是注意共享、工作记忆损坏及唤醒提高等多重机制共同作用的结果。

（三）焦虑不影响时距知觉

最后，还有一种结果模式：焦虑对时距认知没有显著影响（Lueck，2007）。譬如，Lueck（2007）首先采用公开演讲法制造出演讲者和听众等两种不同焦虑状态下的群体，然后要求演讲者和听众估计 538 s 的目标时距，结果发现，两个群体估计 538 s 的目标时距不存在显著差异。Lueck（2007）将这一结果的原因归结于即将需要演讲的被试将注意资源分配至对将来演讲任务的关注，但是目标时距太长（538 s）、演讲组（3 人）和听众组（20 人）人数差异较大等因素在一定程度上干扰低估程度。

第三节 小结及展望

焦虑情绪是一种日常现象，焦虑症则是一种精神疾病。焦虑可以分为状态焦虑和特质焦虑，高特质焦虑的个体容易成为焦虑症的易感群体。焦虑情绪个体在完成时距知觉任务会出现三种表现：高估时距、低估时距以及对时距知觉无影响。

总结文献可以从不同角度解释了这三种结果。高估归结于焦虑个体的唤醒度相对提高（Bar-Haim, Kerem, and Lamy et al., 2010）或者威胁刺激的注意捕捉导致开关闭合潜伏期缩短（Liu and Li, 2020；刘静远，李虹，2019）。低估归结于注意功能的紊乱（Mioni, Stablum, and Prunetti et al., 2016；Whyman and Moos, 1967）或者威胁刺激导致注意资源的偏离（Sarigiannidis et al., 2020, 白幼玲等, 2022）。无显著差异则被归因于即将需要演讲的被试将注意资源分配至对将来演讲任务的关注，但是目标时距太长（538 s）、演讲组（3人）和听众组（20人）人数差异较大等因素在一定程度上调节了低估程度。未来研究可以从以下几个方面进行。

首先，要多关注焦虑症个体的时距知觉表现。以往主要集中在状态焦虑和特质焦虑等正常人群对时距知觉的影响，而对于焦虑症临床人群的时距知觉特点未见文献报告，可能原因在于焦虑症的并发症状较多，无法准确分离纯粹的焦虑症患者。未来研究可以设计严格的实验探索焦虑症患者的时距知觉特点，以为预防和干预焦虑症做出准备。其次，对于焦虑情绪的诱发方法应该更加标准化和统一化。目前关于焦虑情绪的诱发方法主要是自陈量表测试、情景法和故事法，以及电击威胁诱发法等。然而，与其他方法比较而言，电击威胁诱发范式操纵焦虑的优势主要体现在：第一，该范式可以在同一研究对象内部诱发各种强度的焦虑水平；第二，可以保证研究任务是在焦虑情绪状态下完成，即让被试在等待电击出现的同时接受认知任务测试（Osinsky et al., 2010；Robinson et al., 2011）；第三，可以有区别地诱发恐惧和焦虑情绪（Davis et al., 2010；Tovote et al., 2015）。第四，可以结合电击威胁的出现概率操纵焦虑情绪强度。于丹丹（2019）采用改编概率控制范式，考察了威胁刺激的出现概率（0，20%，40%，60%，80%，100%）对个体主观焦虑水平的影响。结果发现，个体主观焦虑水平在20%~60%概率呈线性增长，60%概率下被试主观焦虑评分最高，60%概率可能是一个峰值。再次，对于焦虑影响时距知觉的机制研究。焦虑情绪个体的注意和记忆功能已经被大量实证所证实过，但是对于焦虑个体时距知觉表现的内部机制依然没有充分揭示清楚。焦虑对时距知觉的影响可以从对起搏器发放频率、开关闭合和断开潜伏期、阀门打开的程度以及工作记忆衰减的速率等变异源进行解释。结合认知干扰理论、效能加工理论、注意控制理论以及焦虑个体的记忆功能一般性损害研究等，对于焦虑情绪影响时距知觉的过程机制依然是处于比较模糊的状态。未来研究应该设计更为合理的实验去澄清各种条件下焦虑情绪对时距知觉的影响。从次，焦虑情绪是个体面临外界压力时的一种应对反应，时距知觉可能是焦虑情绪适应环境的内部中介机制。未来研究可以探索焦虑情绪—时距知觉—外显行为（拖延、决策、亲社会行为）等类似的链式因果关系。最后，日常生活中，焦虑情绪会影响个体的时距知觉，反过来，个体的时距知觉也会影响到焦虑情绪的诱发，譬如，当人们去赶飞机，如果感觉时间过得太快，那么自然就会产生一种焦虑情绪。未来研究可以探索焦虑情绪和时距知觉的双向关系。总之，焦虑与时距知觉的关系研究正方兴未艾，更加艰巨的任务正摆在我们面前。

参考文献

[1] BAR-HAIM Y, KEREM A, LAMY D, ZAKAY D. When time slows down: The influence of threat on time perception in anxiety [J]. Cognition and emotion, 2010, 24 (2): 255-263.

[2] BECK A T, STEER R A, BALL R et al. Comparison of Beck Depression Inventories-IA and-II in psychiatric outpatients [J]. Journal of personality assessment, 1996, 67 (3): 588-597.

[3] CARRETIÉ L, HINOJOSA J A, MARTÍN-LOECHES M et al. Automatic attention to emotional stimuli: neural correlates [J]. Human brain mapping, 2004, 22 (4): 290-299.

[4] COY B, O'BRIEN W H, TABACZYNSKI T et al. Associations between evaluation anxiety, cognitive interference and performance on working memory tasks [J]. Applied cognitive psychology, 2011, 25 (5): 823-832.

[5] DAVIS M, WALKER D L, MILES L et al. Phasic vs sustained fear in rats and humans: role of the extended amygdala in fear vs anxiety [J]. Neuropsychopharmacology, 2010, 35 (1): 105-135.

[6] EYSENCK M W, CALVO M G. Anxiety and performance: The processing efficiency theory [J]. Cognition and emotion, 1992, 6 (6): 409-434.

[7] EYSENCK M W. Anxiety: The cognitive perspective [M]. Hove, UK: psy-

chology press, 1992.

[8] EYSENCK M W, DERAKSHAN N, SANTOS R et al. Anxiety and cognitive performance: attentional control theory [J]. Emotion, 2007, 7 (2), 336-353.

[9] FAUL F, ERDFELDER E, LANG A G et al. A flexible statistical power analysis program for the social, behavioral, and biomedical sciences [J]. Behavior research methods, 2007, 39 (2): 175-191.

[10] FAYOLLE S L, DROIT-VOLET S. Time perception and dynamics of facial expressions of emotions [J]. PLoS ONE, 2014, 9 (5), e97944.

[11] FOX E, RUSSO R, GEORGIOU G A. Anxiety modulates the degree of attentive resources required to process emotional faces [J]. Cognitive, Affective, and behavioral neuroscience, 2005, 5 (4): 396-404.

[12] GIBBON J, CHURCH R M, MECK W H. Scalar timing in memory [J]. Annals of the New York academy of Science, 1984, 423 (1): 52-77.

[13] LAKE J I, LABAR K S, MECK W H. Emotional modulation of interval timing and time perception [J]. Neuroscience & Biobehavioral Reviews, 2016, 64 (5): 403-420.

[14] LIU J, LI H. How individuals perceive time in an anxious state: The mediating effect of attentional bias [J]. Emotion, 2020, 20 (5), 761-772.

[15] LUECK M D. Anxiety levels: Do they influence the perception of time? [J] Journal of Undergraduate Research, 2007, 10 (1): 1-5.

[16] MICHON J A. The complete time experiencer [M] //J A MICHON, J L JACKSON (Eds.). Time, mind and behavior. Berlin: Springer-ferlag, 1985: 20-52.

[17] MIONI G, STABLUM F, PRUNETTI E et al. Time perception in anxious and depressed patients: A comparison between time reproduction and time production tasks [J]. Journal of affective disorders, 2016, 196 (5): 154-163.

[18] OSINSKY R, ALEXANDER N, GEBHARDT H et al. Trait anxiety and dynamic adjustments in conflict processing [J] Cognitive, Affective, and Behavioral Neuroscience, 2010, 10 (3): 372-381.

[19] ROBINSON O J, VYTAL K, CORNWELL B R et al. The impact of anxiety

upon cognition: perspectives from human threat of shock studies [J]. Frontiers in human neuroscience, 2013, 7 (5), article203.

[20] SARASON I G. Stress, anxiety, and cognitive interference: reactions to tests [J]. Journal of personality and social psychology, 1984, 46 (4): 929-938.

[21] SARASON I G. Anxiety, self-preoccupation and attention [J]. Anxiety research, 1988, 1 (1): 3-7.

[22] SARIGIANNIDIS I, GRILLON C, ERNST M et al. Anxiety makes time pass quicker while fear has no effect [J]. Cognition, 2020, 197 (4), article104116.

[23] SCHMITZ A, GRILLON C. Assessing fear and anxiety in humans using the threat of predictable and unpredictable aversive events (the NPU-threat test) [J]. Nature protocols, 2012, 7 (3): 527-532.

[24] SPIELBERGER C D, GORSUCH R L, LUSHENE R E et al. Statetrait anxiety inventory for adults: sampler set: manual [J]. Test, scoring key, 1983.

[25] TOVOTE P, FADOK J P, LÜTHI A. Neuronal circuits for fear and anxiety [J]. Nature reviews neuroscience, 2015, 16 (12): 317-331.

[26] WHYMAN A D, MOOS R H. Time perception and anxiety [J]. Perceptual and Motor Skills, 1967, 24 (2): 567-570.

[27] WITTMANN M. The inner sense of time: how the brain creates a representation of duration [J]. Nature Reviews Neuroscience, 2013, 14 (3): 217-223.

[28] YOO J Y, LEE J H. The effects of valence and arousal on time perception in individuals with social anxiety [J]. Frontiers in psychology, 2015, 6 (8), Article1208.

[29] ZAKAY D, BLOCK R A. Temporal cognition [J]. Current directions in psychological science, 1997, 6 (1): 12-16.

[30] 陈曦, 钟杰, 钱铭怡. 社交焦虑个体的注意偏差实验研究 [J]. 中国心理卫生杂志, 2004, 18 (12): 846-849.

[31] 李文利, 钱铭怡. 状态特质焦虑量表中国大学生常模修订 [J]. 北京大学学报(自然科学版), 1995, 31 (1): 108-114.

[32] 刘静远, 李虹. 状态焦虑对时距知觉的影响: 认知评价和注意偏向有调节的中介作用 [J]. 心理学报, 2019, 51 (7): 747-758.

[33] 何彦霞. 焦虑症患者认知功能损害的比较研究 [J]. 中国民康医学,

2010（10）：1218-1219，1314，1274.

[34] 罗微. 焦虑症的认知损害特征及与甲状腺功能的关系探讨［J］. 实用医院临床杂志，2018（02）：157-160.

[35] 尹华站，白幼玲，刘思格，等. 情绪动机方向和强度对时距知觉的影响［J］. 心理科学，2021，44（6）：1313-1321.

[36] 尹华站，崔晓冰，白幼玲，等. 时间信息加工与信息加工时间特性双视角下的重要时间参数及其证据［J］. 心理科学进展，2020，28（11）：1853-1864.

[37] 尹华站，李丹，陈盈羽，等. 1~6秒时距认知分段性特征［J］. 心理学报，2016，48（9）：1119-1129.

[38] 尹华站，李丹，陈盈羽，等. 1s范围视听时距认知的分段性研究［J］. 心理科学，2017（2）：321-328.

[39] 于丹丹. 威胁刺激的可预期性对焦虑情绪的影响及其外周生理机制［D］. 厦门：厦门大学，2019.

第八章 时距知觉情绪效应的未来思考

第一节 关于效应、产生机制及调节因素的思考

一、对时距知觉情绪效应自身的思考

研究发现，根据情绪诱发时间点是当前还是未来，可将情绪区分为体验性情绪（Experienced Emotions）和预期性情绪（Anticipated Emotions）（Mellers et al., 1999; Schlösser et al., 2013）。体验性情绪是指个体对已经出现的情绪刺激产生机体反应或主观体验，包括自主神经系统反应和情绪外在表现；预期性情绪则是指个体对未来可能出现的某种情绪刺激或结果预期引起的机体反应或主观体验。体验性情绪的时效性、生动性更强；而预期性情绪因其并非是当下直接体验的情绪，会受到个体自身经验、人格特征、自我调节能力等因素的影响。譬如，想象力丰富的个体感受到的预期性情绪更生动形象、情绪强度更大（Holmes and Mathews, 2010），高焦虑特质个体对负性刺激的预期性情绪体验更加强烈（Chiupka et al., 2012）。因此，预期性情绪和体验性情绪对时间知觉的影响方式因其本质不同而存在较大差异。体验性情绪对时间知觉的调节是一种刺激驱动的加工过程，依赖于情绪刺激的特征，譬如，强度、熟悉度等；而预期性情绪对时间知觉的调节则需要首先主观建构情绪，更依赖于主体自身因素影响。因此，时距知觉情绪效应可以区分为时距知觉体验性情绪效应和时距知觉预期性情绪效应。体验性情绪对时间知觉的调节又可以分两种情况：一类是把情绪刺激的时距作为估计对象，计时

过程与情绪体验过程同步进行［见图 8-1（a）］。这种时距知觉体验性情绪效应在视觉和听觉通道中被发现（Droit-Volet et al.，2004；Noulhiane et al.，2007；Tipples，2011）。另一类研究是将情绪刺激作为背景诱发被试特定情绪状态，考察这种状态对目标刺激时距的估计的影响［见图 8-1（b）］。该类研究诱发出的体验性情绪具有持续性和弥散性特点，相应时距知觉体验性情绪效应在真实自然情景和人为构造情景中均能观察到（Ogden et al.，2015；Langer et al.，1961）。譬如，Droit-Volet 等（2011）考察被试在观看恐怖、悲伤和中性电影前后对中性几何图形时距的估计的影响，结果发现，只有观看恐怖电影之后，被试的时距估计显著才长于观看之前。Eberhardt 等让被试分别在电影诱发的恐惧和中性情绪下估计恐惧和中性面孔的时距，结果发现，被试在恐惧情绪下对恐惧和中性面孔的时距都会高估，但恐惧面孔相对中性面孔的高估效应没有出现，表明在情绪背景下情绪刺激自身的时距扭曲效应会受到影响（Eberhardt et al.，2016），这一研究直接区分开了情绪刺激、情绪状态各自所起的作用。这一研究设计对于深入理解情绪调节时间知觉的机制十分重要。总之，当前情绪刺激与将来情绪刺激诱发出的情绪的性质可能存在差异，因而诱发出的时距知觉情绪效应应该区别对待。此外，情绪刺激与情绪状态对时距知觉的影响也是不同的。前者往往伴随着情绪刺激本身的加工，带来一些其他额外因素的干扰；后者是一种情绪状态，可能存在强度随着时间流逝地发生动态变化。

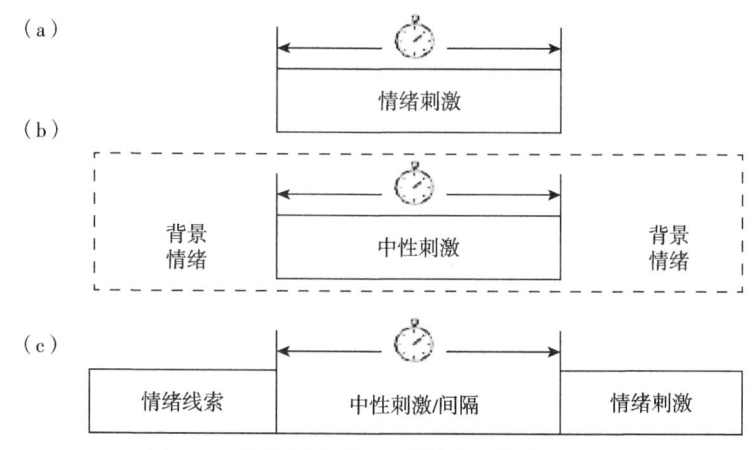

图 8-1　情绪调节时间知觉的作用方式示意图

注：（a，b）体验性情绪调节时间知觉的作用方式。（c）预期性情绪调节时间知觉的作用方式。

上述研究者主要从情绪性质基于诱发还是主动构建进而区分出情绪类别。

另外，根据身体是否参与情绪产生过程而区分出具身情绪和非具身情绪，这两类情绪诱发出时距知觉扭曲效应主要受身体状态及相关因素调节。最后，时距知觉的内涵比较复杂，随着加工时距长度不同，注意、工作记忆、决策等多种认知过程参与程度存在差异，因此，情绪与注意、工作记忆以及决策的交互作用对这种效应可能存在调节作用。总之，时距知觉情绪效应的探究一定要区分清楚在何种条件下，何种类型的情绪对何种长度时距的知觉的影响。

二、时距知觉情绪效应产生机制的思考

目前出现单一唤醒机制、单一注意机制、单一工作记忆衰减机制、唤醒和注意作用方式受唤醒度调节及唤醒、注意及工作记忆共同作用随时间动态改变等观点来解释时距知觉情绪效应的产生机制。单一唤醒机制认为唤醒度越高，起搏器在单位时间内发放脉冲数量越多，从而知觉时间越长（Gibbon et al., 1984）。单一注意机制包括开关启动/停止潜伏期机制和注意分配机制。开关启动/停止潜伏期机制指相对中性刺激，情绪刺激会吸引更多注意资源，进而导致更早闭合开关，更晚开启开关，从而在目标时距内通过开关的脉冲数量增多，最终导致相对高估时距（Grommet et al., 2011）。注意分配机制指注意资源可以在计时加工和非计时加工之间共享，用于计时的注意资源被分配到其他任务之后，导致开关开启，脉冲经过开关之时被阻断，造成脉冲数量变少，进而相对低估时距（Buhusi and Meck, 2009）。

除了用单一唤醒机制或注意机制来解释研究结果之外，研究者还提出唤醒和注意共同作用受唤醒度调节的观点，即当唤醒度较高时，唤醒机制和开关潜伏期机制起作用，相对高估情绪刺激的时距；当唤醒度较低之时，注意分配机制起作用，相对低估情绪刺激的时距（Angrilli et al., 1997; Tipples, 2008; Ogden et al., 2019）。当然，还有研究者提出了工作记忆衰减观点。研究发现，不可预测威胁刺激会导致更多注意转移到刺激本身，而不是将感知时间信息存储在大脑中，从而破坏了时间信息的记忆巩固（Ulrich et al., 2006），导致工作记忆中时间脉冲的丢失（Droit-Volet et al., 2007）。Lake 等（2016）在吸收以往观点的基础上，提出唤醒、注意及工作记忆作用方式随时间动态改变机制的观点。该机制假定，早期数十毫秒至 100 多毫秒以内，相对高估时距主要受情绪刺激注意捕获驱动（Matthews, 2015），而注意捕获的幅度受情绪唤醒水平的调节（Xu et al., 2021）；接下来 200 ms 至数秒以内，

相对高估时距主要受唤醒驱动（Droit-Volet and Berthon，2017）；数秒之后，唤醒回到基线（Rattat et al.，2018）；认知驱动（注意资源和工作记忆资源）作用逐渐占主导作用（Hamamouche et al.，2018），直至刺激呈现完毕。具体而言，如果情绪刺激为计时信号，那么情绪刺激驱动注意或工作记忆资源分配至计时过程，从而出现相对高估；而如果情绪刺激作为背景因素，那么情绪刺激驱动注意或工作记忆资源偏离计时过程，从而出现相对低估。总之，情绪对时距知觉的影响方向和程度全过程由唤醒、注意以及工作记忆等机制共同调控。

当然，基于 PA 模型解释情绪影响时距知觉的机制仍值得进一步思考：

第一，基于 PA 模型，起搏器效应被作为支持唤醒机制的证据（Grondin et al.，2014；Yamada and Kawabe，2011）。然而，目前研究者仅是根据情绪刺激会增长或缩短时间估计来支持或不支持唤醒作用，并没有明确揭示唤醒与时间知觉是如何量化共变的（Fayolle and Droit-Volet，2014）。同时，许多研究也仅是直接操纵唤醒度，并没有分离情绪刺激其他维度（例如，效价/或知觉特征）的额外影响。一项研究发现情感图片的复杂性也会造成高估时距，而非唤醒度（Folta-Schoofs et al.，2014）。总之，几乎所有探讨情感图片或声音对时间感知影响的研究都没有报道控制情绪刺激的基本感知特征（e.g.，Angrilli et al.，1997；Gil and Droit-Volet，2012；Grondin et al.，2014）。

第二，部分情绪计时研究支持唤醒对时间偏估的贡献，也不是基于 PA 模型的预测，而是基于情绪刺激的主观唤醒评级（Angrilli et al.，1997；Brosch et al.，2008；Grommet et al.，2011；Lui et al.，2011；Mella et al.，2011；Noulhaine et al.，2007；Shi et al.，2012；Smith et al.，2011）和/或生理唤醒测量（Angrilli et al.，1997；Droit-Volet et al.，2010；Mella et al.，2011）之后的不同条件下的时距知觉表现。主观唤醒和生理唤醒虽然相关，但是与其他感兴趣变量之间关系的预测并不总是相同。主观唤醒也可能反映注意过程（Noulhaine et al.，2007）。因此，唤醒引起时间偏估可能反映不同潜在机制，取决于评估的是何种唤醒（Mella and Pouthas，2011）。

第三，时间偏估与唤醒之间的关系也受到情绪刺激类型的调节。一方面，情绪面孔研究表明，唤醒会增加时间高估，这可以通过更大幅度高估和更多引起情绪的表达（例如，恐惧和愤怒）来证明（Bar-Haim et al.，2010；Doi and Shinohara，2009；Fayolle and Droit-Volet，2014；Lake et al.，2016）。另一方面，采用情绪图片和声音的研究发现唤醒水平可能决定时间偏估的潜在机制（Angrilli et al.，1997；Buetti and Lleras，2012；Noulhaine et al.，2007）。譬如，Angrilli 等（1997）在一项研究中提出在低水平觉醒中，依靠注意机制，而高水平觉醒则依赖于唤醒驱动机制。

第四，唤醒效应与唤醒时间进程也存在关联。基于生理唤醒反应在刺激开始几秒之后达到峰值的证据，唤醒机制在情绪影响时间知觉过程中的潜伏期较长，因此，较短持续时间的偏估不能由唤醒驱动（Lui et al.，2011）。然而，另外也有研究支持情绪唤醒比较短暂的观点，这是因为在研究中仅发现短暂时间发生偏估而较长时间没有出现（Angrilli et al.，1997；Bar-Haim et al.，2010；Noulhaine et al.，2007）。这些貌似矛盾的结果可能是由于对唤醒不同定义以及测量不同的唤醒子成分所致。

第五，研究之间的注意效应解释也不尽相同。部分研究认为，由情绪刺激所引起时间偏估反映注意资源偏离所致的低估（Gil and Droit-Volet，2011；Tipples，2010）。注意成为情感过程和时间加工之间资源共享的基础机制（Faure et al.，2013；Matthews et al.，2012；Meck and MacDonald，2007）。也有研究将注意效应等同开始—停止潜伏期效应，认为时间偏估中的加法性变化（与变化方向无关）反映了注意过程（Grommet et al.，2011；Lee et al.，2011；Shi et al.，2012）。

上述这些注意机制都被假定支持低唤醒情绪刺激（Angrilli et al.，1997）及短时距条件（Lui et al.，2011）或长时距条件（Angrilli et al.，1997；Bar-Haim et al.，2010；Noulhaine et al.，2007）的时间偏估。与情感/认知科学理论预设相反，情绪计时研究很大程度假设唤醒与注意是独立且无关的过程（Lake etal.，2016）。然而，也有研究认为唤醒和注意过程可能相互作用以影响时间知觉。例如，Mella 等（2011）发现，让被试注意刺激的持续时间，而不是刺激的情绪，会降低生理唤醒和时间估计，从而证明自上而下的注意过程会通过唤醒变化来调节时间知觉。Lui 等（2011）通过让被试对情绪分心之后呈现的中性刺激的持续时间进行估计，证明引起情绪唤醒的刺激可以捕获并保持注意资源，从而减少对时间的关注。其他情绪计时，研究者也支持唤醒和注意过程是独立但相互联系的观点，尽管未说明两者以何种方式相互作用以影响时间感知（Droit-Volet，2013；Gil and Droit-Volet，2009；Schwarz et al.，2013；van Volkinburg and Balsam，2014）。

三、时距知觉情绪效应的调节因素的思考

迄今为止，情绪计时研究仍充满相互矛盾的结论表明，PA 模型及其驱动的情绪时间偏估机制不能充分解释情绪计时文献研究结果。尽管大多数研究倾向于采用唤醒和注意机制来解释时间偏估，但是也有研究人员提出，情绪驱动时间偏估可能并不完全是由这两种机制所致（Droit-Volet，2014；Droit-Volet et al.，2013a，2013b，2016；Droit-Volet and Gil，2009），因为研究还发现其他因素可以调节时间偏估，特别是效价、生物相关性、遗传和非遗传因素的个体差异。虽然研究曾主张这些因素不应该融于 PA 框架之内，而应以其他机制运行，但是可以认为这些因素与基于 PA 模型通过生理唤醒和注意过程及其相互作用来驱动时间偏估的机制并不矛盾。

效价是一个重要调节因素。多项研究报告正性和负性效价对时间知觉的差异化影响。研究发现，与负性高唤醒刺激相比，正性高唤醒刺激被低估（Angrilli et al.，1997；Buetti and Lleras，2012；Droit-Volet et al.，2013；Mereu and Lleras，2013；Noulhaine et al.，2007；Smith et al.，2011；Yamada and Kawabe，2011）。尽管刺激被认为是同等唤醒的，但是对积极刺激和消极刺激的生理唤醒反应有时存在差异（Cuthbert et al.，2000；Pastor et al.，2008），这就表明正性和负性情绪刺激之间的时间估计差异可能反映出实际生理唤醒方面的差异所致。同时，也有研究者对效价的测量提出批评意见，认为当以积极和消极情绪的两极量表评估情绪效价时，评级不能准确地反映积极与消极刺激强度的心理差异（McGraw et al.，2010）。鉴于大多数研究都采用国际情感图片系统和国际情感数字化声音系统，而两个系统都采用两极评价的效价和唤醒量表，所以这一批评是相当中肯的。另外，负性刺激和正性刺激在生物学相关性维度上的差异可能会在定时任务中对注意产生不同的影响。

生物学相关性也是一个重要调节因素。生物学相关性通过调节注意进而影响时间估计。这种生物相关性作用机制可能是具有同等唤醒水平的基本情绪对时间知觉产生差异化影响的基础。例如，Tipples（2008）发现与同等唤醒水平的恐惧面孔相比，愤怒面孔的时间被高估，推断原因可能是愤怒面孔是直接威胁的信号，可以优先激活与恐惧相关的回避机制。研究表明，尽管激发高水平的唤醒，但是厌恶面孔和图片并没有像其他负面刺激那样增加时间高估（Droit-Volet and Meck，2007；Gil et al.，2009；Grondin et al.，2014；Schwarz et al.，2013；Gil and Droit-Volet，2012）。虽然厌恶是一种与生物学相关且具有适应性的情绪，但是它具有不同于其他负面情绪的生物学功能（Chapman and Anderson，2012）。因此，可能对时间偏估产生独特影响，具体机制在于厌恶情绪对注意作用的调节具有独特性（Gil and Droit-Volet，2012；Gil et al.，2009）。综上所述，基本情绪的生物学相关性及其激活的行动倾向可能是决定不同类型的、同等唤醒情绪对时间知觉影响的关键，其内部机制可能是由它们对注意的调节所介导的。

个体差异同样是一个调节因素。目前很少研究评估个体差异在调节时间偏估大小和/或方向中的作用（Matthews and Meck，2014）。在老年被试研究中观察到时间偏估的正偏差（Nicol et al.，2013），这就表明随着年龄变化，时间偏估会发生变化，这可能是因为个体生命过程的各个阶段中情感对注意影响不同所致（Mather and Carstensen，2003）。同样，蜘蛛恐惧症会高估时间（Watts and Sharrock，1984），这种影响程度与自我报告的恐惧程度个体差异有关（Buetti and Lleras，2012）。这种个体差异与焦虑和恐惧个体对威胁注意偏向增强相一致（Amir et al.，2003；Bar-Haim et al.，2007；Cisler and Koster，2010）。总之，考虑个体差异测量可能有助于探索情绪对时间知觉的影响。这是因为着眼于个体差异效应的考察可以有几个优势：首先，个体差异的测量允许以更生态有效的方式评估情感对时间感知的偏估效应；其次，允许研究人员评估在主效应分析中可能没有反映出的某些机制的贡献；最后，个体差异测量可以提供一种方法探索某些机制的贡献，而不需要对被试自身变量进行操作。

第二节 时距知觉情绪效应的研究证据的思考

一、基于离身观的研究证据思考

迄今，研究者基于离身观围绕时距知觉情绪效应开展大量研究，并对其产生机制进行理论解释。第一，概念层面上对"唤醒"和"注意"的界定在计时领域与情感科学领域存在分歧。与从情感/认知科学文献中认为唤醒与注意在内涵上会出现重叠的状况不同（Toet et al.，2020），计时研究领域认为唤醒与注意等构念之间是相互排斥的，时间偏估是由唤醒机制或注意机制造成的。另外，也有研究者认为这些影响虽然独立，但是相互关联的（Mella et al.，2011）。情感科学领域将"唤醒"分成生理唤醒和主观唤醒（Leonidou and Panayiotou，2021），并且生理唤醒（去甲肾上腺素和乙酰胆碱的释放）可

第八章 时距知觉情绪效应的未来思考

以在一定程度上调节记忆和注意（Pintér et al.，2021；O'Bryan and Scolari，2021），以此提高警觉行为（Matthew et al.，2020）；同时，"注意"也可分成外源性注意和内源性注意（Portugal et al.，2021），也会受到情绪刺激唤醒度的调节（Xu et al.，2021）。因此，未来研究应该在整合计时和情感科学文献基础上，明确区分"唤醒""注意"在不同研究中的含义，澄清结果分歧的原因。第二，理论拟合研究结果的判定标准尚存疑点。譬如：一方面研究将情绪刺激时距的估计程度是否符合标量特性（即随目标时距增加，高估程度也增大）作为区分生理唤醒机制与注意捕获机制的标准，即如果对情绪刺激时距的估计符合标量特性，那么就支持生理唤醒机制（Droit-Volet et al.，2020）；若不符合则支持注意捕获机制（Cui et al.，2018），但是这一判定标准又受计时任务范式调节（尹华站，黄希庭，2003；Lake et al.，2016）。另一方面研究把高估情绪刺激时距作为支持生理唤醒机制的证据，低估情绪刺激时距作为支持注意共享机制的证据（Cui et al.，2018；Sarigiannidis et al.，2020；Mioni et al.，2020），但这一判定需要两个有争议的前提条件：一是假定个体将全部注意资源投入至计时过程，但刺激情绪属性导致注意资源偏离，从而低估时间；二是造成情绪刺激时距偏估的变异源仅来自生理唤醒机制和注意共享机制，但是理论上还有工作记忆的衰减机制可能导致低估情绪刺激时距（Lake et al.，2016）。第三，离身观下情绪刺激的时距知觉机制理论的亟须进一步构建。概括以往研究结果可知，已有理论解释共同基于PA模型，期待依托生理唤醒与注意机制来阐释时距知觉情绪效应的产生过程，并遵循一种由静态机制到动态机制、由单一机制到多类机制共存的转变（e.g., Angrilli et al.，1997；Benau and Atchley.，2020；Droit-Volet and Berthon，2017；Ogden et al.，2019；Tipples，2019；尹华站等，2021）。同时，以往研究还发现，情绪刺激发生的时间进程（Morriss et al.，2013）、持续时间长度（尹华站等，2016；尹华站等，2020）、效价（Choi et al.，2021）、生物相关性（Gable and Poole，2012；Gable et al.，2016；Ren et al.，2021）及个体差异（Andrews et al.，2021）等是直接影响时距加工的重要因素。根据以往理论解释和实证证据，课题组拟提出情绪刺激时距知觉分段综合假说。该假说认为情绪刺激时距知觉机制随着目标时距流逝，呈现出三种主要机制依次出现的模式，且每一种加工机制受到不同因素的调节。因此，未来研究验证何种机制在时距知觉情绪效应产生过程起主导作用，既要考虑采用适合计时任务范式主动操纵"生理唤醒"及"注意"等自变量，观测主观时距等因变量指标变化，又要充分考量"生理唤醒"和"注意"作用机制的外部调节因素，最终证实情绪刺激时距知觉分段综合机制假说。

二、基于具身观的研究证据思考

迄今，研究者基于具身观围绕时距知觉情绪效应开展大量研究，并采用多种理论观点从各自角度对这些研究结果进行解释。

第一，概念层面上具身化调节内感受性机制和神经能量机制等理论解释中对内感受性和神经能量等心理生理变量的内涵描述过于模糊。Vicario等（2020）认为内感受性系统对于解码内在身体信号非常重要，内感受系统的改变可能是受时间加工缺陷影响的精神障碍的常见心理生理特征之一。神经能量是Eagleman和Pariyadath（2009）为了解释刺激编码过程假设中所提出的核心概念，表现出与时间体验长度呈正比例关系，即神经能量提高了信息加工效率，导致更多时间信息得以编码，进而延长了主观时间。由此可见，未来研究对于内感受性强度、神经能量等核心概念的内涵尚需进一步厘清。

第二，研究层面理论拟合研究结果尚存有待澄清之处。以往研究通过三条理论路径解释具身化情绪计时的结果。首先，具身化调节起搏器速率机制理论解释以往多项研究结果尚需要进一步测量不同条件下的唤醒度，以确立具身化因素—唤醒度—时间知觉的因果链（Effron et al.，2006；Nather et al.，2011；Droit-Volet and Gil，2016；Monier and Droit-Volet，2018；李丹，尹华站，2019）。其次，具身化调节内感受性系统机制解释以往多项研究结果尚需要进一步测量内感受性强度的变化，以建立具身化因素—脑岛—内感受性—时间知觉的因果链（Livneh et al.，2020；Mella et al.，2019；Vicario et al.，2019）。最后，具身化调节知觉编码效率理论解释以往多项研究结果尚需要进一步测量知觉情绪刺激的能量输出，以建立具身化因素—神经能量输出—知觉编码—时间知觉的因果链（Hagura et al.，2012；Maarseveen et al.，2018；Zhang et al.，2014；李丹，尹华站，2019）。

第三，具身观下情绪刺激时距知觉机制的理论亟需进一步构建。以往研究发现，具身化、情绪与时距知觉的关系主要是通过心理模拟和行为应对等具身化表现与时距知觉建立关联。因此，具身化情绪对时距知觉的影响则主要是通过两条理论上的因果链而实现的。其一，具身化通过影响心理模拟，进而影响内部时钟速度或者神经能量，最终导致时距知觉歪曲。研究发现，模拟目标的熟悉性、身体的物理状态等会影响心理模拟是否产生（Cazzato et al., 2018); 而调节心理模拟强度的因素则涉及目标的运动量及其速度特性等 (Battaglini and Mioni, 2019; Giovanna et al., 2018; Sgouramani and Vatakis, 2014)。其二, 具身化通过影响行为应对, 进而影响内感受性强度, 最终导致时距知觉歪曲。研究发现, 情绪刺激的运动含义、情绪的愉悦度、身体与环境的相关性、身体物理状态和意识状态等因素会影响行为应对的产生 (Di et al., 2018; Gable et al., 2017)。这些因素通过激活趋向性动机系统（摄食、交配或养育等行为反应）或防御性动机系统（退缩、逃跑或攻击等行为反应）产生行为应对 (Carui et al., 2019), 而主观时间估计可能是行为应对的结果。譬如, 为了追寻美味（趋向性系统）作出靠近举动, 结果导致低估时间; 为了躲避威胁（防御性系统）做出逃避举动, 结果导致高估时间 (Gable and Poole, 2012; Gable et al., 2016; Payton, 2014)。

由此可见, 以往研究者以情绪刺激的具身化因素为逻辑起点, 经过一系列过程, 最终影响到时距知觉。然而, 这些理论解释过程仍存在两个疑问: 一是仅停留在认知推断的"黑匣子", 并未有神经科学证据支撑。譬如, 具身化通过调节唤醒度来干预起搏器—累加器的加工速度并无神经生理学的证据支持; 具身化通过调节内感受性的解释也仅指明了身体内部表征速度与时间加工的关系并未清楚解释其生理基础 (Jia et al., 2015; Zhang et al., 2014); 具身化调节神经能量的解释虽然主张权重性大的刺激会导致时距估计延长, 但是情绪性刺激是否属于权重大的刺激尚需证据支持并且缺少神经生理基础 (Li et al., 2021)。二是认知机制推断环节太多, 无法断定因果链的合理性和唯一性, 因此距离揭示具身化情绪刺激时距知觉机制仍比较漫长。根据以往理论解释和实证证据, 课题组拟提出情绪刺激具身化调节时距知觉假说。该假说认为情绪刺激时距知觉机制主要在于情绪加工过程中具身化因素通过心理模拟和行为应对的中介作用, 进而导致时距知觉的歪曲。因此, 未来研究应该采用 TMS、TDCS/TACS 及 FNIRS 等技术探索具身化调节内部时钟机制、具身化调节内感受性机制和具身化调节神经能量机制的神经基础 (Izzetoglu et al., 2020; Yang et al., 2018), 为情绪刺激具身化调节时距知觉假说提供神经科学证据。

三、基于两种情绪观的研究证据思考

情绪离身观和具身观是目前学界颇具影响力的两种观点（贾丽娜等, 2015）。上述文章对比思考离身观和具身观下的理论解释及其在解释具体研究

结果中的疑问。为了更好地指导未来的研究，下面对两者的优点及不足、采用何种情绪观的前提条件和两种情绪观下的时距知觉情绪效应等角度进行反思。首先，两种情绪观从学理上均存在优点及不足。离身观的优点是可以在实验中精确测量和操纵情绪的属性，不足在于无统一标准评价维度的划分，且仅凭少量维度不足以概括情绪复杂的本质（张宁，2017）；具身观的优点在于将身体置于情绪产生的范畴内，并更强调情绪产生的主体性和情景性，不足在于"具身情绪"的界定目前尚未有统一的观点并且身体模仿和过去经验都会产生情绪体验，从而导致无法区分通过情绪刺激被诱发出的情绪究竟是个体根据模仿而产生的真正情绪体验，还是个体根据过去经验知识觉得自己应该表达出来的情绪体验（李荣荣等，2012）。其次，应采用何种情绪观的前提条件尚需澄清。情绪具身观的发生机制强调心理模拟和行为应对的关键性作用，那么更易产生心理模拟和行为应对的情绪刺激，就会更易导致具身反应。譬如，面部行动编码系统和身体姿势图片（Nather et al., 2011）。反之，对于那些不易产生心理模拟和行为应对的情绪刺激更可能是效价和唤醒在起主导作用，譬如，在国际情绪图片库中的普通动物图片等（Wittmann et al., 2010）。最后，尚需综合考虑两种情绪观下情绪对时距知觉的影响。离身观强调情绪对时距知觉的影响主要是基于 PA 模型框架，通过生理唤醒和注意来影响时距知觉过程，当然这一过程受到效价和生物相关性等多种因素的调节（Choi et al., 2021；Gable and Poole, 2012；Gable et al., 2016）；具身观主要是从心理模拟和行为应对分析情绪具身化对时距知觉的调节，通过表明时间信息在感觉—运动回路中进行加工来支持情绪具身观（Maniadakis et al., 2014）。当然，这并不否认生理唤醒或注意对情绪性时距知觉的影响，而是强调具身化在其中起到的关键性作用。情绪离身观和具身观或许可以共同解释不同性质的时距知觉偏估。总之，未来研究一方面既要澄清"情绪具身观"的内涵和外延，还要考量如何将维度思想融入情绪具身观中；另一方面未来研究在考虑时距知觉情绪效应时先确立应持何种情绪观的前提条件，因为，这决定了何种因素更可能在时距知觉情绪效应中起主导作用。当然，关于时距知觉情绪效应的主题方兴未艾，更艰巨的任务摆在我们面前。

第三节 时距知觉情绪效应中研究方法和工具的思考

一、情绪诱发和测量方法的思考

20世纪60年代以来，认知心理学正在经历着一场"后认知主义"（post-cognitivism）的变革，具身认知心理学应运而生。认知心理学的发展历程也映射出情绪产生研究的进展脉络，即情绪产生"离身观"向"具身观"的研究转向，两者是基于身体在情绪认知过程中所起的作用而区分的（Niedenthal et al., 2005）。情绪产生离身观（disembodiment emotion view）认为情绪产生过程与身体无本质关联。个体感受情绪刺激之后，会按照传统认知主义模式对情绪信息进行处理，不会被身体的解剖学结构、身体的活动方式、身体的感觉和运动体验等因素所影响。情绪产生具身观（embodied emotion view）认为情绪产生加工等与身体关系密切，亲身体验情绪、感知情绪刺激或重新提取情绪记忆均会高度唤醒曾经形成过相似情绪的心理过程（Niedenthal, 2007）。

20世纪70年代以来，情绪与认知关系研究的主题逐渐进入人们的视野。随着对情绪影响认知（如知觉、注意、记忆、决策等认知过程）研究的推进，研究者越来越意识到准确而真实地诱发相应情绪，并进行控制和操纵成为阻碍探索这一主题的重大阻碍。为此，研究者近年来创造性地发现众多诱发情绪的方法和程序，为研究者探索课题提供了更多支持。情绪离身观和具身观是目前学界颇具影响力的两种观点（贾丽娜等，2015）。情绪具身观强调心理模拟和行为应对的关键性作用，那么更易产生心理模拟和行为应对的情绪刺激，就会更易导致具身反应，譬如，面部行动编码系统和身体姿势图片（Nather et al., 2011）。反之，对于那些不易产生心理模拟和行为应对的情绪刺激更可能是效价和唤醒在起主导作用，譬如，在国际情绪图片库中的普通动物图片等（Wittmann et al., 2010）。总之，不管哪种方法，目的在于诱发出特定性富有生态效度的情绪，而诱发原理可以从离身观和具身观角度进行阐述。从情绪材料诱发法和情景诱发法来看，离身观和具身观是穿插其中的，即材料诱发法中既有离身观又有具身观的视角。离身观主要认为情绪产生过程与身体无本质关联。个体感受情绪刺激之后，会按照传统认知主义模式对情绪信息进行处理，不会被身体的解剖学结构、身体的活动方式、身体的感觉和运动体验等因素所影响。由此可见，离身观主要强调刺激或情景的特征，包括刺激的唤醒度、效价等。具身观主要强调刺激或情景中的身体因素。第一，身体运动特征，包括刺激是否具有行动含义、刺激运动量、刺激运动速度和对刺激的运动熟悉度等。这主要体现在标准化情绪刺激（如从国际情绪性图片系统、面部行动编码系统和国际情绪性数字化声音系统选取）、身体姿势图片、电影片段和运动刺激等（Droit-Volet and Gil, 2009; Nather et al., 2011; Wittmann et al., 2010）。第二，操纵观察者身体物理状态（自由行动和限制行动）、身体意识状态（对身体的关注程度）以及身体与外部环境的交互性。研究主要揭示行为模拟和（潜在）行为应对等两种具身化体现在情绪性时间知觉中的重要作用。一方面，模拟作用受身体物理状态、模拟目标的熟悉性、目标的运动量及其速度特性等因素的影响并体现出来。另一方面，（潜在）行为应对往往通过情绪刺激的运动含义、情绪的愉悦度、身体与环境的相关性、身体的物理状态和意识状态等因素通过激活相应的动机系统影响（潜在）行为应对：趋向性系统和防御性系统（Lang et al., 1997）。防御性系统伴随退缩、逃跑和攻击等行为反应；趋向性系统会导致摄食、交配和养育等行为反应（Bradley et al., 2001）。未来研究一方面要再探索影响情绪诱发的因素；另一方面要剖析情绪诱发过程的内部机制。

二、时距知觉诱发和测量方法的思考

时距知觉是人类适应客观环境的一种基本能力。人类在3岁左右就掌握了比较精确的时距知觉。时距知觉可以分为外显时距知觉和内隐时距知觉，外显时距知觉一般发生在指导语明确告知个体的条件下，内隐时距知觉一般发生在个体无意识条件下。因此，严格意义上来说，时距知觉的诱发并不需要额外条件就能发生在人类身上。时距知觉的主要范式有：时间复制法、时间产生法、时间辨别法和口头估计法（Allan, 1979; Grondin, 2010）。时间复制法（Temporal Reproduction Task）要求呈现一个标准时距让被试进行复制，主要包括编码（Encoding）和复制（Reproduction）两个阶段。编码阶段，被试需要对屏幕上呈现的目标时距进行学习，形成对目标时距的初步表征。复制阶段，被试需要从记忆中提取目标时距表征，并将其复制出来。时间复制法的具体操作形式主要有三种，区别主要体现在复制阶段的按键次数。第一种，要求被试在目标时距呈现结束之后，按键开始复制时距，当觉得复制的时距与标准时距相同时再进行一次按键结束复制，被试需要做按键两次反应；第二种，当标记目标时距的刺激消失之后，标记复制时距的刺激自动出现在屏幕上，当被试认为复制阶段刺激持续时间与目标时距相同时进行一次按键反应；第三种，当标记目标时距的刺激消失之后，被试按键直到认为与目标时距相同再释放按键，被试也只需要一次按键反应（Coy and Hutton, 2013）。由于时间复制法不受自身过去经验影响，所以可以准确测量出一个人对时距长短的感知，它不要求对标准时距长度做出准确回答，只要求根据自己的判断复制出标准时距。通常，一个实验中会要求被试复制不同长度范围之内的时距，并考察复制时距与实际时距之间的偏差情况。时距复制任务结合个体对时距的感知和运动产生，提供关于时距知觉准确性和变异性的估计（Thoenes and Oberfeld, 2017；Ren et al., 2021）。在复制法中，由于时距复制准确性可能受到被试在实验过程中采取默数、呼吸频率等人为计数策略的干扰，为了排除这种干扰引起的误差，实验中通常会选取非整数时间作为标准时距（Monfort and Pouthas, 2003；尹华站, 黄希庭, 2008）。

时间产生法（Temporal Production Task）中被试需要产生具体时距，如"产生 2 s"的时距。在该范式中，时距是以传统计时单位来定义的。产生任务包括练习和正式实验阶段。在练习阶段，告知被试需要通过按键来产生一个特定的时距，被试往往需要做出两个按键反应来标记时距产生的开始和结束。正式阶段任务和练习阶段一致。时间产生任务也提供关于时距准确性和变异性的估计，但是由于产生任务涉及运动反应，行为结果不仅受到个体对时距认知表征或"内部时钟"变化的影响，还和运动系统及其影响因素有关。

时间辨别法（Temporal Discrimination Task）给被试呈现两个相继时距，被试需要对哪一个时距更长或更短作出反应（Thoenes and Oberfeld, 2017）。之后在数据处理过程中将被试的反应数据绘制为一种心理曲线，用以计算被试的主观相等点。时间辨别法包括时间泛化法和时间二分法（Huang et al., 2018）。在二分法中，会给被试呈现一个"长标准时距"和一个"短标准时距"，被试需要对两个时距进行记忆。然后会呈现一系列长度不等的时距，需要被试对呈现时距的长度接近短标准时距或是长标准时距时作出按键反应，最后根据被试数据结果拟合出函数曲线。时间泛化法也需要对不同时距的长度进行比较，但只需要记住一个标准时距，之后将呈现一个时距，被试需要比较当前时距和标准时距长度是否一致，并作出相应"是"或"否"的按键反应。最后根据被试数据结果拟合出泛化梯度曲线。口头估计法（Verbal Temporal Estimation Task）通常给被试呈现一个时间间隔（例如，两个刺激的间隔时间或一个连续刺激的持续时间,呈现的刺激可以是声音、闪光、语音或视觉刺激),要求被试对这个时间间隔进行估计并报告。每一种估计方法都存在自身局限性。Zakay(1996)根据判断过程区分绝对和相对时距估计法。绝对判断是让被试在完成一项任务或呈现一段时距之后,要求对经历的时间作出判断;相对判断是指向被试呈现两个或两个以上的时距,要求其在记忆中对所呈现的时距进行比较,这两类方法的区分只是记忆参与程度不同。口头报告法和时距产生法属于绝对判断,时距比较法则为相对判断,时距复制法则综合两种类型。实际上,复制过程本身与时间产生是一致的,然而复制法采用的比较标准没有比较法清楚。首先,每一种方法体现独特的认知过程。口头估计法、时间产生法、时间复制法仅涉及短时记忆。估计在目标时距内或结束之后立即做出,然而目标时距的表征在估计时是否储存在短时记忆中仍是值得怀疑的。至于比较法则要求标准时距和比较时距都非常短,原因是标准时距呈现于比较时距之前且那时估计早已作出,而此过程可能涉及长时记忆,至少考虑到两次呈现时距中第一次的某一表征,从而可以看出四种方法要求的估计条件都是严格的。其次,被试在每一种方法中的参与状态也是不同的。在比较法和口估法中,被试通常在没有积极参与时间加工的情况下作出估计;在产生法和复制法中,被试会积极参与时间加工,但可能会使用一定的策略,被试关注的是对时间段的监控而非积极生成时间,显然监控与积极操作是不同的,这种不同降低了估计的正确率。此外,时间段的呈现顺序也影响着时距估计。具体表现在比较法里特别明显,方法难题在于处理标准时距与比较时距的呈现顺序。因为不同呈现顺序都可能会导致错误。比如,两个相当时距通常对第一个估计较长,况且在实际的时距比较任务中通常是在两个不同时距之间进行的。因此,时序影响的排除程度也是不清楚的。最后,每一种方法由于自身性质的不同倾向于某一特定知觉偏差。口头估计可能会导致表征和可得性的认知偏差即通常基于任务之间的相似性而根据以往经验对当前任务进行处理。比较法也会导致一些知觉偏差,如果标准时距太短,那么判断失效;如果标准时距太长,那么判断停止,而且标准时距的长度究竟多长才合适在任何文献中都没有提到过。

三、时距知觉情绪效应中"身体姿势表情"的思考

时距知觉情绪效应是时间知觉研究领域中比较稳定的一种现象。对这种现象的产生机制的揭示首要任务之一是选择合适刺激诱发特定情绪状态

(Marchewka et al., 2014)。身体姿势表情是近些年来被广泛关注的诱发情绪的典型刺激材料。所谓身体姿势表情是指身体表达的情绪状态，包括协调的动作和有意义的行动（de Gelder and van den Stock, 2011）。研究表明，身体姿势的变化传达个体情绪状态的特定信息（Roether et al., 2009）。与其他情绪诱发材料相比，身体姿势表达在某些特定情境或条件下的作用尤为突出。例如，身体情感表达可能比面部表情更容易沟通（Bull, 2016）。譬如，Thoma 等（2013）编制波鸿情绪刺激集（Bochum Emotional Stimulus Set，BESST）。以往研究结合情绪维度观，从情绪整合角度建立情感诱发材料的数据库（Garrido and Prada, 2017; Yang et al., 2018）。因此，张丽等（2023）通过收集中性和六种基本情绪（高兴、悲伤、恐惧、愤怒、厌恶和惊讶）中的动机维度、愉悦度、唤醒度、优势度、可记忆性和吸引力六个维度来扩展 BESST。BESST 由 Thoma 等（2013）编制，为情绪和认知研究人员提供了一套全新情绪诱发刺激集。这一套图片系统有几个特点：首先，它包含大量图片，共有 560 张正面和 560 张 45°转移的面孔刺激；以及 565 个正面和 564 个 45°偏离的姿势图片，男女模特的比例几乎相同，而之前的大多数刺激集仅包含少量的身体姿势图片（de Gelder and van den Stock, 2011）；其次，每一张图片都包含正面和侧面图片，便于研究者从不同视角来操纵情绪反应；再次，包括六种（高兴、悲伤、愤怒、恐惧、惊讶和厌恶）基本情绪和中性图片。最后，BESST 中的身体姿势表情图片系统采用现实生活中的个体，并以椭圆形遮盖住面部表情，有助于研究基于身体姿势而非面部刺激的情绪诱发。然而，这一刺激集仅仅测量准确性和自然度。很明显，这些图片包含其他可能影响评分者评价反应的特征。根据情绪动机维度模型（Gable and Harmon-Jones, 2010），愉悦度—激活度—优势度情绪模型（PAD, Mehrabian, 1996）以及前人的研究（e.g., Shirai and Soshi, 2021; Pazhoohi et al., 2022），通过李克特 9 级评分量表收集动机强度（方向）、愉悦度、唤醒度、优势度、可记忆性和吸引力等维度的数据。具体而言，首先，根据 Mehrabian（1996）的愉悦度—激活度—优势度情绪模型（PAD），保留三个维度的评级：愉悦度、唤醒度和优势度。其次，Gable 和 Harmon-Jones（2010）提出了情绪动机维度模型，假设动机是一个独立于效价和唤醒的维度，动机方向是趋近或回避目标的驱动力，在人类进化或环境适应中起着重要作用。与此同时，越来越多研究试图研究动机维度对认知的影响（e.g., 王振宏等, 2013; Gable and Harmon-Jones, 2008, 2010; Price and Harmon-Jones, 2010）。鉴于此，动机维度也包含在本图片库评定中。再次，之所以将可记忆性包括在内，是因为人们普遍认为，高度唤醒或个人重大事件不会被轻易忘记。研究表明，身体姿势与记忆密切相关。例如，研究表明，非言语身体表达在记忆表征中起关键作用（Shirai and Soshi, 2021），也有研究发现，学习时的初始姿势在随后的句子回忆过程中起到调节作用（de Vega et al., 2021）。因此，建立具有可记忆性维度的刺激集将有助于学习、情绪等研究的发展。最后，研究发现，不同的身体姿势对个体的吸引力是不同的。例如，与夸张反身姿势相比，直立姿势（减少反身姿势）增加了对吸引力的感知（Pazhoohi et al., 2022）；被试姿势的差异（站着/坐着）增加共享相同姿势的图像（站着/坐着）的感知吸引力（Bertamini et al., 2013）。因此，增加对吸引力维度的评定是必要的，这不仅可以为情绪—认知研究提供材料，同时，在采用姿势表情情绪库的研究中，控制吸引力维度也是必要的。重要的是，考虑到直视可能被用作交流意图的信号，正面视觉刺激可能更容易触发共情机制（Schulte-Rüther et al., 2007）。将身体姿势与面部表情进行比较时，可能身体比面部更容易传达情感（de Gelder, 2006; Bull, 2016）。例如，Tuminello 和 Davidson（2011）的一项研究表明，当将身体姿势信息添加到面部表情照片中时，儿童对恐惧和愤怒表情的识别率均提高。根据 Meeren 等（2005）和 van den Stock 等（2007）的研究，在区分恐惧与愤怒或恐惧与高兴情绪时，身体表情比面部表情能提供更多信息。基于这些原因，张丽和尹华站（2023）试图优先收集 BESST 中565 张正面身体姿势图片的多维度（动机维度、愉悦度、唤醒度、优势度、可记忆性和吸引力）评分。这项研究旨在扩展 BESST 中的姿势表情情绪图片系统，这组图片系统中包含 6 种情绪类型图片和一种中性图片。此外，研究评估了所有图片的 6 个维度（动机维度、愉悦度、唤醒度、优势度、可记忆性以及吸引力），以形成一套多维度、标准化的姿势表情情绪图片系统。同时，本研究测量了被试在各个维度上的克隆巴赫 α 系数均较高，说明本材料库数据具有较高的可靠性。根据 Lang 等人（1990）的情绪维度模型，人们普遍认为愉悦度和唤醒度是情绪的两个核心维度。第一个维度是愉悦度，描述了愉快和不愉快、内在的情感状态（Russell, 2003）。与假设一致的，不同情绪类别之间存在显著差异。高兴情绪图片被评为更令人愉快，愉悦度更高。所有消极情绪（悲伤、恐惧、厌恶和愤怒）都比中性和高兴情绪更令人不愉快，愉悦度更低。中性图片的愉悦度评分趋于中心点。此外，研究也发现惊讶图片的评分也趋于中心点，研究认为这是由于惊讶情绪本身是一种不确定的情绪类型（Watson and Mason，2007；Noordewier and Breugelmans，2013）。Reisenzein 和 Meyer（2009）研究发现，与高兴或恐惧等情绪相比，惊讶并不预先假设对激发事件的评价是积极或消极的，它本质上是中性的，而不是愉快或不愉快的。第二个维度是唤醒度，与行为倾向的活力有关，描述了从平静行为到极端紧急情况（Bradley and Lang，2000；Szymanska et al.，2015）。在研究中，被试在看到中性图片时感到放松。所有情绪图片的评分均高于中性图片，并集中在 5~7 min，而悲伤情绪的评分略低（Gil and Droit-Volet，2012）。这些结果表明，情绪图片（如愤怒和恐惧）可以产生中高程度的唤醒（Javela et al.，2008）。此外，Walter 等（2008）也指出，只有极为消极刺激，如死亡图像，才能引起高度唤醒，研究中悲伤情绪图片的唤醒度也集中在中等程度上。根据情绪的动机维度模型（Gable and Harmon-Jones，2010），动机被定义为接近或回避一个物体或目标，这在人类进化或环境适应中具有重要作用。与前人研究一致的，高兴和愤怒属于趋近动机情绪，而悲伤、厌恶和恐惧属于回避动机情绪。其中，愤怒作为一种消极情绪，但它与趋近动机情绪有关（Carver and Harmon-Jones，2009；Gable and Poole，2014）。这些结果得到了前人研究的证实，譬如，Gable 和 Poole（2012）在研究中选择高兴作为趋近动机情绪，而选择厌恶作为回避动机情绪（Gable et al.，2016）。

人类在进化心理学中面临着各种适应性问题，其中之一是生存（Buss，2005）。研究表明，每种情绪的生物相关性取决于其进化功能，这些功能体现在愉悦度、唤醒度和动机维度中。情绪生物相关性越高，其愉悦度越低，唤醒度越高，更回避（Bradley et al.，2001）。根据前人研究，在四种消极情绪（恐惧、厌恶、愤怒、悲伤）中，恐惧帮助个体逃避威胁刺激（Tracy，2014），厌恶帮助个体避免污染和疾病（Oaten et al.，2009；Curtis et al.，2011），愤怒促进个体采取行动以消除威胁或障碍（Ekman and Cordaro，2011）。悲伤是对损失的反应，而恐惧、愤怒和厌恶是对威胁的反应。与损失相比，个体在威胁刺激中面临更高的风险，这表明悲伤对生存的重要性不如其他三种消极情绪。研究也得到类似的结果：恐惧和厌恶的动机程度高于悲伤；恐惧、厌恶和愤怒的唤醒程度高于悲伤。优势度被定义为观察者对给定场景诱发的情绪的掌控程度（Bradley and Lang，1994）。在研究中，六种情绪和中性图片之间存在显著差异。高兴、愤怒和惊讶图片的评分显著高于中性图片，而悲伤、厌恶和恐惧图片评分显著低于中性图片。一些研究发现类似结果，例如，Szymanska 等（2015）发现，与中性图片相比，一些被试在观看痛苦图片时不能控制自己的情绪。然而，在本研究中，高兴图片的优势度高于愤怒图片，这与一些研究结果不一致。譬如，Sutton 等（2019）发现，愤怒图片的优势度评分显著高于高兴图片，这可能是由于刺激类型的不同造成的。在可记忆性上，研究发现悲伤和中性图片之间没有显著差异，高兴和愤怒图片的评分高于中性图片，而厌恶和恐惧图片的评分低于中性图片。这与之前研究一致，例如，Ayçiçegi-Dinn 和 Caldwell-Harris（2009）发现，首先，谴责的可记忆性最高，其次是积极的词汇。然而，消极词在可记忆性上并不比中性词有优势。最后，在吸引力维度上，悲伤情绪和中性之间没有显著差异，其他情绪的评分高于中性，主要集中在 3~6 min。一些研究发现类似结果。譬如，恐惧、厌恶和高兴情绪可能会增强个体的吸引力（e.g., Golle et al., 2014; Ueda et al., 2016）；同时，悲伤刺激被判断为吸引力较低（Ueda et al., 2016）。总之，不同类型的情绪图片具有不同的属性，研究者在选择这些情绪图片时应充分考虑这些因素的影响。

除了基本情绪之外，自我意识情绪也可以由身体姿势表情诱发出来。自我意识情绪是个体在一定自我评价基础上，通过自我反思而产生的情绪。研究发现，自我意识情绪中的非言语行为表达在社交过程中发挥独特作用，对个体心理发展和社会适应的预测具有非常重要的意义。目前，已有自我意识情绪（或者包括在内的）非言语行为表达的图片系统尚存仍需完善之处。首先，应建立标准化自我意识情绪图片系统；其次，应建立具备多种类型自我意识情绪，且每种类型情绪图片具备一定数量图片系统；再次，图片系统的拍摄方法宜取长补短；最后，图片系统推广至其他文化背景受到质疑。因此，结合上述两种拍摄方法编制了一套具有中国本土化的自我意识情绪非言语行为表达图片系统，包括自豪、羞愧和尴尬三种情绪。然后，对拍摄图片的情绪类别和情绪维度进行初步评定。首先，135 名被试参加结构化访谈，得到非言语行为表达特征线索。其中男生 61 名，女生 74 名，平均年龄 20.06±1.69 岁。研究参照以往自我意识情绪相关研究中的编码方式（Tracy et al., 2009；杨素，白学军，2015），设计三套针对大学生对自豪、羞愧和尴尬识别线索的访谈提纲，随后进行结构化访谈。根据每个选项高于随机概率最终得出自豪、羞愧和尴尬非言语行为表达线索如下：自豪——眉上扬，眼睁大，双目平视，嘴角上扬，下巴前挺/下巴放松，微笑，头直立，身体舒展，双手垂直放于两侧。羞愧——眉下垂，两眼微眯，双眼注视下方，口紧抿，下巴后缩，面部无笑容，低头，身体蜷缩，双手垂直放于两侧/双手交叉下垂/手触摸脸部。

尴尬——皱眉，两眼微眯，双眼注视下方，口紧抿，下巴后缩，轻微的压抑地笑，低头，身体蜷缩/身体直立，双手垂直放于两侧/手触摸脸部。

然后，给每种情绪编制3个情境故事，由一名学生对情境故事进行录音，形成标准化材料。首先，每种情绪各选出3个情境故事主题。根据尴尬的戏剧理论（The dramaturgic model of embarrassment；Silver et al.，1987）、非意愿暴露理论（The unwanted exposure model of embarrassment；Dean Robbins and Parlavecchio，2006）确定"当众被朋友提醒还钱""雨天当街摔倒"和"认错人"三个尴尬情境故事主题。根据个人与集体自豪量表（The Individual and Collective Pride Scale；Liu et al.，2014）项目"当中国正经历着被其他国家羡慕的全面快速发展时"确定"抗击疫情，经济发展"的自豪情境故事主题；项目"当你在做一个出色的公开演讲时"确定"参加演讲比赛获奖"的自豪情境故事主题；项目"当你在测试中获得理想的结果"确定"获得国家奖学金"的自豪情境故事主题。根据大学生羞耻量表（钱铭怡等，2000）项目"你是否曾因自己做错了某些事情而产生羞耻感"和结构化访谈羞愧事件回忆最终确定"考试作弊""偷钱"和"随地乱扔垃圾"三个羞愧情境故事主题。其次，一名心理学硕士研究生和一名心理学教授根据主题编写情境故事，字数为113~130个。再次，一名心理学博士研究生对确定的9个故事情境进行录音，形成标准化材料。最后，20名表演者拍摄了479张自我意识情绪非言语行为表达图片。在湖南两所高校发布了"拍摄活动"招募信息，对有意愿参与的同学进行初选，选择具有情绪表现力的表演者。初选内容包括两部分：第一部分请表演者想象一个愤怒情境，并把愤怒情绪的非言语行为表达表现出来。第二部分呈现一张中国情绪图片系统（王妍，罗跃嘉，2005）中的愤怒情绪非言语行为表达图片，请表演者进行模仿，从参加初选的被试中共选取20名同学参与正式拍摄。正式拍摄中，所有表演者穿白色上衣、黑色裤子，不戴眼镜，女生不戴首饰，扎马尾，站在灰色背景墙前，主试用固定在三脚架上的佳能EOS 200D II相机（EF-S 18-55 mm f/4-5.6 IS STM）对表演者进行拍摄。正式拍摄共分为三个阶段：第一阶段理解和感受情绪。表演者感受电脑呈现的中性和三种自我意识情绪（自豪、尴尬和羞愧）非言语行为表达图片。第二阶段拍摄中性图片。表演者将非常平静时的非言语行为表达表现出来。第三阶段拍摄自豪、尴尬和羞愧情绪。这一阶段分为三部分，其一，要求表演者想象情绪情境，想象自己处于会引发这些情绪的情境中，并把此刻感受到情绪的非言语行为表达表现出来（Giuliani et al.，2017），部分表演者没有相应的情绪经历或没办法在当下进行想象，导致无法诱发相应情绪；其二，播放情绪情境故事录音，表演者认真感受并把非言语行为表达表现出来；其三，电脑屏幕上依次呈现国内外已有的自豪、尴尬、羞愧情绪图片（Tracy et al.，2009；杨素，白学军，2015），辅以非言语行为表达线索，让表演者模仿并表现。拍摄图片通过 Adobe Photoshop CC 2018 软件统一将图片背景换成灰色背景，表演者处于相同的位置（见图 8-2），所有的刺激都经过标准化处理，图片的大小为 500 pixel×560 pixel，分辨率为 300 dpi×300 dpi，通过 Matlab 软件将图片进行灰度化处理成黑白照片，最终形成 479 张图片。

 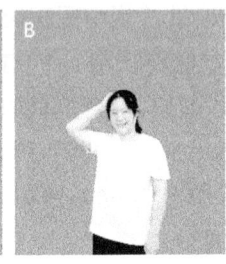  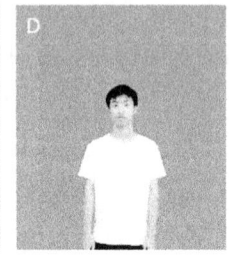

图 8-2　实验材料举例

A-D 分别代表自豪、尴尬、羞愧、中性非言语行为表达图片，A 中水平和垂直两条参考线固定人在图片中的位置。

最后，招募排除了状态焦虑和抑郁的 103 名大学生对图片分两次进行评定，每次时长约 1 个小时。第一次评定表演者中性图片的吸引力、全部图片的情绪分类和愉悦度；第二次评定全部图片的唤醒度、优势度和回避—趋近程度。结果发现：（1）共生成 389 张图片，包括中性 36 张，羞愧 124 张，自豪 107 张，尴尬 122 张；（2）发现了新的手部动作，如手扯衣角（羞愧）、单手挠头（尴尬）、单手举过头顶（自豪）；（3）本图片系统内部一致性系数较高；（4）相较中性图片，自豪具有高愉悦度、高唤醒、高优势度和高趋近；羞愧具有低愉悦度、高唤醒、低优势度和高回避；尴尬具有低愉悦度、高唤醒、低优势度和高回避；（5）相较男性，女性对中性图片的愉悦度评分更低；对羞愧唤醒度、尴尬唤醒度和自豪的唤醒度、优势度、回避—趋近程度评分更高。

不管基本情绪或是自我意识情绪均是通过观察别人的身体姿势表情进而诱发自身的相应情绪。这种诱发情绪的方法的底层逻辑是具身模仿论。具身模仿论指出通过具身模仿，个体"看到"的情绪会使个体自身关于这些情绪的感觉—运动系统唤起，从而个体与"看到的物体"产生"共鸣"，达到

"所见即所感",并且这种"共鸣"不需要意识水平上的类比(刘亚等,2011;Gallese,2005)。举例来说,当呈现给个体一张躲避的身体姿势图片,个体首先会唤起与逃避相关情绪的感觉—运动系统,从而也产生回避性动机情绪。更重要的是,不同基本情绪具有不同属性。具体来说,恐惧、厌恶和悲伤具有相似情绪特征(回避动机、低愉悦度、高唤醒度和低优势度),而生物相关性较高的情绪(如厌恶)具有更大限度的情绪特征。高兴和愤怒具有相似情感特征(趋近动机、高唤醒性和高优势度),但它们效价不同。惊讶情绪除了高唤醒外,其他特征集中在中等评分,是一种不确定的情绪类型。

总之,关于时距知觉情绪效应的本质内涵、产生机制及其调节因素是揭示这一效应来龙去脉的首要问题。如果要回复这些问题,需要研究者采用合适的研究方法和工具开展大量的研究,反复加以验证。关于时距知觉情绪效应的问题研究方兴未艾,更加艰巨的任务正摆在我们面前。

参考文献

[1] ALLAN L G. The perception of time [J]. Perception and psychophysics, 1979, 26 (5): 340-354.

[2] AMIR N, ELIAS J, KLUMPP H et al. Attentional bias to threat in social phobia: facilitated processing of threat or difficulty disengaging attention from threat? [J]. Behav Res Ther., 2003, 41 (11): 1325-1335.

[3] ANDREWS C, DUNN J, NETTLE D et al. Time perception and patience: individual differences in interval timing precision predict choice impulsivity in european starlings, sturnus vulgaris [J]. Animal cognition, 2021, 24 (4): 731-745.

[4] ANGIER N. Abstract thoughts? The body takes themLiterally [J]. The new york times, 2010, 159 (1-2), article54939.

[5] ANGRILLI A, CHERUBINI P, PAVESE A et al. The inflluence of affective factors on time perception [J]. Percept. psychophys, 1997, 59 (6): 972-982.

[6] ASCHWANDEN C. Where is thought? [J]. Discove, 2013, 34 (5): 28-29.

[7] AYÇIÇEGI-DINN A, CALDWELL-HARRIS C L. Emotion-memory effects in bilingual speakers: A levels of processing approach [J]. Bilingualism: lan-

guage and cognition, 2009, 12 (3): 291-303.

[8] BAR-HAIM Y, KEREM A, LAMY D et al. When time slows down: The influence of threat on time perception in anxiety [J]. Cognition and emotion, 2010, 24 (2): 255-263.

[9] BAR-HAIM Y, LAMY D, PERGAMIN L et al. Threat-related attentional bias in anxious and nonanxious individuals: a meta-analytic study [J]. Psychol Bull., 2007, 133 (1): 1-24.

[10] BARSALOU L W. Perceptual symbolsystems [J]. Behavioral and brain sciences, 1999 (22): 577-660.

[11] BATTAGLINI L, MIONI G. The effect of symbolic meaning of speed on time to contact [J]. Acta psychologica, 2019, 199 (8), article102921.

[12] BERTAMINI M, BYRNE C, BENNETT K M. Attractiveness is influenced by the relationship between postures of the viewer and the viewed person [J]. i-Perception, 2013, 4 (3): 170-179.

[13] BENAU E M, ATCHLEY R A. Time flies faster when you're feeling blue: sad mood induction accelerates the perception of time in a temporal judgment task [J]. Cognitive processing, 2020, 21 (3), 479-491.

[14] BRADLEY M M, CODISPOTI M, CUTHBERT B N et al. Emotion and motivation I: Defensive and appetitive reactions in picture processing [J]. Emotion, 2001, 1 (3): 276-298.

[15] BRADLEY M M, LANG P J. Measuring emotion: The self-assessment manikin and the semantic differential [J]. Journal of behavior therapy and experimental psychiatry, 1994, 25 (1): 49-59.

[16] BRADLEY M M, LANG P J. Measuring emotion: behavior, feeling and physiology [M] //LANE R, Nadel L. Cognitive Neuroscience of Emotion. New York: oxford university press, 2000: 242-276.

[17] BUETTI S, LLERAS A. Perceiving Control Over Aversive and Fearful Events Can Alter How We Experience Those Events: An Investigation of Time Perception in Spider Fearful Individuals [J]. Frontiers in psychology, 2012, 3 (9), article337.

[18] BUHUSI C V, MECK W H. Relative time sharing: new findings and an extension of the resource allocation model of temporal processing. Philos. Trans.

R. Soc. Lond. B Biol. Sci., 2009, 364 (1525): 1875-1885.

[19] BULL P E. Posture and gesture [M]. Amsterdam: elsevier, 2016.

[20] BUSS D M. The evolutionary psychology handbook [M]. NY: wiley, 2015.

[21] GARRIDO M V, PRADA M. KDEF-PT: valence, emotional intensity, familiarity, and attractiveness ratings of angry, neutral, and happy faces [J]. Frontiers in psychology, 2017, 8 (2), article2181.

[22] CARUI N, ALMEIDA L, MIGLIORANZA G et al. Threat, its impacts over survival systems, and related behavioral disorders [J]. Revista de medicina, 2019, 98 (4): 267-272.

[23] CARVER C S, HARMON-JONES E. Anger is an approach-related affect: Evidence and implications [J]. Psychological Bulletin, 2009, 135 (2): 183-204.

[24] CAZZATO V, MAKRIS S, FLAVELL J C et al. Group membership and racial bias modulate the temporal estimation of in-group/out-group body movements [J]. Experimental Brain Research, 2018, 236 (8), 2427-2437.

[25] CHAPMAN H A, ANDERSON A K. Understanding disgust [J]. Annu N YAcad Sci., 2012 (1251): 62-76.

[26] CHIUPKA C A, MOSCOVITCH D A, BIELAK T. In vivo activation of anticipatory vs. postevent autobiographical images and memories in social anxiety [J]. Journal of social and clinical psychology, 2012, 31 (8): 783-809.

[27] CHOI J W, LEE G E, LEE J H. The effects of valence and arousal on time perception in depressed patients [J]. Psychology research and behavior management, 2021 (14): 17-26.

[28] CISLER J M, KOSTER E H. Mechanisms of attentional biases towards threat in anxiety disorders: An integrative review [J]. Clin Psychol Rev, 2010, 30 (2): 203-216.

[29] COY A L, HUTTON S B. The influence of hallucination proneness and social threat on time perception [J]. Cognitive neuropsychiatry, 2013, 18 (6): 463-476.

[30] CUI Q, KE Z, CHEN Y H et al. Opposing subjective temporal experiences in response to unpredictable and predictable fearrelevant stimuli [J]. Frontiers in psychology, 2018, 9 (3), article 360.

[31] CURTIS V, DE BARRA M, AUNGER R. Disgust as an adaptive system for disease avoidancebehaviour [J]. Philosophical transactions of the royal society B: biological sciences, 2011, 366 (1563): 389-401.

[32] CUTHBERT B N, SCHUPP H T, BRADLEY M M et al. Brain potentials in affective picture processing: covariation with autonomic arousal and affective report [J]. BIOL PSYCHOL., 2000, 52 (2): 95-111.

[33] DAMASIO A R. Emotion in the perspective of an integrated nervous system [J]. Brain research reviews, 1998, 26 (2-3): 83-86.

[34] DAPRETTO M, DAVIES M S, PREIFER J H et al. Understanding emotions in others: Mirror neuron dysfunction in children with autism spectrum disorders [J]. Nature neuroscience, 2006, 9 (1): 28-30.

[35] DEAN ROBBINS B, PARLAVECCHIO H. The unwanted exposure of the self: A phenomenological study of embarrassment [J]. The humanistic psychologist, 2006, 34 (4): 321-345.

[36] DE GELDER B. Towards the neurobiology of emotional body language [J]. Nature reviews neuroscience, 2006, 7 (3): 242-249.

[37] DE GELDER B, VAN DEN STOCK J. The bodily expressive action stimulus test (BEAST). Construction and validation of a stimulus basis for measuring perception of whole body expression of emotions [J]. Frontiers in psychology, 2011, 2 (8): article-181.

[38] DEMPSEY L, SHANI I. Stressing the flesh: In defense of strong embodied cognition [J]. Philosophy and phenomenological research, 2012, 86 (3): 590-561.

[39] DE VEGA M, DUTRIAUX L, MORENO I Z et al. Crossing hands behind your back reduces recall of manual action sentences and alters brain dynamics [J]. Cortex, 2021, 140 (3): 51-65.

[40] DI L D, SILVIA S, GIOVANNI P et al. Feel the time. time perception as a function of interoceptive processing [J]. Frontiers in human neuroscience, 2018, 12 (3): article74.

[41] DOI H, SHINOHARA K. The perceived duration of emotional face is influenced by the gaze direction [J]. Neuroscience letters, 2009, 457 (2): 97-100.

[42] DROIT-VOLET, S. What emotions tell us about time [M] //LLOYD D,

ARSTILA V. editors. Subjective time: The philosophy, psychology, and neuro science of temporality. Cambridge, MA: MIT Press, 2014: 477-506.

[43] DROIT-VOLET S. The Temporal Dynamic of Emotion Effects on Judgment of Du-rations [M] //ARSTILA V, BARDON A, POWER S, VATAKIS A. (Eds) The Il-lusions of Time. Palgrave macmillan: cham, 2019.

[44] DROIT-VOLET S, BERTHON M. Emotion and implicit timing: the arousal effect [J]. Frontiers in psychology, 2017, 8 (2): article 176.

[45] DROIT-VOLET S, BRUNOT S, NIEDENTHAL P. Perception of the duration of emotional events [J]. Cognition and emotion, 2004, 18 (6): 849-858.

[46] DROIT-VOLET S, EL-AZHARI A, HADDAR S et al. Similar time distortions under the effect of emotion for durations of several minutes and a few seconds [J]. Acta Psychologica, 2020, 210 (10): article 103170.

[47] DROIT-VOLET S, FAYOLLE S L, GIL S. Emotion state and time perception: effects of film-induced mood [J]. Frontiers in Integrative Neuroscience, 2011 5 (JAN): article33.

[48] DROIT-VOLET S, FAYOLLE S, LAMOTTE M et al. Time, emotion and the embodiment of timing [J]. Timing time percept., 2013, 1 (1): 99-126.

[49] DROIT-VOLET S, GIL S. The time emotion paradox [J]. Philosophical transactions B-biological sciences, 2009, 364 (1525): 1943-1953.

[50] DROIT-VOLET S, GIL S. The emotional body and time perception [J]. Cognition and emotion, 2016, 30 (4): 687-699.

[51] DROIT-VOLET S, MECK W H. How emotionscolour our perception of time [J]. Trends in cognitive sciences, 2007, 11 (12): 504-513.

[52] DROIT-VOLET S, RAMOS D, BUENO J L et al. emotion, and time perception: the influence of subjective emotional valence and arousal? [J]. Front psychol., 2013, 4 (JULY): article417.

[53] DUCLOS S E, LAIRD J D, SCHNEIDER E et al. Emotion specific effects of facial expressions and postures on emotional experience [J]. Journal of personality and social psychology, 1989, 57 (1): 100-108.

[54] EAGLEMAN D M, PARIYADATH V. Is subjective duration a signature of

coding efficiency? philosophical transactions of the royal society B, 2009, 364 (6): 1841-1851.

[55] EBERHARDT L V, HUCKAUF A, KLIEGL K M. Effects of neutral and fearful mood on duration estimation of neutral and fearful face stimuli [J]. Timing and time perception, 2016, 4 (1): 30-47.

[56] EBERHARDT L V, PITTINO F, SCHEINS A et al. Duration estimation of angry and neutral faces: behavioral and electro-physiological correlates [J]. Timing and time perception, 2020, 8 (3-4): 254-278.

[57] EFFRON D A, NIEDENTHAL P M, GIL S et al. Embodied temporal perception of emotion [J]. Emotion, 2006, 6 (1): 1-9.

[58] EKMAN P, CORDARO D. What is meant by calling emotions basic [J]. Emotion review, 2011, 3 (4): 364-370.

[59] FAURE A, ES-SEDDIQI M, BROWN B L et al. Modified impact of emotion on temporal discrimination in a transgenic rat model of Huntington disease [J]. Front behav neurosci., 2013, 7 (2): article 130.

[60] FAYOLLE S L, DROIT-VOLET S. Time perception and dynamics of facial expressions of emotions [J]. PLoS ONE, 2014, 9 (5), e97944.

[61] FAYOLLE S, GIL S, DROIT-VOLET S. Fear and time: fear speeds up the internal clock [J]. Behavioural processes, 2015, 120 (11): 135-140.

[62] GALLESE V. Embodied simulation: From neurons to phenomenal experience [J]. Phenomenology and the cognitive sciences, 2005, 4 (1): 23-48.

[63] GABLE P A, HARMON-JONES E. Approach-motivated positive affect reduces breadth of attention [J]. Psychological science, 2008, 19 (5): 476-482.

[64] GABLE P A, HARMON-JONES E. The motivational dimensional model of affect: Implications for breadth of attention, memory, and cognitive categorization [J]. Emotion and cognition, 2010, 24 (2): 322-337.

[65] GABLE P A, NEAL L B, POOLE B D. Sadness speeds and disgust drags: influence of motivational direction on time perception in negative affect [J]. Motivation science, 2017, 2 (4): 238-255.

[66] GABLE P A, POOLE B D. Time flies when you're having approach-motivated fun: Effects of motivational intensity on time perception [J]. Psycholog-

ical science, 2012, 23 (8): 879-886.

[67] GABLE P A, POOLE B D. Influence of trait behavioral inhibition and behavioral approach motivation systems on the LPP and frontal asymmetry to anger pictures [J]. Social cognitive and affective neuroscience, 2014, 9 (2): 182-190.

[68] GIBBON J, CHURCH R M, MECK W H. Scalar timing in memory [J]. Annals of new york academy of sciences, 1984, 423 (1), 52-77.

[69] GIL S, DROIT-VOLET S. Time perception, depression and sadness [J]. Behavioural processes, 2009, 80 (2): 169-176.

[70] GIL S, DROIT-VOLET S. "Time flies in the presence of angry faces" depending on the temporal task used! [J]. Acta psychologica, 2011, 136 (3): 354-362.

[71] GIL S, DROIT-VOLET S. Time perception in response to ashamed faces in children and adults [J]. Scandinavian journal of psychology, 2011, 52 (2): 138-145.

[72] GIL S, DROIT-VOLET S. Emotional time distortions: The fundamental role of arousal [J]. Cognition and emotion, 2012, 26 (5): 847-862.

[73] GIL S, ROUSSET S, DROIT-VOLET S. How liked and disliked foods affect time perception [J]. Emotion, 2009, 9 (4): 457-463.

[74] GIOVANNA M, FRANCA S, SIMON G et al. Effect of the symbolic meaning of speed on the perceived duration of children and adults [J]. Frontiers in psychology, 2018, 9 (APR): article521.

[75] GIULIANI N R, FLOURNOY J C, IVIE E J et al. Presentation and validation of theDuckEES child and adolescent dynamic facial expressions stimulus set [J]. International journal of methods in psychiatric research, 2017, 26 (1), article1553.

[76] GOLLE J, MAST F W, LOBMAIER J S. Something to smile about: The interrelationship between attractiveness and emotional expression [J]. Cognition and emotion, 2014, 28 (2): 298-310.

[77] GROMMET E K, DROIT-VOLET S, GIL S et al. Time estimation of fear cues in human observers [J]. Behavioural processes, 2011, 86 (1): 88-93.

[78] GROMMET E K, HEMMES N S, BROWN B L. The role of clock and mem-

ory processes in the timing of fear cues by humans in the temporal bisection task-sciencedirect [J]. Behavioural processes, 2019, 164 (1): 217-229.

[79] GRONDIN S. Timing and time perception: A review of recent behavioral and neuroscience findings and theoretical directions [M]. Attention, perception, and psychophysics, 2010, 72 (3): 561-582.

[80] GRONDIN S, LAFLAMME V, GONTIER É. Effect on perceived duration and sensitivity to time when observing disgusted faces and disgusting mutilation pictures [J]. Attention, perception, and psychophysics, 2014, 76 (6): 1522-1534.

[81] HAGURA N, KANAI R, ORGS G et al. Ready steady slow: action preparation slows the subjective passage of time [J]. Proceedings of the royal society B: biological sciences, 2012, 279 (1746): 4399-4406.

[82] HAMAMOUCHE K, KEEFE M, JORDAN K E et al. Cognitive load affects numerical and temporal judgments in distinct ways [J]. Frontiers in psychology, 2018, 9 (10): article1783.

[83] HEBERLEIN A, ATKINSON A. Neuroscientific evidence for simulation and shared substrates in emotion recognition: Beyond faces [J]. Emotion review, 2009, 1 (2): 162-177.

[84] HOLMES E A, MATHEWS A. Mental imagery in emotion and emotional dis-orders [J]. Clinical psychology review, 2010, 30 (3), 349-362.

[85] HUANG S, QIU J, LIU P et al. The effects of same and other race facial expressions of pain on temporal perception [J]. Frontiers in psychology, 2018, 9 (11): article2366.

[86] IACOBONI M, DAPRETTO M. The mirror neurons system and the consequence of its dysfunction [J]. Nature reviews neuroscience, 2006, 7 (12): 942-951.

[87] IZARD C E. Differential emotions theory and the facial feedback hypothesis of emotion activation: Comments on Tourangeau and Ellsworth, s "The role of facial response in the experience of emotion" [J]. Journal of personality and social psychology, 1981, 40 (2): 350-354.

[88] IZZETOGLU M, SHEWOKIS P A, TSAI K et al. Short-term effects of meditation on sustained attention as measured by fnirs [J]. Brain sciences,

2020, 10 (608), 1-16.

[89] JACKSON P L, MELTZOFF A N, DECETY J. How do we perceive the pain of others? A window into the neural processes involved in empathy [J]. NeuroImage, 2005, 24 (3): 771-779.

[90] JAMES W. What is an emotion? [M]. Mind, 1884, os-IX (36): 188-205.

[91] JAVELA J J, MERCADILLO R E, RAMÍREZ J M. Anger and associated experiences of sadness, fear, valence, arousal, and dominance evoked by visual scenes [J]. Psychological reports, 2008, 103 (3): 663-681.

[92] JIA L, SHI Z, ZANG X et al. Watching a real moving object expands tactile duration: the role of task-irrelevant action context for subjective time [J]. Attention perception and psychophysics, 2015, 77 (8): 2768-2780.

[93] LANG P J, BRADLEY M M, CUTHBERT B N. Emotion, attention, and the startle reflex [J]. Psychological review, 1990, 97 (3): 377-395.

[94] LANG P J, BRADLEY M M, CUTHBERT B N. International affective picture system (IAPS): Instruction Manual and Affective Ratings [M]. Technical Report A-6. Gainesville, FL. The Center for Research in Psychophysiology, University of Florida, 2005.

[95] LANG P J, BRADLEY M M, CUTHBERT B N. International affective picture system (IAPS): Technical manual and affective ratings [J]. NIMH center for the study of emotion and attention, 1997: 39-58.

[96] LANGE C G. Om sindsbevaegelser: et psyko-fysiologisk studie [M] //C G LANGE, W JAMES (eds.), The emotions I. A. Haupt (trans.) Baltimore: williams and wilkins company, 1922.

[97] LANGER J, WAPNER S, WERNER H. The effect of danger upon experienceofTime [J]. The American journal of psychology, 1961, 74 (1), 94-97.

[98] LAKE J I, LABAR K S, MECK W H. Emotional modulation of interval timing and time perception [J]. Neuroscience and biobehavioral reviews, 2016, 64 (5): 403-420.

[99] LEE K H, SEELAM K, O'BRIEN T. The relativity of time perception produced by facial emotion stimuli [J]. Cognition and emotion, 2011, 25 (8): 1471-1480.

[100] LEONIDOU C, PANAYIOTOU G. Can we predict experiential avoidance by measuring subjective and physiological emotional arousal? [J]. Current psychology, 2022, 41 (10): 7215-7227.

[101] LI Y, LIU C, JI M et al. Shape of progress bar effect on subjective evaluation, duration perception and physiological reaction [J]. International journal of industrial ergonomics, 2021, 81 (1): article103031.

[102] LIU C, LAI W, YU G et al. The individual and collective facets of pride in chinese college students [J]. Basic and applied social psychology, 2014, 36 (2): 176-189.

[103] LIVNEH Y, SUGDEN A U, MADARA J C et al. Estimation of current and future physiological states in insular cortex [J]. Neuron, 2020, 105 (6): 1094-1111.

[104] LUI M A, PENNEY T B, SCHIRMER A. Emotion effects on timing: Attention versus pacemaker accounts [J]. PLoS ONE, 2011, 6 (7), e21829.

[105] MAARSEVEEN J, HOGENDOORN H, VERSTRATEN F et al. Attention gates the selective encoding of duration [J]. Scientific reports, 2018, 8 (2): article 2522.

[106] MANIADAKIS M, WITTMANN M, DROIT-VOLET S et al. Toward embodied artificial cognition: TIME is on my side [J]. Frontiers in neurorobotics, 2014, 8 (12), article25.

[107] MARCHEWKA A, URAWSKI Ł, JEDNORÓG K et al. The nencki affective picture system (NAPS): Introduction to a novel, standardized, widerange, highquality, realistic picture database [J]. Behavior research methods, 2014, 46 (2): 596-610.

[108] MATHER M, CARSTENSEN L L. Aging and attentional biases for emotional faces. Psychol Sci., 2003, 14 (5): 409-415.

[109] MATTHEW P, GOODHEW S C, MARK E. A vigilance avoidance account of spatial selectivity in dualstream emotion induced blindness [J]. Psychonomic bulletin and review, 2020, 27 (2): 322-329.

[110] MATTHEWS A R, HE O H, BUHUSI M et al. Dissociation of the role of the prelimbic cortex in interval timing and resource allocation: beneficial effect of norepinephrine and dopamine reuptake inhibitor nomifensine on anxiety

inducing distraction [J]. Front Integr Neurosci., 2012, 6 (1), 111.

[111] MATTHEWS W J. Time perception: the surprising effects of surprising stimuli [J]. J Exp Psychol Gen, 2015, 144 (1): 172-197.

[112] MATTHEWS W J, MECK W H. Time perception: the bad news and the good [J]. Wiley interdisciplinary reviews: cognitive science, 2014, 5 (4): 429-446.

[113] MCGRAW A P, LARSEN J T, KAHNEMAN D et al. Comparing gains and losses [J]. Psychol Sci., 2010, 21 (10): 1438-1445.

[114] MECK W H, MACDONALD C J. Amygdala inactivation reverses fears ability to impair divided attention and make time stand still [J]. Behav Neurosci., 2007, 121 (4): 707-720.

[115] MEEREN H K, VAN HEIJNSBERGEN C C, DE GELDER B. Rapid perceptual integration of facial expression and emotional body language [J]. Proceedings of the national academy of sciences, 2005, 102 (45): 16518-16523.

[116] MEHRABIAN A. Pleasure-arousal-dominance: A general framework for describing and measuring individual differences in temperament [J]. Current psychology, 1996, 14 (4): 261-292.

[117] MELLA N, BOURGEOIS A, PERREN F et al. Does the insula contribute to emotion related distortion of time? A neuropsychological approach [J]. Human brain mapping, 2019, 40 (5): 1470-1479.

[118] MELLA N, CONTY L, POUTHAS V. The role of physiological arousal in time perception: psychophysiological evidence from an emotion regulation paradigm [J]. Brain and cognition, 2011, 75 (2): 182-187.

[119] MELLERS B, SCHWARTZ A, RITOV I. Emotion-based choice [J]. Journal of experimental psychology: general, 1999, 128 (3): 332-345.

[120] MEREU S, LLERAS A. Feelings of control restore distorted time perception of emotionally charged events [J]. Consciousness and cognition, 2013, 22 (1): 306-314.

[121] MIONI G, GRONDIN S, STABLUM F. Do i dislike what you dislike? investigating the effect of disgust on time processing [J]. Psychological research, 2021, 85 (7): 2742-2754.

[122] MONFORT V, POUTHAS V. Effects of working memory demands on frontal

slow waves in time-interval reproduction tasks in humans [J]. Neuroscience letters, 2003, 343 (3): 195-199.

[123] MONIER F, DROIT VOLET S. Synchrony and emotion in children and adults [J]. International journal of psychology, 2018, 53 (3): 184-193.

[124] MORRISS J, TAYLOR A N, ROESCH E B et al. Still feeling it: the time course of emotional recovery from an attentional perspective [J]. Front. Hum. Neurosci, 2013, 50 (2): 65.

[125] NATHER F C, BUENO J L O, BIGAND E et al. Time changes with the embodiment of Another, s body posture [J]. PLoS ONE, 2011, 6 (5), e19818.

[126] NICOL J R, TANNER J, CLARKE K. Perceived duration of emotional events: evidence for a positivity effect in older adults [J]. Experimental aging research, 2013, 39 (5): 565-578.

[127] NIEDENTHAL P M. Embodying emotion [J]. Science, 2007, 316 (18): 1002-1005.

[128] NIEDENTHAL P M, BARSALOU L W, WINKIELAMN P et al. Embodiment in attitudes, social perception, and emotion [J]. Personality and social psychology review, 2005 (9): 184-211.

[129] NOORDEWIER M K, BREUGELMANS S M. On the valence of surprise [J]. Cognition and emotion, 2013, 27 (7): 1326-1334.

[130] NOULHIANE M, MELLA N, SAMSON S et al. How emotional auditory stimuli modulate time perception [J]. Emotion, 2007, 7 (4): 697-704.

[131] OATEN M, STEVENSON R J, CASE T I. Disgust as a disease avoidance mechanism [J]. Psychological bulletin, 2009, 135 (2): 303-321.

[132] O'BRYAN S R, SCOLARI M. Phasic pupillary responses modulate object-based attentional prioritization [J]. Attention perception and psychophysics, 2021, 83 (4): 1491-1507.

[133] OGDEN R S, HENDERSON J, MCGLONE F et al. Time distortion under threat: sympathetic arousal predicts time distortion only in the context of negative, highly arousing stimuli [J]. PLoS ONE, 2019, 14 (5), e0216704.

[134] OGDEN R S, MOORE D, REDFERN L et al. Stroke me for longer this touch feels too short: the effect of pleasant touch on temporal perception. Con-

sciousness and cognition, 2015, 36 (11), 306-313.

[135] PAYTON T. Experience of time as a function of locus of control [J]. Learning and memory, 2014, 21 (10): 519-526.

[136] PARIYADATH V, EAGLEMAN D M. Subjective duration distortions mirror neural repetition suppression [J]. PLoS ONE, 2012, 7 (12): e49362.

[137] PASTOR M C, BRADLEY M M, LOW A, VERSACE F et al. Affective picture perception: emotion, context, and the late positive potential [J]. Brain Res., 2008 (1189): 145-151.

[138] PAZHOOHI F, JACOBS O L E, KINGSTONE A. Contrapposto pose In-fluences perceptions of attractiveness, masculinity, and dynamicity of male statues from antiquity [J]. Evolutionary psychological science, 2022, 8 (1): 1-10.

[139] PINTÉR D, BALANGÓ B, SIMON B et al. The effects of crf and the uro-cortins on the hippocampal acetylcholine release in rats [J]. Neuropeptides (Suppl. 2), 2021, 102147.

[140] PORTUGAL A M, BEDFORD R, CHEUNG C et al. Longitudinal touch-screen use across early development is associated with faster exogenous and reduced endogenous attention control [J]. Scientific Reports, 2021, 11 (1): e 2205.

[141] PRICE T F, HARMON-JONES E. The effect of embodied emotive states on cognitive categorization [J]. Emotion, 2010, 10 (5): 934-938.

[142] RATTAT A C, MATHA P, CEGARRA J. Time flies faster under time pressure [J]. Acta psychologica, 2018, 185 (4): 81-86.

[143] REIMANN M, BECHARA A. The somatic marker framework as a neurological theory of decision making: Review, conceptual comparisons, and future neuro-economics research [J]. Journal of economic psychology, 2010, 31 (5): 767-776.

[144] REISENZEIN R, MEYER W U. Surprise [M] //D Sander, K. R. Scherer (Eds.), Oxford companion to the affective sciences. Oxford: oxford university press, 2009: 386-387.

[145] REN W, GUO X, LIU C et al. Effects of social information on duration perception by different mechanisms in sub-and supra-second range: evidence from face features [J]. PsyCh Journal, 2021, 10 (3), 352-363.

[146] RIZZOLATTI G, FADIGA L, GALLESE V et al. Premotor cortex and the recognition of motor actions [J]. Cognitive Brain Research, 1996, 3 (2): 131-141.

[147] ROETHER C L, OMLOR L, CHRISTENSEN A et al. Critical features for the perception of emotion from gait [J]. Journal of vision, 2009, 9 (6): article15.

[148] RUSSELL J A. Core affect and the psychological construction of emotion [J]. Psychological review, 2003, 110 (1): 145-172.

[149] SARIGIANNIDIS I, GRILLON C, ERNST M et al. Anxiety makes time pass quicker while fear has no effect [J]. Elsevier sponsored documents, 2020, 197 (4): article104116.

[150] SCHLÖSSER T, DUNNING D, FETCHENHAUER D. What a feeling: the role of immediate and anticipated emotions in risky decisions [J]. Journal of Behavioral decision makin, 2013, 26 (1): 13-30.

[151] SHIRAI M, SOSHI T. The Role of Bodily Expression in Memory Representations of sadness [J]. Journal of nonverbal behavior, 2021, 45 (3): 367-387.

[152] SCHULTE-RÜTHER M, MARKOWITSCH H J, FINK G R et al. Mirror neuron and theory of mind mechanisms involved in face-to-face inter-actions: a functional magnetic resonance imaging approach to empathy [J]. Journal of cognitive neuroscience, 2007, 19 (8): 1354-1372.

[153] SCHWARZ M A, WINKLER I, SEDLMEIER P. The heart beat does not make us tick: the impacts of heart rate and arousal on time perception [J]. Atten percept psychophys, 2013, 75 (1): 182-193.

[154] SGOURAMANI H, VATAKIS A. "flash" dance: how speed modulates perceived duration in dancers and non-dancers [J]. Acta psychologica, 2014, 147 (5): 17-24.

[155] SHEN G, WEISS S M, MELTZOFF A N et al. The somatosensory mismatch negativity as a window into body representations in infancy [J]. International journal of psychophysiology, 2018, 134 (12): 144-150.

[156] SHI Z, JIA L, MÜLLER H J. Modulation of tactile duration judgments by emotional pictures [J]. Frontiers in integrative neuroscience, 2012, 6

(5): 1-9.

[157] SILVER M, SUBINI J, PARROTT W G. Embarrassment: A dramaturgic account [J]. Journal for the theory of social behaviour, 1987, 17 (1): 47-61.

[158] SIMEN P, MATELL M. Why does time seem to fly when we're having fun? [J]. Science, 2016, 354 (6317): 1231-1232.

[159] SMITH S D, MCIVER T A, DI NELLA et al. The effects of valence and arousal on the emotional modulation of time perception: evidence for multiple stages of processing [J]. Emotion, 2011, 11 (6): 1305-1313.

[160] SPACKMAN M P, MILLER D. Embodying emotions: What emotion theorists can learn from simulations of emotions [J]. Minds and machines, 2008, 18 (3): 357-372.

[161] STEPPER S, STRACK F. Proprioceptive determinants of emotional and nonemotional feelings [J]. Journal of personality and social psychology, 1993, 64 (2): 211-220.

[162] SUTTON T M, HERBERT A M, CLARK D Q. Valence, arousal, and dominance ratings for facial stimuli [J]. Quarterly journal of experimental psychology, 2019, 72 (8): 2046-2055.

[163] SZYMANSKA M, MONNIN J, NOIRET N et al. The Besançon affective picture Set-Adolescents (the BAPS-Ado): development and validation [J]. Psychiatry research, 2015, 228 (3): 576-584.

[164] THOENES S, OBERFELD D. Meta-analysis of time perception and temporal processing in schizophrenia: Differential effects on precision and accuracy [J]. Clinical psychology review, 2017, 54 (6): 44-64.

[165] THOMA P, BAUSER D S, SUCHAN B. BESST (Bochum Emotional Stimulus Set) —A pilot validation study of a stimulus set containing emotional bodies and faces from frontal and averted views [J]. Psychiatry research, 2013, 209 (1): 98-109.

[166] TIPPLES J. Negative emotionality influences the effects of emotion on time perception [J]. Emotion, 2008, 8 (1): 127-131.

[167] TIPPLES J. Time flies when we read taboo words [J]. Psychon bull rev, 2010, 17 (4): 563-568.

[168] TIPPLES J. When time stands still: fear-specific modulation of temporal bias due to threat [J]. Emotion, 2011, 11 (1): 74-80.

[169] TIPPLES J. Increased temporal sensitivity for threat: abayesian generalized linear mixed modeling approach [J]. Attention perception and psychophysics, 2019, 81 (3): 707-715.

[170] TOET A, EIJSMAN S, LIU Y et al. The relation between valence and arousal in subjective odor experience [J]. Chemosensory perception, 2020, 13 (2): 141-151.

[171] TOMKINS S. S. The role of facial response in the experience of emotion: A reply to tourangeau and ellsworth [J]. Journal of personality and social psychology, 1987, 52 (4): 769-774.

[172] TOSO A, FASSIHI A, PAZ L et al. A sensory integration account for time perception [J]. PLoS computational Biology, 2021, 17 (1), e 1008668.

[173] TRACY J L. An evolutionary approach to understanding distinct emotions [J]. Emotion review, 2014, 6 (4): 308-312.

[174] TRACY J L, ROBINS R W, SCHRIBER R A. Development of a FACS-verified set of basic and self conscious emotion expressions [J]. Emotion, 2009, 9 (4): 554-559.

[175] TREISMAN M. Temporal discrimination and the indifference interval: Implications for a model of the "internal clock" [J]. Psychological monographs, 1963, 77 (13): 1-31.

[176] TUMINELLO E R, DAVIDSON D. What the face and body reveal: Ingroup emotion effects and stereotyping of emotion in African American and European American children [J]. Journal of experimental child psychology, 2011, 110 (2): 258-274.

[177] UEDA R, KURAGUCHI K, ASHIDA H. Asymmetric effect of expression intensity on evaluations of facial attractiveness [J]. SAGE Open, 2016, 6 (4), 2158244016677569.

[178] UUSBERG A, NAAR R, TAMM M et al. Bending time: the role of affective appraisal in time perception [J]. Emotion, 2018, 18 (8): 1177-1188.

[179] VALLET W M, LAFLAMME V, GRONDIN S. An egg investigation of the mechanisms involved in the perception of time when expecting emotional

stimuli [J]. Biological psychology, 2019, 148 (8), article107777.

[180] VAN VOLKINBURG H, BALSAM P. Effects of emotional valence and arousal on Time Perception [J]. Timing and time perception, 2014, 2 (3): 360-378.

[181] VAN DEN STOCK J, RIGHART R, DE GELDER B. Body expressions influence recognition of emotions in the face and voice [J]. Emotion, 2007, 7 (3): 487-494.

[182] VICARIO C M, KURAN K A, URGESI C. Does hunger sharpen senses? A psychophysics investigation on the effects of appetite in the timing of rein forcement oriented actions [J]. Psychol res, 2019, 83 (3): 395-405.

[183] VICARIO C M, NITSCHE M A, SALEHINEJAD M A et al. Time processing, interoception and insula activation: a mini review on clinical disorders [J]. Frontiers in psychology. 2020, 11 (8). 1893.

[184] WALSH V A. theory of magnitude: Common cortical metrics of time, space and quantity [J]. Trends in cognitive sciences, 2003, 7 (11): 483-488.

[185] WALTER M, BERMPOHL F, MOURAS H et al. Distinguishing specific sexual and general emotional effects in fMRI—Subcortical and cortical arousal during erotic picture viewing [J]. Neuroimage, 2008, 40 (4): 1482-1494.

[186] WATSON A, MASON J. Surprise and inspiration [J]. Mathematics teaching incorporating micromath, 2007, 200 (1): 4-5.

[187] WATTS F N, SHARROCK R. Fear and time estimation [J]. Percept mot skills, 1984, 59 (2): 597-598.

[188] WINKIELMAN P, MCINTOSH D N, OBERMAN L. Embodied and disembodied emotion processing: Learning from and about typical and autistic individuals [J]. Emotion review, 2009, 1 (2): 178-190.

[189] WITTMANN M, SIMMONS A N, ARON J L et al. Accumulation of neural activity in the posterior insula encodes the passage of time [J]. Neuropsychologia, 2010, 48 (10): 3110-3120.

[190] XU M, ROWE K, PURDON C. To approach or to avoid: the role of ambivalent motivation in attentional biases to threat and spider fear [J]. Cognitive therapy and research, 2021, 45 (4): 767-782.

[191] YAMADA Y, KAWABE T. Emotion colors time perception unconsciously [J]. Consciousness and cognition, 2011, 20 (4): 1835-1841.

[192] YANG L C, PING R, MA Y Y. Anodal transcranial direct current stimulation over the right dorsolateral prefrontal cortex influences emotional face perception [J]. Neuroscience Bulletin, 2018, 34 (05): 134-140.

[193] ZAJONC R. On the primacy of affect [J]. American psychologist, 1984, 39 (2): 117-123.

[194] ZAJONC R B, MURPHY S T, INGLEHART M. Feeling and facial effer-ence: Implications of the vascular theory of emotions [J]. Psychological review, 1989, 96 (3): 395-416.

[195] ZHANG Z, JIA L, REN W. Time changes with feeling of speed: An embodied perspective [J]. Frontiers in neurorobotics, 2014, 8 (58): article 14.

[196] 崔倩, 赵科, 傅小兰. 情绪调节时距知觉的作用方式及认知神经机制 [J]. 生物化学与生物物理进展, 2018, 45 (4), 409-421.

[197] 胡晓晴, 傅根跃, 施臻彦. 镜像神经元系统的研究回顾及展望 [J]. 心理科学进展, 2009, 17 (1): 118-125.

[198] 贾丽娜, 王丽丽, 臧学莲, 等. 情绪性时距知觉: 具身化视域 [J]. 心理科学进展, 2015, 23 (8): 1331-1339.

[199] 李丹, 尹华站. 恐惧情绪面孔影响不同年龄个体时距知觉的研究 [J]. 心理科学, 2019, 42 (5): 1061-1068.

[200] 李荣荣, 麻彦坤, 叶浩生. 具身的情绪: 情绪研究的新范式 [J]. 心理科学, 2012, 35 (3): 754-759.

[201] 刘飞, 蔡厚德. 情绪生理机制研究的外周与中枢神经系统整合模型 [J]. 心理科学进展, 2010, 18 (4): 616-622.

[202] 刘亚, 王振宏, 孔风. 具身情绪观: 情绪研究的新视域 [J]. 心理科学进展, 2011, 19 (1): 50-59.

[203] 刘培朵, 刘光远, 黄希庭. 警觉在视听时间信息加工过程中的作用 [J]. 西南大学学报 (社会科学版), 2017, 43 (005): 89-96.

[204] 钱铭怡, ANDREWS BERNICE, 朱荣春, 等. 大学生羞耻量表的修订 [J]. 中国心理卫生杂志, 2000, 14 (4): 217-221.

[205] 王妍, 罗跃嘉. 大学生面孔表情材料的标准化及其评定 [J]. 中国临

床心理学杂志，2005，13（4）：396-398.
[206] 王振宏，刘亚，蒋长好. 不同趋近动机强度积极情绪对认知控制的影响［J］. 心理学报，2013，45（5）：546-555.
[207] 杨素，白学军. 不同民族大学生自我意识情绪识别线索的眼动研究［J］. 心理与行为研究，2015，13（3）：289-295.
[208] 叶浩生. 具身认知：认知心理学的新取向［J］. 心理科学进展，2010，18（5）：705-710.
[209] 尹华站，白幼龄，刘思格，等. 情绪动机方向和强度对时距知觉的影响［J］. 心理科学，2021，44（6）：1313-1321.
[210] 尹华站，崔晓冰，白幼玲，等. 时间信息加工与信息加工时间特性双视域下的重要时间参数及其证据［J］. 心理科学进展，2020，28（11）：1853-1864.
[211] 尹华站，李丹，陈盈羽，等. 1~6秒时距认知分段性特征［J］. 心理学报，2016，48（9）：1119-1129.
[212] 尹华站，黄希庭. 时间估计方法学的困境［J］. 内蒙古师范大学学报（哲学社会科学版），2003，32（3）：106-109.
[213] 尹华站，黄希庭. 时间复制任务中的计时中断效应［J］. 心理与行为研究，2008，6（3）：161-165.
[214] 张宁. 情绪的动机维度对注意广度的影响研究［D］. 福州：福建师范大学，2017.

后　记

"不见生公四十秋，中间多少别离愁。重逢宁用伤头白，难得相看尽白头。"这首诗也映射了我与时间知觉情绪效应的不解之缘。这一效应最先触发我的机缘是在18年前正在西南大学攻读博士学位的某一天，中国科学院心理研究所一位研究员的一场讲座，同时法国一位名叫Droit-Volet的心理学研究者也在关注同样的主题，且那时她已经有了类似主题的论文发表，后来我因为种种原因未能继续关注这一效应的研究。促使我再次开始萌生意图是我13年之后开始招的第一个博士生，而此时该领域发表的论文也数以千篇计。正是此等光景下，我带着一位博士生和几位硕士生再续前缘。一晃六年，着手将围绕该效应的研究文献形成著述以作纪念。

摇落深知宋玉悲，风流儒雅亦吾师。感谢硕士、博士阶段的导师黄希庭先生开启了我的学术生涯。先生在中国开创的时间心理学研究一直是个神秘领域，而我也在这种神秘感召下乐在其中。蒙他不弃，在学术道路上我悟性不高，却一直忝列黄门弟子中。

二人同心金不利，天与一城为国蔽。感谢研究生团队，尤其是张丽、崔晓冰、白幼玲、刘鹏玉、史焱、杨春、杨虹、贺荣华、袁中静等同学在文稿写作和校对过程中的工作付出。感谢知识产权出版社的栾编辑，正是有栾编辑的热情相助和细致工作，本书才得以顺利出版。

感谢北京师范大学昌平校区3栋7030房间，陪伴我独自迎来一个又一个的白天和黑夜。最后，感谢家人宽容让我得以静心写作，尤其是尹一方和尹一伊在视频电话中的倾情问候。人生未有坦途，唯有经历与你同行！